工程數學(第二版)

張簡士琨、蔡春益、蔡有龍、溫坤禮　編著

全華圖書股份有限公司

工程數學對於一般大學、科大、技術學院主修理工科系的學生而言是一門非常重要的學科，因為在許多學術研究與解決工程實務問題上，經常可以看到它的應用。然而，對於大多數學生而言，學習工程數學通常給人有理論艱深難懂與內容繁多等痛苦的印象與經驗，因此學習上往往易產生挫折感，以至於逃避工數課程的修習。於是在基本的工程數學觀念與分析推演能力不足的情況下，進而阻礙了學生其他專業課程的學習，甚至影響到將來的發展。

這些問題尤其以技職體系學生較為嚴重，其原因不外乎大多數學生於高中職所學的基礎數學不夠扎實，因此影響大一微積分的學習。而修習工程數學必須仰賴足夠的微積分能力，以致於在先前基礎能力缺乏下，學生對於工程數學的修習通常是缺乏興趣與成就。然而技職體系的工程科系是以培養產業實務應用人力為導向，因此教學上應著重於教導建立學生解決工程實務問題的觀念與能力，不該著重於傳統艱深的理論探討以及以考試為導向的式子推導與計算能力的培養。因此，以往大專院校使用的具備內容艱深與繁多之「完美」教材，恐怕已不合宜使用在現階段所有學生上。

基於以上，本書以工程實務應用為基礎，精簡以往較為艱深與工程實務較少用到的內容，並以淺顯易懂的方式作介紹，祈使能適用於大多數的學生，尤以技職體系學生的學習更為合適。為了使教學上方便與提升學生學習成效，基本上每小節內容除了包含基礎觀念理論的簡要敘述與例題說明外，並具備學生課後練習所需的習題(作業)與其答案。此外，教師亦可依個人想法變更章節的講授次序，這樣對教學與學生的學習並不至於影響甚重。

本書主要是根據作者多年的教學經驗來編寫，然而工程數學內容浩瀚，雖作者在內容的精簡與取捨、實務應用的合宜以及文字表達等方面作許多功夫，但仍不免有遺珠之憾與疏漏，望所見諒。作者才疏學淺，雖竭力筆耕與修正校閱，然謬誤難免，尚祈諸位先進專家與讀者，不吝給予賜教與指正。

「系統編輯」是我們的編輯方針，我們所提供給您的，絕不只是一本書，而是關於這門學問的所有知識，它們由淺入深，循序漸進。

以往大學、科大、技術學院使用的具備內容艱深與繁多之「完美」教材，然而技職體系的工程科系是以培養產業實務應用人力為導向，因此教學上應著重於教導建立學生解決工程實務問題的觀念與能力。有鑑於此，本書以工程實務應用為基礎，精簡以往較為艱深與工程實務較少用到的內容，並以淺顯易懂的方式作介紹，祈使能適用於大多數的學生，尤以技職體系學生的學習更為合適。

同時，為了使您能有系統且循序漸進研習相關方面的叢書，我們以流程圖方式，列出各有關圖書的閱讀順序，以減少您研習此門學問的摸索時間，並能對這門學問有完整的知識。若您在這方面有任何問題，歡迎來函連繫，我們將竭誠為您服務。

相關叢書介紹

書號：0386005
書名：基礎工程數學(第六版)
編著：黃學亮
20K/400 頁/420 元

書號：06237017
書名：工程數學(第二版)
　　　(附參考資料光碟)
編著：姚賀騰
16K/616 頁/725 元

書號：0627602
書名：基礎工程數學(第三版)
編著：曾彥魁
16K/312 頁/380 元

書號：0589901
書名：高等工程數學(上)(第十版)
英譯：江大成.江昭皚.黃柏文
16K/744 頁/820 元

書號：0590001
書名：高等工程數學(下)(第十版)
英譯：陳常侃.江大成.江昭皚.黃柏文
16K/496 頁/700 元

書號：06114
書名：線性代數(第四版)(國際版)
英譯：周永燦.連振凱.曾仲熙
16K/568 頁/680 元

書號：06362007
書名：線性代數(附參考資料光碟)
編著：姚賀騰
16K/384 頁/550 元

◎上列書價若有變動，請以
　最新定價為準。

流程圖

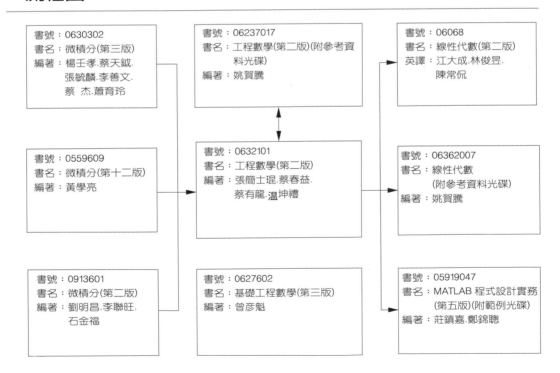

書號：0630302 書名：微積分(第三版) 編著：楊壬孝.蔡天鉞.張毓麟.李善文.蔡 杰.蕭育玲	書號：06237017 書名：工程數學(第二版)(附參考資料光碟) 編著：姚賀騰	書號：06068 書名：線性代數(第二版) 英譯：江大成.林俊昱.陳常侃
書號：0559609 書名：微積分(第十二版) 編著：黃學亮	書號：0632101 書名：工程數學(第二版) 編著：張簡士琨.蔡春益.蔡有龍.溫坤禮	書號：06362007 書名：線性代數(附參考資料光碟) 編著：姚賀騰
書號：0913601 書名：微積分(第二版) 編著：劉明昌.李聯旺.石金福	書號：0627602 書名：基礎工程數學(第三版) 編著：曾彥魁	書號：05919047 書名：MATLAB 程式設計實務(第五版)(附範例光碟) 編著：莊鎮嘉.鄭錦聰

目錄 CONTENTS

第四章　　**矩陣**

第五章　　**傅立葉級數**

CONTENTS 目錄

一階常微分方程式

1.1 常微分方程式概論

在自然界發生的一些物理現象，通常可以利用一些物理概念加以解釋，並且可以轉換成量化的數學方程式加以描述，然後利用數學演算的理論，即可以將解答求出。如果所描述的方程式中有利用到變數的變化率(change ratio)、或者是變數的加速度等等的項，則該方程式即含有未知函數的導數(derivative)，此一形式就稱為微分方程式。在微分方程式中如果只有一個自變數之微分方程式，稱為常微分方程式(ordinary differential equation: O.D.E)。如果有兩個或兩個以上的獨立變數，則稱為偏微分方程式(partial differential equation: P.D.E.)。

由以上的說明可以得知，研究微分方程式主要有兩個目的

1. 針對所要觀察的物理現象，找出適當的微分方程式加以描述。

2. 針對所描述的方程式，利用不同的方法找出所對應的解答。

一個 n 階微分方程式，以 x 為獨立變數及 y 為相依變數的一般式可以表示為

$$F(x, y, \frac{dy}{dx}, \frac{d^2y}{dx^2}, \cdots, \frac{d^ny}{dx^n}) = 0 \tag{1.1-1}$$

其中：F 為一 $n+2$ 個變數的實數函數。

如果函數 $y = u$ 為微分方程式(1.1-1)的解答，而且所有的導數 $\dfrac{du}{dx}, \dfrac{d^2u}{dx^2}, \cdots, \dfrac{d^nu}{dx^n}$ 全部都存在，代入(1.1-1)式中，可以得到

$$F(x, u, \frac{du}{dx}, \frac{d^2u}{dx^2}, \cdots, \frac{d^nu}{dx^n}) = 0 \qquad\qquad (1.1\text{-}2)$$

由於微分方程是應用於各種不同的領域中，所以探討的物理現象均不相同，因此本書的重點是放在已經建立的微分方程式上，利用相關數學理論將對應的解答求出。

對於常微分方程式的解而言，可以分為下列三類

1. 通解(general solution)：一個 n 階常微分方程式的解中，含有 n 個獨立常數之解，稱為該微分方程式之通解或者稱為原函數。

2. 特解(particular solution)：在常微分方程式中，可以經由通解指定任意常數值而得到一個解，稱為該微分方程式的特解。

3. 奇異解(singular solution)：在常微分方程式的解答中，無法經由通解所指定任意常數之值而得到的解，稱為該微分方程式的奇異解。

例 1.1-1

已知 $\dfrac{dy}{dx} = \cos x$ ， $x = 0$ 時 $y = 0$ ，求通解及特解

 解

方程式轉化成 $dy = \cos x\, dx$ ，將方程式直接積分可以得到

1. 通解： $y_g = \sin x + C$
2. 特解：將 $x = 0$ 及 $y = 0$ 代入，可以得到 $C = 0$ ，所以 $y_p = \sin x$

1.2 直接積分之解法

一階微分方程式可以表示成 $\frac{dy}{dx} = f(x, y)$，如果該函數 f 與相依變數 y 無關，則可以寫成

$$\frac{dy}{dx} = f(x) \qquad (1.2\text{-}1)$$

將(1.2-1)式等號兩邊同時積分，可以得到

$$y = \int f(x)dx + C \qquad (1.2\text{-}2)$$

(1.2-2)式稱為(1.2-1)式的一般解(general solution)，如果(1.2-2)滿足初始條件 $y(x_0) = y_0$，由(1.2-1)式可以得到

$$y = \int f(x)dx + C = G(x) + C \qquad (1.2\text{-}3)$$

將 $y(x_0) = y_0$ 代入(1.2-3)式中，得到 $y(x_0) = G(x_0) + C$，因此 $C = y(x_0) - G(x_0)$，可以得到(1.2-1)式的特解(particular solution)。滿足此種類型的題目稱為初始值問題(initial value problem)，並且使用(1.2-4)式加以表示。

$$\frac{dy}{dx} = f(x) \ ; \ y(x_0) = y_0 \qquad (1.2\text{-}4)$$

例 1.2-1

解初始值問題
$$\frac{dy}{dx} = \frac{x}{(x^2 + 9)^{\frac{1}{2}}} \ ; \ y(4) = 2$$

 解

將方程式左右兩邊直接積分，可以得到一般解為

$\int dy = \int \frac{x}{(x^2 + 9)^{\frac{1}{2}}} dx$，$y = (x^2 + 9)^{\frac{1}{2}} + C$，將 $y(4) = 2$ 代入，可以

得到 $2 = 5 + C$，所以 $C = -3$，因此特解為 $y_p = (x^2 + 9)^{\frac{1}{2}} - 3$。

例 1.2-2

解初始值問題

$$\frac{dy}{dx} = 4e^{4x} \ ; \ y(0) = 1$$

 解

將方程式左右兩邊直接積分，可以得到一般解為

$y = \int 4e^{4x} dx = e^{4x} + C$，將 $y(0) = 1$ 代入，可以得到 $C = 0$，

所以特解為 $y(x) = e^{4x}$。

習題 1-2

解以下各個微分方程式之通解及特解

1. $\frac{dy}{dx} = (x-2)^3 \ ; \ y(2) = 1$

   解 $y = \frac{1}{4}(x-2)^4 + 1$

2. $\frac{dy}{dx} = \frac{1}{x^2} \ ; \ y(1) = 5$

   解 $y = \frac{-1}{x} + 6$

3. $\frac{dy}{dx} = x(x^2 + 9)^{\frac{1}{2}} \ ; \ y(-4) = 0$

   解 $y = \frac{1}{3}(x^2 + 9)^{\frac{3}{2}} - \frac{125}{3}$

4. $\frac{dy}{dx} = \cos 2x \ ; \ y(0) = 1$

   解 $y = \frac{1}{2}\sin 2x + 1$

5. $\frac{dy}{dx} = xe^{-x} \ ; \ y(0) = 1$

   解 $y = -xe^{-x} - e^{-x} + 2$

6. $\dfrac{dy}{dx} = 2e^x$; $y(0) = 0$

   解 $y = 2e^x - 2$

7. $\dfrac{dy}{dx} = \sec x + \cot x$

   解 $y = \ln(\sec x + \tan x) + \ln(\sin x) + C$

8. $\dfrac{dy}{dx} = \dfrac{1}{4 + x^2}$; $y(0) = 1$

   解 $y = \dfrac{1}{2}\tan^{-1}\dfrac{x}{2} + 1$

9. $\dfrac{dy}{dx} = x \sin x$; $y(0) = 1$

   解 $y = -x\cos x + \sin x + 1$

10. $\dfrac{dy}{dx} = x + \dfrac{1}{x}$; $y(1) = 1$

   解 $y = \dfrac{1}{2}x^2 + \ln x + \dfrac{1}{2}$

1.3 變數可分離(Variable Separated)方程式

1.3.1 變數可直接分離方程式

對於一階微分方程式 $\dfrac{dy}{dx} = H(x,y)$ 而言，如果 $H(x,y)$ 可以表示為函數 $h(y)$ 與 $g(x)$ 的乘積，亦即 $H(x,y) = h(y)g(x)$，則稱此一階微分方程式為變數可分離方程式，如 (1.3-1)式所示

$$\frac{dy}{dx} = H(x,y) = h(y)g(x) = \frac{g(x)}{f(y)} \qquad (1.3\text{-}1)$$

其中：$h(y) = 1/f(y)$

因此藉由 $f(y)$ 與 $g(x)$ 可以將 $H(x,y)$ 中的 x 變數與 y 變數分離到等號的兩邊，而簡化成為

$$f(y)dy = g(x)dx \qquad (1.3\text{-}2)$$

將(1.3-2)式等號兩邊同時積分，可以得到

$$\int f(y)dy = \int g(x)dx \qquad (1.3\text{-}3)$$

由此可以得到如果一階微分方程式可以表示為

$$\frac{dy}{dx} = H(x,y) = \frac{g(x)}{f(y)} \qquad (1.3\text{-}4)$$

則此微分方程式的解為

$$\int f(y)dy = \int g(x)dx + C \qquad (1.3\text{-}5)$$

例 1.3-1

解初始值問題

$$\frac{dy}{dx} = -6xy \ ; \ y(0) = 7$$

將方程式左右兩邊同時乘上 $\frac{dx}{y}$，可以得到 $\frac{dy}{y} = -6xdx$，兩邊

同時積分 $\int \frac{dy}{y} = \int (-6x)dx \Rightarrow \ln|y| = -3x^2 + C$，化簡得到

$\ln y = -3x^2 + C \Rightarrow y = e^{-3x^2+C} = e^{-3x^2} \cdot e^C = A \cdot e^{-3x^2}$，

其中 $A = e^C$。將初始條件 $y(0) = 7$ 代入，得到 $A = 7$，所以解答

為 $y = 7e^{-3x^2}$。

例 1.3-2

解微分方程

$$x^2 \frac{dy}{dx} = \frac{x^2+1}{3y^2+1}$$

將原式左右兩邊乘上 $\frac{(3y^2+1)dx}{x^2}$，可以得到

$(3y^2+1)dy = (1 + \frac{1}{x^2})dx$，兩邊同時積分，

$\int (3y^2+1)dy = \int (1 + \frac{1}{x^2})dx$，得到微分方程式的解

$y^3 + y = x - \frac{1}{x} + C$

例 1.3-3

解微分方程

$(x-4)y^4dx - x^3(y^2-3)dy = 0$

原式可以化簡為 $\dfrac{x-4}{x^3}dx - \dfrac{y^2-3}{y^4}dy = 0$

$\Rightarrow (\dfrac{1}{x^2} - \dfrac{4}{x^3})dx = (\dfrac{1}{y^2} - \dfrac{3}{y^4})dy$

兩邊同時積分 $\displaystyle\int(\dfrac{1}{x^2} - \dfrac{4}{x^3})dx = \int(\dfrac{1}{y^2} - \dfrac{3}{y^4})dy$，可以得到

$-\dfrac{1}{x} + \dfrac{2}{x^2} = \dfrac{-1}{y} + \dfrac{1}{y^3} + C$，化簡成為 $\dfrac{1}{y} - \dfrac{1}{y^3} - \dfrac{1}{x} + \dfrac{2}{x^2} = C$

例 1.3-4

解微分方程

$\dfrac{dy}{dx} = \dfrac{x^2 y}{1+x^3}$

將原式可化簡為 $\dfrac{dy}{y} = \dfrac{x^2}{1+x^3}dx$，兩邊同時積分 $\displaystyle\int\dfrac{dy}{y} = \int\dfrac{x^2}{1+x^3}dx$

得到 $\ln y = \dfrac{1}{3}\ln(1+x^3) + C \Rightarrow \dfrac{y^3}{1+x^3} = k$

例 1.3-5

解微分方程

$\ln(y^x)dy = 3x^2 ydx$

解

因為 $\ln y^x = x \ln y$，因此可以化簡為 $x \ln y \dfrac{dy}{dx} = 3x^2 y$。

經過分離變數後得到 $\dfrac{\ln y}{y} dy = 3xdx$，將上式兩邊同時積分

$\displaystyle\int \dfrac{\ln y}{y} dy = \int 3xdx \Rightarrow \int \ln y\, d(\ln y) = \int 3xdx$，得到通解為

$\dfrac{1}{2}(\ln y)^2 = \dfrac{3}{2}x^2 + C$

1.3.2　經過變數變換後的變數可分離方程式

1. $\dfrac{dy}{dx} = f(ax+by)$ 型的方程式

可以藉由 $v = ax + by$ 變數變換之技巧進行轉換。令 $v = ax + by$，兩邊同時對 x 微分

後得到 $\dfrac{dv}{dx} = a + b\dfrac{dy}{dx} \Rightarrow \dfrac{dy}{dx} = \dfrac{\dfrac{dv}{dx} - a}{b}$，代回方程式中，可以得到 $\dfrac{\dfrac{dv}{dx} - a}{b} = f(v)$，化簡成

為

$$\dfrac{dv}{a + bf(v)} = dx \tag{1.3-6}$$

轉化成為變數可分離之微分方程式。

例 1.3-6

解微分方程

$(x+2y+1)dx - (2x+4y+3)dy = 0$

此微分方程式為 $\dfrac{dy}{dx} = f(ax+by)$ 型之方程式，令 $v = x+2y$，則

$dv = dx + 2dy \Rightarrow dy = \dfrac{dv-dx}{2}$ 。

代入原式得到 $(v+1)dx - (2v+3)\dfrac{dv-dx}{2} = 0$

$\Rightarrow (v+1+\dfrac{2v+3}{2})dx - \dfrac{2v+3}{2}dv = 0$

$\Rightarrow (4v+5)dx = (2v+3)dv \Rightarrow dx = \dfrac{2v+3}{4v+5}dv$，將假分式化成眞分式，

因此 $\dfrac{1}{2} + \dfrac{1}{8} \times \dfrac{1}{(v+\dfrac{5}{4})}dv = dx$，兩邊同時積分 $\displaystyle\int [\dfrac{1}{2} + \dfrac{1}{8} \times \dfrac{1}{(v+\dfrac{5}{4})}]dv = \int dx$，求出

$\dfrac{1}{2}v + \dfrac{1}{8}\ln\left|v+\dfrac{5}{4}\right| = x + C$，將 $v = x+2y$ 還原，所以方程式之解爲

$\dfrac{1}{2}(x+2y) + \dfrac{1}{8}\ln\left|(x+2y)+\dfrac{5}{4}\right| = x + C$

例 1.3-7

解微分方程
$$dy = \sqrt{x+y}\,dx$$

令 $v = x + y$，則 $dy = dv - dx$，代入原式得到 $dv - dx = \sqrt{v}\,dx$，

所以 $dv = (\sqrt{v} + 1)dx$，化簡成為 $\dfrac{1}{\sqrt{v}+1}dv = dx$，兩邊同時積分

$\displaystyle\int \frac{1}{\sqrt{v}+1}dv = \int dx$，得到 $2\sqrt{v} - 2\ln(\sqrt{v}+1) = x + C$，

將 $v = x + y$ 還原，所以方程式的解為
$$2\sqrt{x+y} - 2\ln(\sqrt{x+y}+1) = x + C$$

例 1.3-8

解微分方程
$$dy = \tan^2(x+y)dx$$

令 $v = x + y$，則 $dy = dv - dx$，代入原式得到

$\dfrac{dv - dx}{dx} = \tan^2 v$，化簡成為 $\dfrac{dv}{1 + \tan^2 v} = dx \Rightarrow \cos^2 v\,dv = dx$，

兩邊積分 $\displaystyle\int \cos^2 v\,dv = \int dx$，可以得到：$\dfrac{v}{2} + \dfrac{1}{4}\sin 2v = x + C_1$，將 $v = x + y$ 還原，所以方程式之解為 $2(x - y) = \sin 2(x+y) + C$。

2. $yf(x,y)dx + xg(x,y)dy = 0$ 型的方程式

可以藉由 $v = xy$ 變數變換做轉換。

令 $v = xy$ ，則 $dy = d(\dfrac{v}{x}) = \dfrac{xdv - vdx}{x^2}$ ，代回方程式中，得到

$\dfrac{v}{x}f(v)dx + xg(v)\dfrac{xdv - vdx}{x^2} = 0$ ，等號兩邊同乘上 x ，因此

$vf(v)dx + g(v)(xdv - vdx) = 0$ ，化簡成為 $(vf(v) - vg(v))dx + xg(v)dv = 0$ ，亦即

$(vf(v) - vg(v))dx = -xg(v)dv$ ，轉化為 $\dfrac{dx}{x} = -\dfrac{g(v)dv}{v[f(v) - g(v)]}$ ，經過變數變換後，

可以轉化成為變數可分離之微分方程式。

例 1.3-9

解微分方程

$(1 - xy + x^2y^2)dx + (x^3y - x^2)dy = 0$

 解

此一方程式為 $yf(x,y)dx + xg(x,y)dy = 0$ 型之微分方程式，

令 $z = xy$ ，則 $dy = \dfrac{xdz - zdx}{x^2}$ ，代入得到

$(1 - z + z^2)dx + x^2(xy - 1)\dfrac{xdz - zdx}{x^2} = 0$ ，化簡成為

$(1 - z + z^2)dx + (z - 1)(xdz - zdx) = 0$ ，再簡化成為

$(1 - z + z^2 - z^2 + z)dx + (z - 1)xdz = 0$ ，得到

$\dfrac{1}{x}dx = (1 - z)dz$ ，等號兩邊積分，$\int \dfrac{1}{x}dx = \int(1 - z)dz$ ，可以得到：$\ln|x| + \dfrac{1}{2}z^2 - z = C$ ，

將 $z = xy$ 還原，所以方程式之解為 $\ln|x| = xy - \dfrac{1}{2}x^2y^2 + C$ 。

習題 1-3

利用分離變數法求解以下各個微分方程式之通解

1. $\dfrac{dy}{dx} + 2xy^2 = 0$

   解 $y = \dfrac{1}{x^2 + C}$

2. $(1+x)\dfrac{dy}{dx} - 4y = 0$

   解 $y = e^c(1+x)^4$

3. $\dfrac{dy}{dx} - 3\sqrt{xy} = 0$

   解 $y = (x^{\frac{3}{2}} + C)^2$

4. $\dfrac{dy}{dx} - 2x\sec y = 0$

   解 $\sin y = x^2 + C$

5. $(1+x^2)\dfrac{dy}{dx} - (1+y)^2 = 0$

   解 $\dfrac{1}{1+y} = -\tan^{-1} x + C$

6. $y\dfrac{dy}{dx} - x(y^2 + 1) = 0$

   解 $\ln(1+y^2) = x^2 + C$

7. $\dfrac{dy}{dx} - \dfrac{1+\sqrt{x}}{1+\sqrt{y}} = 0$

   解 $y + \dfrac{2}{3}y^{\frac{3}{2}} = x + \dfrac{2}{3}x^{\frac{3}{2}} + C$

8. $(1+x^2)\tan y\dfrac{dy}{dx} - x = 0$

   解 $\sec y = e^c(1+x^2)^{\frac{1}{2}}$

9. $x \ln x \dfrac{dy}{dx} - y = 0$

解 $y = e^c \ln x$

10. $\dfrac{y^2}{\cos^2 x} \dfrac{dy}{dx} - 1 = 0$

解 $y^3 = \dfrac{3}{2}x + \dfrac{3\sin 2x}{4} + C$

1.4 一階線性微分方程式

根據定義，一階微分方程可以表示為

$$\frac{dy}{dx} + p(x)y = Q(x) \tag{1.4-1}$$

如果上式的係數函數 $p(x)$ 與 $Q(x)$ 在所討論區間中為連續，則(1.4-1)式稱為一階線性微分方程式。此時將(1.4-1)式的等號兩邊同時乘上一個積分因子(Integrating Factor) $I(x)$

$$I(x) = e^{\int p(x)dx} \tag{1.4-2}$$

則(1.4-1)式會變為

$$e^{\int p(x)dx}\frac{dy}{dx} + p(x)e^{\int p(x)dx}y = Q(x)e^{\int p(x)dx} \tag{1.4-3}$$

仔細觀察(1.4-3)左邊的部分其實就是 $y(x)e^{\int p(x)dx}$ 的微分，所以(1.4-3)式可以改成

$$\frac{d}{dx}\left[y(x)e^{\int p(x)dx}\right] = Q(x)e^{\int p(x)dx} \tag{1.4-4}$$

化簡(1.4-4)式成為

$$d\left[y(x)e^{\int p(x)dx}\right] = Q(x)e^{\int p(x)dx}dx \tag{1.4-5}$$

兩邊對變數 x 積分

$$\int d\left[y(x)e^{\int p(x)dx}\right] = \int Q(x)e^{\int p(x)dx}dx \tag{1.4-6}$$

可以得到

$$y(x)e^{\int p(x)dx} = \int\left[Q(x)e^{\int p(x)dx}\right]dx + C \tag{1.4-7}$$

化簡(1.4-7)式可以得到一階線性常微分方程式之通解公式爲

$$y = e^{-\int p(x)dx}\left\{\int\left[Q(x)e^{\int p(x)dx}\right]dx + c\right\}$$ (1.4-8)

綜合以上的說明，求解一階線性微分方程式的步驟爲

當微分方程式爲 $\dfrac{dy}{dx} + p(x)y = Q(x)$ 之型式，求解步驟爲

1. 求出積分因子 $I(x) = e^{\int p(x)dx}$

2. 求出通解 $I(x)y = \int I(x)Q(x)dx + C$

例 1.4-1

解初始值問題

$$\frac{dy}{dx} - 3y = e^{2x}\,; y(0) = 3$$

 解

經由求解步驟

1. $p(x) = -3$，$Q(x) = e^{2x}$，所以積分因子爲

$$I(x) = e^{\int p(x)dx} = e^{\int -3dx} = e^{-3x}$$

乘上積分因子，得到 $e^{-3x}\dfrac{dy}{dx} - 3e^{-3x}y = e^{2x} \cdot e^{-3x}$，化簡成爲

$\dfrac{d}{dx}(e^{-3x}y) = e^{-x}$，再對 x 積分，$\int d(e^{-3x}y) = \int e^{-x}dx$，可以得到

$e^{-3x}y = \int e^{-x}dx = -e^{-x} + C$，所以 $y = Ce^{3x} - e^{2x}$。將 $y(0) = 3$ 代入，求出 $3 = C - 1$，

亦即 $C = 4$，所以方程式之解爲 $y = 4e^{3x} - e^{2x}$

例 1.4-2

求方程式之通解

$$(x^2+1)\frac{dy}{dx}+3xy=6x$$

 解

先將原方程式轉化為標準式，再將兩邊同時除以 x^2+1，得到

$$\frac{dy}{dx}+\frac{3x}{x^2+1}y=\frac{6x}{x^2+1}$$

因此： $p(x)=\dfrac{3x}{x^2+1}$， $Q(x)=\dfrac{6x}{x^2+1}$。所以積分因子為

$I(x)=e^{\int P(x)dx}=e^{\int\frac{3x}{x^2+1}dx}=e^{\frac{3}{2}\ln(x^2+1)}=(x^2+1)^{\frac{3}{2}}$， 將原方程式乘上

積分因子， $(x^2+1)^{\frac{3}{2}}\dfrac{dy}{dx}+3x(x^2+1)^{\frac{1}{2}}y=6x(x^2+1)^{\frac{1}{2}}$，因此

$\dfrac{d}{dx}\left[(x^2+1)^{\frac{3}{2}}y\right]=6x(x^2+1)^{\frac{1}{2}}$，得到 $\displaystyle\int d\left[(x^2+1)^{\frac{3}{2}}y\right]=\int 6x(x^2+1)^{\frac{1}{2}}dx$。

所以 $(x^2+1)^{\frac{3}{2}}y=2(x^2+1)^{\frac{3}{2}}+C$，因此通解為

$$y(x)=2+C(x^2+1)^{\frac{-3}{2}}$$

例 1.4-3

求方程式之通解

$$(x^2+1)\frac{dy}{dx}+2xy=x^2-1$$

 解

先將原方程式轉化為標準式，再兩邊同時除以 x^2+1，可以得到

$\frac{dy}{dx}+\frac{2x}{x^2+1}y=\frac{x^2-1}{x^2+1}$，因此 $p(x)=\frac{2x}{x^2+1}$，積分因子為

$I(x)=e^{\int\frac{2x}{x^2+1}dx}=x^2+1$，將原方程式乘上積分因子，得到

$\frac{d}{dx}\left[(x^2+1)y\right]=x^2-1$，對 x 積分，$\int d\left[(x^2+1)y\right]=\int(x^2-1)dx$，

可以得到通解為 $(x^2+1)y=\frac{x^3}{3}-x+C$。

例 1.4-4

求方程式之通解

$$\frac{dy}{dx}+(\cot x)y=5e^{\cos x}$$

 解

根據定義，積分因子為

$I(x)=e^{\int\cot x dx}=\sin x$，將原方程式乘上積分因子，得到

$(\sin x)\frac{dy}{dx}+(\cos x)y=5e^{\cos x}\sin x$，化簡成為

$(\sin x)dy+(\cos x)ydx=5e^{\cos x}\sin xdx$，因此

$d(y\sin x)=-5e^{\cos x}d(\cos x)$，對 x 積分，

$\int d(y\sin x)=\int-5e^{\cos x}d(\cos x)$，可以得到通解為

$y=\csc x(-5e^{\cos x}+C)$。

例 1.4-5

求方程式之通解

$$y^2 \frac{dx}{dy} + xy = 2y^2 + 1$$

本題是以 y 爲自變數之微分方程式，首先轉化爲標準式

$\dfrac{dx}{dy} + \dfrac{1}{y}x = 2 + \dfrac{1}{y^2}$ ， $p(y) = \dfrac{1}{y}$ ，因此積分因子爲

$I(y) = e^{\int \frac{1}{y} dy} = y$ 。將原方程式乘上積分因子，得到

$y \dfrac{dx}{dy} + x = 2y + \dfrac{1}{y}$ ，化簡成爲 $\dfrac{d}{dy}(xy) = 2y + \dfrac{1}{y}$ ，兩邊對 y 積分

$\displaystyle\int d(xy) = \int (2y + \frac{1}{y}) dy$ ，可以得到通解爲 $xy = y^2 + \ln y + C$

例 1.4-6

求方程式之通解

$$y \ln y dx + (x - \ln y) dy = 0$$

本題是以 y 爲自變數之微分方程式，首先轉化爲標準式

$\dfrac{dx}{dy} + \dfrac{1}{y \ln y}x = \dfrac{1}{y}$ ，因此積分因子爲 $I(y) = e^{\int \frac{1}{y \ln y} dy} = \ln y$ ，

將原方程式乘上積分因子，得到 $\ln y dx + \dfrac{x}{y} dy = \dfrac{1}{y} \ln y dy$ ，

化簡成爲 $d(x \ln y) = \ln y d(\ln y)$ ，兩邊對 y 積分

$\displaystyle\int d(x \ln y) = \int \ln y d(\ln y)$ ，可以得到通解爲 $x \ln y = \dfrac{1}{2}(\ln y)^2 + C$

例 1.4-7

求方程式之通解

$$\frac{dy}{dx} = \frac{1}{e^y + x}$$

先將原方程式轉化為標準式，$\frac{dx}{dy} - x = e^y$，因此積分因子為

$I(y) = e^{-\int dy} = e^{-y}$。乘上積分因子，得到 $e^{-y}\frac{dx}{dy} - xe^{-y} = 1$，

化簡成 $\frac{d}{dy}(xe^{-y}) = 1$，因此 $d(xe^{-y}) = dy$，兩邊對 y 積分，

$\int d(xe^{-y}) = \int dy$，可以得到通解為：$xe^{-y} = y + C$。

習題 1-4

解以下各個微分方程式之通解及特解

1. $\frac{dy}{dx} - 2y = 3e^{2x}$ ； $y(0) = 0$

    解 $y = 3xe^{2x}$

2. $\frac{dy}{dx} - 2xy = e^{x^2}$

    解 $y = xe^{x^2} + Ce^{x^2}$

3. $x\frac{dy}{dx} + 5y - 7x^2 = 0$ ； $y(2) = 5$

    解 $y = x^2 + 32x^{-5}$

4. $3x\frac{dy}{dx} + y - 12x = 0$

    解 $y = 3x + Cx^{\frac{-1}{3}}$

5. $2x\dfrac{dy}{dx} - 3y - 9x^3 = 0$

   解 $y = 3x^3 + Cx^{\frac{3}{2}}$

6. $x\dfrac{dy}{dx} + 3y - 2x^5 = 0$; $y(2) = 1$

   解 $y = \dfrac{1}{4}x^5 - 56x^{-3}$

7. $x\dfrac{dy}{dx} - 3y - x^3 = 0$; $y(1) = 10$

   解 $y = x^3\ln x + 10x^3$

8. $\dfrac{dy}{dx} - (1-y)\cos x = 0$; $y(\pi) = 2$

   解 $y = 1 + e^{-\sin x}$

9. $x\dfrac{dy}{dx} - 2y - x^3\cos x = 0$

   解 $y = x^2\sin x + Cx^2$

10. $\dfrac{dy}{dx} - xy - x - y - 1 = 0$; $y(0) = 0$

   解 $y = -1 + e^x \times e^{\frac{1}{2}x^2}$

1.5 代換法求解微分方程式

1.5.1 相依變數變換

已知一階微分方程式為

$$\frac{dy}{dx} = f(x, y) \tag{1.5-1}$$

如果相依變數為 y，獨立變數為 x，則可以經由(1.5-2)式的轉換

$$y = \varphi(x, v) \tag{1.5-2}$$

將原先的微分方程式，轉換為另一新的相依變數與獨立變數 x，所表示的新微分方程式。

$$\frac{dy}{dx} = \varphi_x(x, v) + \varphi_v(x, v)\frac{dv}{dx} \tag{1.5-3}$$

將(1.5-2)式與(1.5-3)代入(1.5-1)式中，可以得到

$$\varphi_x(x, v) + \varphi_v(x, v)\frac{dv}{dx} = f(x, \varphi(x, v)) \tag{1.5-4}$$

經過整理後，可以得新的微分方程式為

$$\frac{dv}{dx} = g(x, v) \tag{1.5-5}$$

如果 $v = v(x)$ 為(1.5-5)式之解，則 $y = \varphi(x, v(x))$ 即為原來微分方程式(1.5-1)式的解。

例 1.5-1

求方程式之通解

$$\frac{dy}{dx} = (x + y + 3)^2$$

 解

利用相依變數變換的方法求解

令 $v = x + y + 3$，則 $y = v - x - 3$，對 x 微分得到 $\frac{dy}{dx} = \frac{dv}{dx} - 1$，

代入原來之微分方程式中 $\frac{dv}{dx} = 1 + v^2$，此一方程式為可分離變數之方程式，因此

可以利用前一節所說明的方法求解，解答為

$x = \int \frac{dv}{1 + v^2} = \tan^{-1} v + C$，得到 $v = \tan(x - C)$，還原變數 v

因此通解為 $y = \tan(x - C) - x - 3$。

例 1.5-2

求方程式之通解

$$(x + y) \frac{dy}{dx} = 1$$

 解

令 $v = x + y$，則 $y = v - x$，$dy = dv - dx$

代入原方程式中：$\frac{dv - dx}{dx} = \frac{1}{v}$，整理得到 $\frac{v}{1 + v} dv = dx$。

兩邊同時積分 $\int \frac{v}{1 + v} dv = \int dx$，得到 $v - \ln|v + 1| = x + C$，

將 $v = x + y$ 代入，因此通解為 $y - \ln(x + y + 1) = C$。

1.5.2 齊次方程式(Homogeneous Equation)

1. 齊次一階微分方程式

　　一階微分方程式如果可以表示為

$$\frac{dy}{dx} = F(\frac{y}{x}) \qquad\qquad (1.5\text{-}6)$$

　　(1.5-6)式稱為齊次一階微分方程式，可以利用前面章節所提過之轉換法進行求解。

令 $v = \frac{y}{x}$ ，則 $y = vx$ ，此時 $\frac{dy}{dx} = v + x\frac{dv}{dx}$ ，代入(1.5-6)式中，可以將原方程式轉換

為變數可分離的微分方程式。

例 1.5-3

解以下方程式

$$2xy\frac{dy}{dx} = 4x^2 + 3y^2$$

解

原方程式可以化簡為 $\frac{dy}{dx} = \frac{4x^2 + 3y^2}{2xy} = 2\left(\frac{x}{y}\right) + \frac{3}{2}\left(\frac{y}{x}\right)$ ，

因為 $\frac{dy}{dx} = F\left(\frac{y}{x}\right)$ 為齊次方程式，因此令 $v = \frac{y}{x}$ ，則 $y = vx$ ，此時 $\frac{dy}{dx} = v + x\frac{dv}{dx}$ ，

代入原微分方程式中，可以得到

$v + x\frac{dv}{dx} = \frac{2}{v} + \frac{3v}{2}$ ，整理後轉化成 $x\frac{dv}{dx} = \frac{2}{v} + \frac{v}{2} = \frac{v^2 + 4}{2v}$ ，利用分離變數法兩邊積

分，$\int \frac{2v}{v^2 + 4}dv = \int \frac{1}{x}dx$ ，求出 $\ln(v^2 + 4) = \ln|x| + \ln C \Rightarrow v^2 + 4 = C \cdot |x|$ ，將 $v = \frac{y}{x}$ 代

入，得到原微分方程式的通解為 $\left(\frac{y}{x}\right)^2 + 4 = C \cdot |x|$ ，化簡成 $y^2 + 4x^2 = Cx^3$ 。

例 1.5-4

解以下方程式
$$xdy - \left(\sqrt{x^2 - y^2} + y\right)dx = 0$$

原式為齊次方程式，因此令 $v = \dfrac{y}{x}$，則 $dy = vdx + xdv$，代入原微分方程式中，可以得到 $x(vdx + xdv) - (x\sqrt{1-v^2} + xv)dx = 0$，整理後為 $xdv - \sqrt{1-v^2}dx = 0$。利用分離變數法兩邊積分 $\displaystyle\int \frac{dv}{\sqrt{1-v^2}} = \int \frac{dx}{x}$，求出 $\sin^{-1}v = \ln x + C$，將 $v = \dfrac{y}{x}$ 代入，得到原微分方程式的通解為 $\sin^{-1}\dfrac{y}{x} = \ln x + C$。

2. 經變數變換後可齊次化之一階微分方程式

如果一階微分方程式並非齊次微分方程式，但是經過適當的變數轉換後，可以轉換為齊次方程式。

$$(a_1x + b_1y + c_1)dx + (a_2x + b_2y + c_2)dy = 0 \qquad (1.5\text{-}7)$$

(i)　如果 $\dfrac{a_1}{a_2} \neq \dfrac{b_1}{b_2}$ (兩線相交)

假設 $a_1x + b_1y + c_1 = 0$ 與 $a_2x + b_2y + c_2 = 0$ 兩條直線的交點為 (α, β)，令 $X = x - \alpha$，$Y = y - \beta$，則假設 $dX = dx$，$dY = dy$，代入原微分方程式中，可以得到

$$(a_1X + b_1Y)dX + (a_2X + b_2Y)dY = 0 \qquad (1.5\text{-}8)$$

(1.5-8)式為齊次微分方程式，便可以使用齊次方程式之方法求解。

(ii) 如果 $\dfrac{a_1}{a_2} = \dfrac{b_1}{b_2}$ (兩線平行)

假設 $z = a_1 x + b_1 y$，則 $dy = \dfrac{dz - a_1 dx}{b_1}$，代入原微分方程式中，可以將原微分方程式

轉化爲得到齊次微分方程式，便可以使用齊次方程式之方法求解。

例 1.5-5

解以下方程式

$(2x - 5y + 3)dx - (2x + 4y - 6)dy = 0$

 解

本題並非齊次方程式，經由變數變換爲齊次化

因爲 $\dfrac{2}{-2} \neq \dfrac{-5}{-4}$，所以首先求解方程式之兩根

$\begin{cases} 2x - 5y + 3 = 0 \\ 2x + 4y - 6 = 0 \end{cases}$，聯立方程式之解爲 $(\alpha, \beta) = (1,1)$。

令 $X = x - 1$，$Y = y - 1$，則 $x = X + 1$，$y = Y + 1$。

代入原微分方程式中：$(2X - 5Y)dX - (2X + 4Y)dY = 0$。

利用 $z = \dfrac{Y}{X}$ 轉換爲齊次方程式，

得到 $(2 - 5z)dX - (2 + 4z)(zdX + Xdz) = 0$。

整理得到 $(2 - 7z - 4z^2)dX - X(2 + 4z)dz = 0$，利用分離變數法

$\dfrac{dX}{X} = (\dfrac{-4}{3} \times \dfrac{1}{4z - 1} - \dfrac{2}{3} \times \dfrac{1}{z + 2})dz$，兩邊積分

$\displaystyle\int \dfrac{dX}{X} = \int (\dfrac{-4}{3} \times \dfrac{1}{4z - 1} - \dfrac{2}{3} \times \dfrac{1}{z + 2})dz$，所以通解爲

$\ln X + \dfrac{1}{3}\ln(4z - 1) + \dfrac{2}{3}\ln(z + 2) = \ln C_1$，整理成爲

$X^3(4z - 1)(z + 2)^2 = C$，再將 $z = \dfrac{Y}{X}$ 及 $X = x - 1$，$Y = y - 1$

代回，可以求出 $(4Y - X)(Y + 2X)^2 = C$，因此通解爲

$(4y - x - 3)(y + 2x - 3)^2 = C$。

例 1.5-6

解以下方程式

$(x+y)dx+(3x+3y-4)dy=0$

 解

計算係數比 $\frac{1}{3}=\frac{1}{3}$，所以令 $z=x+y$，則 $dy=dz-dx$，代入原微分方程式中，得

到 $zdx+(3z-4)(dz-dx)=0$，

整理後得到 $(4-2z)dx+(3z-4)dz=0$，利用分離變數法計算

$2dx=\dfrac{3z-4}{z-2}dz$，兩邊積分 $\displaystyle\int 2dx=\int\dfrac{3z-4}{z-2}dz$，求出

$2x-3z-2\ln(z-2)=C$。再將 $z=x+y$ 代回，可以得到原方程式之解為

$x+3y+2\ln(x+y-2)=C$。

例 1.5-7

求解以下方程式

$(2x^2+3y^2-7)xdx-(3x^2+2y^2-8)ydy=0$

 解

令 $x^2=u$，$y^2=v$，原來的微分方程式可以化簡為

$(2u+3v-7)du-(3u+2v-8)dv=0$，解聯立方程式：$\begin{cases}2u+3v-7=0\\3u+2v-8=0\end{cases}$，

得到聯立方程式之解為 $(\alpha,\beta)=(2,1)$。再令 $s=u-2$，$t=v-1$，

則 $u=s+2$，$v=t+1$，

代入原微分方程式中，得到 $(2t+3s)dt-(3t+2s)ds=0$。

上式為齊次方程式後，因此再令 $r = \dfrac{t}{s}$，則 $dt = rds + sdr$，

代入方程式中 $(2r+3)(rds+sdr) - (3r+2)ds = 0$，整理成為

$s(2r+3)dr + (2r^2+3r-3r-2)ds = 0$，因此方程式為

$\dfrac{ds}{s} + \dfrac{2r+3}{2r^2-2}dr = 0$。兩邊積分 $\displaystyle\int \dfrac{ds}{s} = -\int \dfrac{2r+3}{2r^2-2}dr$，得到

$\ln s + \dfrac{5}{4}\ln(r-1) - \dfrac{1}{4}\ln(r+1) = C$。再將 $u = x^2, v = y^2$，

$t = v-1, s = u-2$，$r = \dfrac{t}{s}$ 代回原方程式中，可以得到通解為

$(x^2 - y^2 - 1)^5 = K(x^2 + y^2 - 3)$

3. 白努力方程式(Bernoulli Equation)

　　如果一階微分方程式的形式為

$$\dfrac{dy}{dx} + P(x)y = Q(x)y^n \tag{1.5-9}$$

　　則 (1.5-9)式稱為白努力方程式，同樣的也可以藉由變數變換法轉換成線性方程式。分析步驟如下所述：

　　令 $v = y^{1-n}$，則 $\dfrac{dv}{dx} = (1-n)y^{-n}\dfrac{dy}{dx}$，代回(1.5-9)式中，轉換為

$\dfrac{dv}{dx} + (1-n)P(x)v = (1-n)Q(x)$ 的線性方程式。

例 1.5-8

解以下方程式

$$2xy\frac{dy}{dx} = 4x^2 + 3y^2$$

 解

原微分方程式可以化簡為 $\frac{dy}{dx} - \frac{3}{2x}y = \frac{2x}{y}$ ，$P(x) = -\frac{3}{2x}$ ，$Q(x) = 2x$ 。與標準式比

較得到 $n = -1$ ，所以 $1 - n = 2$ 。令 $v = y^2$ ，亦即 $y = v^{\frac{1}{2}}$ 代入原微分方程式中，

$\frac{dy}{dx} = \frac{dy}{dv} \cdot \frac{dv}{dx} = \frac{1}{2}v^{\frac{-1}{2}}\frac{dv}{dx}$ ，因此 $\frac{1}{2}v^{\frac{-1}{2}}\frac{dv}{dx} - \frac{3}{2x}v^{\frac{1}{2}} = 2xv^{\frac{1}{2}}$ ，整理後得到 $\frac{dv}{dx} - \frac{3}{x}v = 4x$ 。

而積分因子為 $I(x) = e^{\int -\frac{3}{x}dx} = x^{-3}$ ，乘上原來的微分方程式 $\frac{d}{dx}(x^{-3}v) = \frac{4}{x^2}$ ，兩邊積

分，$\int d(x^{-3}v) = \int \frac{4}{x^2}dx$ ，得到 $x^{-3}v = -\frac{4}{x} + C$ ，所以通解為 $y^2 = -4x^2 + Cx^3$ 。

例 1.5-9

解以下方程式

$$x\frac{dy}{dx} + 6y = 3xy^{\frac{4}{3}}$$

 解

本題為白努力方程式，與標準式比較，$n = \frac{4}{3}$ ，$1 - n = -\frac{1}{3}$ 。因此令 $v = y^{\frac{-1}{3}}$ ，亦即

$y = v^{-3}$ ，代回原微分方程式中

$\frac{dy}{dx} = \frac{dy}{dv} \cdot \frac{dv}{dx} = -3v^{-4}\frac{dv}{dx}$ ，可以轉換為

$-3xv^{-4}\frac{dv}{dx} + 6v^{-3} = 3xv^{-4}$ ，整理後為 $\frac{dv}{dx} - \frac{2}{x}v = -1$ 。此時積分因子為

$I(x) = e^{\int -\frac{2}{x}dx} = x^{-2}$ 。乘上原來的微分方程式後

$\frac{d}{dx}(x^{-2}v) = -\frac{1}{x^2}$ ，兩邊積分，$\int d(x^{-2}v) = \int \frac{-1}{x^2}dx$ ，求出

$v = x + Cx^2$ ，所以通解為 $y = \frac{1}{(x + Cx^2)^3}$ 。

習題 1-5

1. 利用變數分離法將下列之微分方程式加以齊次化，並且求其解

   (1) $(x^2 + y^2)dx - 2xydy$

   解 $x(1 - \dfrac{y^2}{x^2}) = C$

   (2) $(3x + 2y + 1)dx - (3x + 2y - 1)dy = 0$

   解 $x - y + \dfrac{2}{5}\ln(15x + 10y - 1) = C$

   (3) $(x + y)dy - dx = 0$

   解 $y - \ln(x + y + 1) = C$

   (4) $(2x - 5y + 3)dx - (2x + 4y - 6)dy = 0$

   解 $(4y - x - 3)(y + 2x - 3)^2 = C$

2 求解下列之白努力方程式

   (1) $xy\dfrac{dy}{dx} + y^2 = 1$

   解 $y^2 = 1 + Cx^{-2}$

   (2) $\dfrac{dy}{dx} + xy - xy^2 = 0$

   解 $y = \dfrac{1}{1 + Ce^{\frac{1}{2}x^2}}$

   (3) $\dfrac{dy}{dx} - y - xy^3 = 0$

   解 $y^{-2} = -x + \dfrac{1}{2} + Ce^{-2x}$

   (4) $\dfrac{dy}{dx} + x^2y - x^2y^3 = 0$

   解 $y^{-2} = 1 + Ce^{\frac{2}{3}x^3}$

3. 求解下列各個微分方程式

   (1) $2xy\dfrac{dy}{dx} - x^2 - 2y^2 = 0$

   解 $y^2 = x^2\ln x + Cx^2$

(2) $(x-y)\dfrac{dy}{dx}-(x+y)=0$

解 $\ln x+\dfrac{1}{2}\ln(\dfrac{y^2}{x^2}+1)-\tan^{-1}\dfrac{y}{x}=C$

(3) $(x+2y)\dfrac{dy}{dx}-y=0$

解 $\ln x-\dfrac{x}{2y}+\ln\dfrac{y}{x}=C$

(4) $x^2\dfrac{dy}{dx}-xy-x^2e^{\frac{y}{x}}=0$

解 $\ln x+e^{\frac{-y}{x}}=C$

(5) $xy\dfrac{dy}{dx}-x^2-3y^2=0$

解 $\dfrac{1}{4}\ln(\dfrac{2y^2}{x^2}+1)-\ln x=C$

(6) $xy\dfrac{dy}{dx}-4x^2-y^2=0$

解 $\dfrac{y^2}{8x^2}-\ln x=C$

(7) $y^2\dfrac{dy}{dx}+2xy^3-6x=0$

解 $y^3=3+Ce^{-3x^2}$

(8) $x^2\dfrac{dy}{dx}+2xy-5y^4=0$

解 $y^{-3}=\dfrac{15}{7}x^{-1}+Cx^6$

(9) $2x\dfrac{dy}{dx}+y^3e^{-2x}-2xy=0$

解 $y^{-2}=e^{-2x}\ln x+Ce^{-2x}$

(10) $3y^2\dfrac{dy}{dx}+y^3-e^{-x}=0$

解 $y^3=xe^{-x}+Ce^{-x}$

1.6 正合方程式與積分因子

1.6.1 正合方程式(exact equation)

對於一階微分方程式的通解而言，也可以使用隱函數的型式加以表示，如(1.6-1)式所示。

$$F(x, y(x)) = C \tag{1.6-1}$$

其中：C 為常數。

根據微方的觀念，如果將(1.6-1)式對 x 微分，那麼就可以得到相對應的微分方程式，如(1.6-2)式所示。

$$\frac{\partial F}{\partial x} + \frac{\partial F}{\partial y}\frac{dy}{dx} = 0 \tag{1.6-2}$$

此時假設 $M(x, y) = \dfrac{\partial F}{\partial x}$，$N(x, y) = \dfrac{\partial F}{\partial y}$，則(1.6-2)式可以改成

$$M(x, y) + N(x, y)\frac{dy}{dx} = 0 \tag{1.6-3}$$

再將(1.6-3)式重新改寫成

$$M(x, y)dx + N(x, y)dy = 0 \tag{1.6-4}$$

經由以上的討論可以得知，假設存在一函數 $F(x, y) = C$，使得 $\dfrac{\partial F}{\partial x} = M(x, y)$ 及 $\dfrac{\partial F}{\partial y} = N(x, y)$，則稱 $M(x, y)dx + N(x, y)dy = 0$ 為正合方程式，而 $F(x, y) = C$ 為其通解。

1. 判別正合的充要條件

   假設在開區間的矩形區域內（ $R; a < x < b, c < y < d$ ），存在 $F(x, y)$ 函數及 $M(x, y)$ 及 $N(x, y)$ 均為連續的一階偏微分導數，則微分方程式 $M(x, y)dx + N(x, y)dy = 0$ 為正合方程式的充要條件為

(1) 在 R 中的函數 $F(x, y)$ 滿足 $\dfrac{\partial F}{\partial x} = M$ 與 $\dfrac{\partial F}{\partial y} = N$。

(2) 在 R 中的每一點均滿足 $\dfrac{\partial M}{\partial y} = \dfrac{\partial N}{\partial x}$。

2. 正合方程式的解法

對於 $M(x, y)dx + N(x, y)dy = 0$ 而言，如果為正合方程式，此時 $\dfrac{\partial M}{\partial y} = \dfrac{\partial N}{\partial x}$，則通解

為 $F(x, y) = C$。分析步驟為

(1) 根據定義：$\dfrac{\partial F}{\partial x} = M(x, y)$，$\dfrac{\partial F}{\partial y} = N(x, y)$。

(2) 對 $\dfrac{\partial F}{\partial x} = M(x, y)$ 做 x 的積分，可以得到 $F(x, y) = \displaystyle\int M(x, y)dx + f(y)$。

(3) 將(2)的結果代入 $\dfrac{\partial F}{\partial y} = N(x, y)$ 中，可以得到

$$\frac{\partial}{\partial y}\int M(x, y)dx + \frac{d}{dy}f(y) = N(x, y)。$$

整理後為 $\dfrac{d}{dy}f(y) = N(x, y) - \dfrac{\partial}{\partial y}\displaystyle\int M(x, y)dx$。

(4) 將 $\dfrac{d}{dy}f(y) = N(x, y) - \dfrac{\partial}{\partial y}\displaystyle\int M(x, y)dx$ 對 y 積分，可以求出 $f(y)$ 之值。

(5) 將解出的 $f(y)$ 代回 $F(x, y) = \displaystyle\int M(x, y)dx + f(y)$ 中，求出 $F(x, y) = C$，即為一

般解。

例 1.6-1

檢定下式是否為正合微分方程式,並求出一般解

$(2x^3 + 3y)dx + (3x + y - 1)dy = 0$

 解

與標準式比較,得到 $M(x, y) = 2x^3 + 3y$ 及 $N(x, y) = 3x + y - 1$。

經由計算 $\dfrac{\partial M}{\partial y} = \dfrac{\partial N}{\partial x}$ 是否成立,得到 $\dfrac{\partial M}{\partial y} = 3 = \dfrac{\partial N}{\partial x}$,因此為正合微分方程式。

1. $\dfrac{\partial F}{\partial x} = M \Rightarrow F(x, y) = \int (2x^3 + 3y)dx = \dfrac{x^4}{2} + 3xy + g(y)$

2. $\dfrac{\partial F}{\partial y} = N \Rightarrow 3x + \dfrac{dg(y)}{dy} = 3x + y - 1$

   比較兩邊係數 $\dfrac{dg(y)}{dy} = y - 1$,得到 $g(y) = \dfrac{1}{2}y^2 - y + C_1$

3. 所以 $F(x, y) = \dfrac{x^4}{2} + 3xy + \dfrac{1}{2}y^2 - y + C_1$

4. 一般解為 $\dfrac{x^4}{2} + 3xy + \dfrac{1}{2}y^2 - y = C$

例 1.6-2

解微分方程式

$(6xy - y^3)dx + (4y + 3x^2 - 3xy^2)dy = 0$

 解

與標準式比較,得到 $M(x, y) = 6xy - y^3$ 及 $N(x, y) = 4y + 3x^2 - 3xy^2$。

經由計算 $\dfrac{\partial M}{\partial y} = \dfrac{\partial N}{\partial x}$ 是否成立,得到 $\dfrac{\partial M}{\partial y} = 6x - 3y^2 = \dfrac{\partial N}{\partial x}$,因此為正合微分方程式。

1. $\dfrac{\partial F}{\partial x} = M \Rightarrow F(x, y) = \int (6xy - y^3)dx = 3x^2y - xy^3 + g(y)$

2. $\dfrac{\partial F}{\partial y} = N \Rightarrow 3x^2 - 3xy^2 + \dfrac{dg(y)}{dy} = 4y + 3x^2 - 3xy^2$

   比較兩邊係數 $\dfrac{dg(y)}{dy} = 4y$,得到 $g(y) = 2y^2 + C_1$

3. 所以 $F(x, y) = 3x^2y - xy^3 + 2y^2 + C_1$

4. 一般解為 $3x^2y - xy^3 + 2y^2 = C$ (常數 C_1 合併至常數 C 中)

例 1.6-3

解微分方程式

$$\frac{dy}{dx} = \frac{1+y^2+3x^2y}{1-2xy-x^3}$$

 解

原式寫為 $(1+y^2+3x^2y)dx + (-1+2xy+x^3)dy = 0$

其中：$M(x,y) = 1+y^2+3x^2y$，$N(x,y) = -1+2xy+x^3$

經由計算 $\dfrac{\partial M}{\partial y} = \dfrac{\partial N}{\partial x}$ 是否成立，得到 $\dfrac{\partial M}{\partial y} = 2y+3x^2 = \dfrac{\partial N}{\partial x}$，因此為正合微分方程式。

1. $\dfrac{\partial F}{\partial x} = M \Rightarrow F(x,y) = \int M dx = \int (1+y^2+3x^2y)dx = x^3y+xy^2+x+g(y)$

2. $\dfrac{\partial F}{\partial y} = N \Rightarrow \dfrac{\partial}{\partial y}\left[x^3y+xy^2+x+g(y) \right] = -1+2xy+x^3$

   比較兩邊係數 $\dfrac{dg(y)}{dy} = -1$，得到 $g(y) = -y+C_1$

3. 所以 $F(x,y) = x^3y+xy^2+x-y+C_1$

4. 一般解為：$x^3y+xy^2+x-y = C$

例 1.6-4

解微分方程式

$(3x^2 + y\cos x)dx + (\sin x - 4y^3)dy = 0$

與標準式比較，得到 $M = (3x^2 + y\cos x)$ 及 $N = (\sin x - 4y^3)$。

經由計算 $\dfrac{\partial M}{\partial y} = \dfrac{\partial N}{\partial x}$ 是否成立，得到 $\dfrac{\partial M}{\partial y} = \cos x = \dfrac{\partial N}{\partial x}$，因此為正合微分方程式。

1.　$\dfrac{\partial F}{\partial x} = 3x^2 + y\cos x \Rightarrow F(x, y) = \int (3x^2 + y\cos x)dx = x^3 + y\sin x + g(y)$

2.　$\dfrac{\partial F}{\partial y} = N \Rightarrow \sin x + \dfrac{dg(y)}{dy} = \sin x - 4y^3$

　　比較兩邊係數 $\dfrac{dg(y)}{dy} = -4y^3$，得到 $g(y) = -y^4 + C_1$

3.　所以 $F(x, y) = x^3 - y^4 + y\sin x + C_1$

4.　一般解為 $x^3 - y^4 + y\sin x = C$

2.　積分因子 (Integrating Factors)

　　如果微分方程式 $M(x, y)dx + N(x, y)dy = 0$ 的表示式並非正合方程式，那麼可以藉由乘上適當的積分因子而加以轉換，使其成為正合方程式的標準表示式。以下說明要如何找出積分因子。

　　假設積分因子之函數為 $I(x, y)$，乘入原來的微分方程式後

$$I(x, y)M(x, y)dx + I(x, y)N(x, y)dy = 0 \qquad (1.6\text{-}5)$$

可以將非正合方程式轉化成正合方程式。

也就是說 $\dfrac{\partial}{\partial y}(I \cdot M) = \dfrac{\partial}{\partial x}(I \cdot N)$ 的關係會成立。因此可以得到

$$I\dfrac{\partial M}{\partial y} + M\dfrac{\partial I}{\partial y} = I\dfrac{\partial N}{\partial x} + N\dfrac{\partial I}{\partial x} \qquad (1.6\text{-}6)$$

由(1.6-6)式中可以看出轉換後的方程式與原正合方程式的差異，所以積分因子的決定與 $\dfrac{\partial M}{\partial y} - \dfrac{\partial N}{\partial x}$ 的數值有相當大的關係，在本節中就以幾種常見的關係式，說明如何求出合適的積分因子。

(1) $I = I(x)$

假設 $I = I(x)$，亦即 $\dfrac{\partial I}{\partial y} = 0$，則(1.6-6)式可以化簡為

$I\dfrac{\partial M}{\partial y} = I\dfrac{\partial N}{\partial x} + N\dfrac{\partial I}{\partial x}$，整理為 $\dfrac{1}{N}\left(\dfrac{\partial M}{\partial y} - \dfrac{\partial N}{\partial x}\right) = \dfrac{1}{I}\dfrac{\partial I}{\partial x}$，

此時令 $\dfrac{1}{N}\left(\dfrac{\partial M}{\partial y} - \dfrac{\partial N}{\partial x}\right) = f(x)$，則積分因子為

$$I(x) = e^{\int f(x)dx} = \exp\left[\int \dfrac{1}{N}\left(\dfrac{\partial M}{\partial y} - \dfrac{\partial N}{\partial x}\right)dx\right] \qquad (1.6\text{-}7)$$

(2) $I = I(y)$

假設 $I = I(y)$，亦即 $\dfrac{\partial I}{\partial x} = 0$，則(1.6-6)式可以化簡為

$I\dfrac{\partial M}{\partial y} + M\dfrac{\partial I}{\partial y} = I\dfrac{\partial N}{\partial x}$ 整理為 $\dfrac{1}{M}\left(\dfrac{\partial N}{\partial x} - \dfrac{\partial M}{\partial y}\right) = \dfrac{1}{I}\dfrac{\partial I}{\partial y}$

此時令 $\dfrac{1}{M}\left(\dfrac{\partial N}{\partial x} - \dfrac{\partial M}{\partial y}\right) = g(y)$，則積分因子為

$$I(y) = e^{\int g(y)dy} = \exp\left[\int \dfrac{1}{M}\left(\dfrac{\partial N}{\partial x} - \dfrac{\partial M}{\partial y}\right)dy\right] \qquad (1.6\text{-}8)$$

(3) 對於大部分的微分方程式而言，原函數僅為簡單的形式。因此可以利用已知的微分方程式，判別部份式子的積分因子以加速求解的步驟。根據經驗以及觀察的心得，部份子式時應選擇何種聯想式，則視微分方程式中的其他項而定。

由以上的說明之中，可以歸納出下表之公式，對於不同的方程式表示法，求出適當的積分因子，如表 1.6-1 所示。

π表 1.6-1　適當的積分因子表

已知條件	適當的積分因子
$\dfrac{\left(\dfrac{\partial M}{\partial y} - \dfrac{\partial N}{\partial x}\right)}{N} = f(x)$	$\exp\left[\int f(x)dx\right]$
$\dfrac{\left(\dfrac{\partial M}{\partial y} - \dfrac{\partial N}{\partial x}\right)}{M} = -f(y)$	$\exp\left[\int f(y)dy\right]$
$\dfrac{\left(\dfrac{\partial M}{\partial y} - \dfrac{\partial N}{\partial x}\right)}{(M-N)} = -f(x+y)$	$\exp\left[\int f(x+y)d(x+y)\right]$
$\dfrac{\left(\dfrac{\partial M}{\partial y} - \dfrac{\partial N}{\partial x}\right)}{(xM-yN)} = -f(xy)$	$\exp\left[\int f(xy)d(xy)\right]$

π表 1.6-2　常見的聯想式

部分子式之型式	聯想之積分因子
$ydx + xdy$	$d(xy)$
$dx \pm dy$	$d(x \pm y)$
$xdx \pm ydy$	$\dfrac{1}{2}d(x^2 \pm y^2)$
$ydx - xdy$	$y^2 d\left(\dfrac{x}{y}\right), -x^2 d\left(\dfrac{y}{x}\right), xyd\left(\ln\dfrac{x}{y}\right), (x^2+y^2)d\left(\tan^{-1}\dfrac{x}{y}\right)$
$xdy - ydx$	$x^2 d\left(\dfrac{y}{x}\right), -y^2 d\left(\dfrac{x}{y}\right), xyd\left(\ln\dfrac{y}{x}\right), (x^2+y^2)d\left(\tan^{-1}\dfrac{y}{x}\right)$

例 1.6-5

解微分方程式

$y^2 \cos x dx + (4 + 5y \sin x) dy = 0$

與標準式比較,得到 $M(x, y) = y^2 \cos x$ 及 $N(x, y) = 4 + 5y \sin x$ 。

經由計算 $\dfrac{\partial M}{\partial y} = \dfrac{\partial N}{\partial x}$ 是否成立,得到

$\dfrac{\partial M}{\partial y} = 2y \cos x \neq \dfrac{\partial N}{\partial x} = 5y \cos x$,因此並非正合微分方程式,必須依照前面的方法

找出積分因子以求解。

(1) $\dfrac{1}{N}\left(\dfrac{\partial M}{\partial y} - \dfrac{\partial N}{\partial x}\right) = \dfrac{2y \cos x - 5y \cos x}{4 + 5y \sin x} = \dfrac{-3y \cos x}{4 + 5y \sin x}$

$\dfrac{1}{N}\left(\dfrac{\partial M}{\partial y} - \dfrac{\partial N}{\partial x}\right)$ 的結果並非單一 x 之函數,亦即積分因子不為變數 x 所單獨構

成。

(2) $\dfrac{1}{M}\left(\dfrac{\partial N}{\partial x} - \dfrac{\partial M}{\partial y}\right) = \dfrac{5y \cos x - 2y \cos x}{y^2 \cos x} = \dfrac{3y \cos x}{y^2 \cos x} = \dfrac{3}{y}$

$\dfrac{1}{M}\left(\dfrac{\partial N}{\partial x} - \dfrac{\partial M}{\partial y}\right)$ 的結果為 y 之函數,可以假設積分因子為

$I(y) = \exp\left[\displaystyle\int \dfrac{3}{y} dy\right] = e^{3\ln y} = y^3$,將求出的積分因子乘上原方程式,可以得到

$y^5 \cos x dx + (4y^3 + 5y^4 \sin x) dy = 0$,

此時 $M(x, y) = y^5 \cos x, N(x, y) = 4y^3 + 5y^4 \sin x$,計算得到

$\dfrac{\partial M}{\partial y} = 5y^4 \cos x = \dfrac{\partial N}{\partial x}$ 為正合方程式之標準表示式,因此

$\dfrac{\partial F}{\partial x} = M \Rightarrow F(x, y) = \displaystyle\int y^5 \cos x dx = y^5 \sin x + g(y)$ 以及

$\dfrac{\partial F}{\partial y} = N \Rightarrow \dfrac{\partial}{\partial y}\left[y^5 \sin x + g(y)\right] = 4y^3 + 5y^4 \sin x$

解出 $5y^4 \sin x + \dfrac{dg(y)}{dy} = 4y^3 + 5y^4 \sin x$，比較等號兩邊可以得到

$\dfrac{dg(y)}{dy} = 4y^3 \Rightarrow g(y) = y^4 + C_1$，所以方程式之通解為

$y^5 \sin x + y^4 = C$。

例 1.6-6

解微分方程式

$y^2 dx + (1+xy)dy = 0$

與標準式比較，得到 $M(x,y) = y^2$ 及 $N(x,y) = 1 + xy$。

經由計算 $\dfrac{\partial M}{\partial y} = \dfrac{\partial N}{\partial x}$ 是否成立，得到 $\dfrac{\partial M}{\partial y} = 2y \neq \dfrac{\partial N}{\partial x} = y$，

因此並非正合微分方程式，必須依照前面章節所介紹的方法找積分因子以求解。

由於 $\dfrac{1}{M}\left(\dfrac{\partial M}{\partial y} - \dfrac{\partial N}{\partial x}\right) = \dfrac{1}{y}$，因此可以假設積分因子為 $I(y) = \exp\left[\int \dfrac{-1}{y}dy\right] = \dfrac{1}{y}$，

將求出的積分因子乘上原方程式，得到 $ydx + \left(\dfrac{1}{y} + x\right)dy = 0$。

此時 $M(x,y) = y$ 及 $N(x,y) = \dfrac{1}{y} + x$，而 $\dfrac{\partial M}{\partial y} = 1 = \dfrac{\partial N}{\partial x}$，為正合方程式之標準表示

式，因此 $\dfrac{\partial F}{\partial x} = M$，$F(x,y) = \int M(x,y)dx = \int y dx = xy + g(y)$

$\dfrac{\partial F}{\partial y} = N$，$\dfrac{\partial}{\partial y}[xy + g(y)] = \dfrac{1}{y} + x \Rightarrow x + \dfrac{dg(y)}{dy} = \dfrac{1}{y} + x$

比較等號兩邊可以得到 $\dfrac{dg(y)}{dy} = \dfrac{1}{y}$，所以 $g(y) = \ln y + C_1$，

因此方程式之通解為 $\ln y + xy = C$。

例 1.6-7

解微分方程式

$$xdx + ydy + (x^2 + y^2)dy = 0$$

與標準式比較，得到 $M(x,y) = x$ 及 $N(x,y) = y + x^2 + y^2$。

經由計算 $\dfrac{\partial M}{\partial y} = \dfrac{\partial N}{\partial x}$ 是否成立，得到 $\dfrac{\partial M}{\partial y} = 0 \neq \dfrac{\partial N}{\partial x} = 2x$，因此並非正合微分方程

式，必須依前面的方法找積分因子以求解。

經由觀察發現原方程式中有 $xdx + ydy$ 及 $x^2 + y^2$ 的項，對照表 1.6-2，推論積分因

子為 $\dfrac{1}{x^2 + y^2}$，乘上原微分方程式後可以得到 $\dfrac{xdx + ydy}{x^2 + y^2} + dy = 0$，整理成

$d\left[\dfrac{1}{2}\ln(x^2 + y^2)\right] = -dy$，兩邊積分 $\int d\left[\dfrac{1}{2}\ln(x^2 + y^2)\right] = \int -dy$，所以

$\dfrac{1}{2}\ln(x^2 + y^2) = -y + C_1$，因此方程式之通解為 $(x^2 + y^2)e^{2y} = C$。

例 1.6-8

解微分方程式

$$(x + x^4 + 2x^2y^2 + y^4)dx + ydy = 0$$

原式重新整理為 $(xdx + ydy) + (x^2 + y^2)^2 dx = 0$，

變形為 $\dfrac{1}{2}d(x^2 + y^2) + (x^2 + y^2)^2 dx = 0$，整理成為

$\dfrac{d(x^2 + y^2)}{(x^2 + y^2)^2} = -2dx$，兩邊積分 $\int \dfrac{d(x^2 + y^2)}{(x^2 + y^2)^2} = -\int 2dx$，

得到 $\dfrac{-1}{(x^2 + y^2)} = -2x + C$，因此一般解為 $\dfrac{-1}{(x^2 + y^2)} + 2x = C$。

例 1.6-9

解微分方程式

$$y(1+x)dx + x(1+y)dy = 0$$

解法 1：與標準式比較，得到 $M(x,y) = y(1+x)$ 及 $N(x,y) = x(1+y)$。

經由計算 $\dfrac{\partial M}{\partial y} = \dfrac{\partial N}{\partial x}$ 是否成立，得到 $\dfrac{\partial M}{\partial y} = 1+x \neq \dfrac{\partial N}{\partial x} = 1+y$，

因此並非正合微分方程式，必須依前面的方法找出積分因子。

利用 $\dfrac{1}{M-N}\left[\dfrac{\partial M}{\partial y} - \dfrac{\partial N}{\partial x}\right] = \dfrac{x-y}{y-x} = -1 = -f(x+y)$，因此積分因子爲 $e^{\int d(x+y)} = e^{x+y}$。

將求出的積分因子乘上原方程式，可以得到 $(y+xy)e^{x+y}dx + (x+xy)e^{x+y}dy = 0$，滿足正合方程式，因此 $\dfrac{\partial F}{\partial x} = (y+xy)e^{x+y}$，$\dfrac{\partial F}{\partial y} = (x+xy)e^{x+y}$。將兩式積分可以得到

$F(x,y) = xye^{x+y} + g(y)$ 及 $F(x,y) = xye^{x+y} + f(x)$，比較等號兩邊得到

$g(y) = f(x) = 0$，所以一般解爲 $xye^{x+y} = C$。

解法 2：將原方程式直接展開可以得到

$ydx + xydx + xdy + xydy = 0$，整理爲

$(ydx + xdy) + xy(dx + dy) = 0$，化簡爲 $d(xy) = -xyd(x+y)$。

兩邊積分 $\displaystyle\int \dfrac{d(xy)}{xy} = -\int d(x+y)$ 得到 $\ln|xy| = -(x+y) + \ln C$，

所以方程式的通解爲 $xy = Ce^{-(x+y)}$。

例 1.6-10

解微分方程式

$(y^2 + xy + 1)dx + (x^2 + xy + 1)dy = 0$

 解

解法 1：

與標準式比較，得到 $M(x, y) = y^2 + xy + 1$ 及 $N(x, y) = x^2 + xy + 1$。

經由計算 $\dfrac{\partial M}{\partial y} = \dfrac{\partial N}{\partial x}$ 是否成立，得到 $\dfrac{\partial M}{\partial y} = 2y + x \neq \dfrac{\partial N}{\partial x} = 2x + y$，

並非正合微分方程式，必須依照前面的方法找出積分因子以求解。

利用 $\dfrac{1}{M - N}\left[\dfrac{\partial M}{\partial y} - \dfrac{\partial N}{\partial x}\right] = \dfrac{y - x}{y^2 - x^2} = \dfrac{1}{x + y}$

得到積分因子為 $e^{-\int \frac{1}{x+y} d(x+y)} = \dfrac{1}{x + y}$，將所求出的積分因子乘上原方程式，得到

$\dfrac{y^2 + xy + 1}{x + y}dx + \dfrac{x^2 + xy + 1}{x + y}dy = 0$，滿足正合方程式，因此

$M = \dfrac{\partial F}{\partial x} = \dfrac{y^2 + xy + 1}{x + y} = \dfrac{1}{x + y} + y$ 及 $N = \dfrac{\partial F}{\partial y} = \dfrac{x^2 + xy + 1}{x + y} = \dfrac{1}{x + y} + x$。

將兩式積分

$\displaystyle\int M dx = \int (\dfrac{1}{x + y} + y)dx$，得到 $F(x, y) = \ln|x + y| + xy + f(y)$

$\displaystyle\int N dy = \int (\dfrac{1}{x + y} + x)dy$，得到 $F(x, y) = \ln|x + y| + xy + g(x)$

比較等號兩邊可以得知 $f(y) = g(x) = 0$，所以方程式的通解為

$\ln|x + y| + xy = C$。

解法 2：直接求解

將原微分方程式展開，$y^2dx + xydx + dx + x^2dy + xydy + dy = 0$，

整理為 $(dx+dy)+(y^2dx+xydy)+(x^2dy+xydx)=0$。再化簡為

$d(x+y)+y(ydx+xdy)+x(ydx+xdy)=0$，得到

$d(x+y)+(x+y)d(xy)=0 \Rightarrow \dfrac{d(x+y)}{(x+y)}=-d(xy)$，兩邊積分 $\displaystyle\int\dfrac{d(x+y)}{x+y}=-\int d(xy)$，

求出 $\ln|x+y| = -xy+C$，所以方程式的通解為 $\ln|x+y|+xy=C$。

習題 1-6

求解下列各個微分方程式

1. $(4x-y)dx+(6y-x)dy=0$

    解 $2x^2-xy+3y^2=C$

2. $(2xy^2+3x^2)dx+(2x^2y+4y^3)dy=0$

    解 $x^2y^2+x^3+y^4=C$

3. $(1+ye^{xy})dx+(2y+xe^{xy})dy=0$

    解 $x+e^{xy}+y^2=C$

4. $2x\sin 3ydx+3x^2\cos 3ydy=0$

    解 $x^2\sin 3y=C$

5. $(4x^2+3\cos y)dx-x\sin ydy=0$

    解 $\dfrac{4}{5}x^5+x^3\cos y=C$

6. $(4xy^2+y)dx+(6y^3-x)dy=0$

    解 $2x^2+xy^{-1}+3y^2=C$

7. $(1+\dfrac{1}{x})\tan ydx+\sec^2 ydy=0$

    解 $xe^x \tan y=C$

8. $(x+\tan^{-1} y)dx+\dfrac{x+y}{1+y^2}dy=0$

    解 $\dfrac{1}{2}x^2+x\tan^{-1} y+\dfrac{1}{2}\ln(1+y^2)=C$

9. $(4x+3y^3)dx+3xy^2dy=0$

    解 $x^4+x^3y^3=C$

10. $(e^x \sin y+\tan y)dx+(e^x \cos y+x\sec^2 y)dy=0$

    解 $e^x \sin y+x\tan y=C$

1.7 一階常微分方程式的實際應用

◤1.7.1 牛頓冷卻定律(Newton's law of cooling)

牛頓在 1701 年用實驗確定的,在強制對流時與實際較符合,在自然對流時,只在溫度差不太大時才成立。主要內容是溫度高於周圍環境的物體會向周圍媒質傳遞熱量,而逐漸冷卻時所遵循的規律。當物體表面與周圍存在著溫度差時,單位時間從單位面積散失的熱量與溫度差成正比,此一比例係數稱為熱傳遞係數。

$$\frac{dT}{dt} + kT = kT_m \tag{1.7-1}$$

其中:1. T:物體的表面溫度

2. T_m:周圍環境的溫度

3. k:為大於零的常數(熱傳遞係數)

例 1.7-1

某一物體之表面溫度為 100℃,置放於 0℃ 之房間內,已知在 20 分鐘後,物體之表面溫度會降到 50℃。求

1. 物體之表面溫度降到 25℃所需要之時間。

2. 10 分鐘後物體之表面溫度為多少。

因為 $T_m = 0$,所以方程式為 $\frac{dT}{dt} + kT = 0$,解出 $T = Ce^{-kt}$。

代入初始條件(0, 100℃),得到 $100 = Ce^{-k \times 0}$,因此 $C = 100$,$T = 100e^{-kt}$。在 $(t, T) = (20, 50℃)$ 的條件之下,代入方程式內,$50 = 100e^{-k \times 20}$,求出 $k = \frac{-1}{20}\ln\frac{50}{100} = 0.035$,因此完整的方程式為 $T = 100e^{-0.035t}$。

1. 代入 $T = 25$: $25 = 100e^{-0.035t}$,求出

   $t = \frac{-1}{0.035}\ln\frac{25}{100} = \frac{-1}{0.035}\ln\frac{1}{4} = 39.6$(分鐘)

2. 代入 $t = 10$: $T = 100e^{-0.035 \times 10}$,求出 $T = 100e^{-0.35} = 70.5℃$

例 1.7-2

某一物體之表面溫度為 50℃，置放於 100℃ 之戶外，已知 5 分鐘後，物體之表面溫度會升到 60℃。求

1. 物體之表面溫度升到 75℃ 所需要之時間。
2. 20 分鐘後物體之表面溫度為多少。

$T_m = 100$，所以方程式為 $\dfrac{dT}{dt} + kT = 100k$，解出 $T = Ce^{-kt} + 100$。

代入初始條件 $(0, 50℃)$，得到 $50 = Ce^{-k \times 0} + 100$，因此 $C = -50$，所以 $T = -50e^{-kt} + 100$。在 $(t, T) = (5, 60℃)$ 的條件之下，

代入方程式內，$60 = -50e^{-k \times 5} + 100$，求出 $k = \dfrac{-1}{5}\ln\dfrac{40}{50} = 0.045$，

因此完整的方程式為 $T = -50e^{-0.045t} + 100$。

1. 代入 $T = 75$：$75 = -50e^{-0.045t} + 100$，求出

   $t = \dfrac{-1}{0.045}\ln\dfrac{100-75}{50} = \dfrac{-1}{0.045}\ln\dfrac{1}{2} = 15.4$（分鐘）

2. 代入 $t = 20$：$T = -50e^{-0.045 \times 20} + 100$，求出

   $T = -50e^{-0.9} + 100 = 79.7℃$

例 1.7-3

某一物體之表面溫度為未知，置放於 30℃ 之室內，已知 10 分鐘後，物體之表面溫度為 0℃，20 分鐘後，物體之表面溫度為 15℃，求出方程式。

根據題意得知方程式為 $\dfrac{dT}{dt} + kT = 30k$，解出 $T = Ce^{-kt} + 30$。

1. 代入 $(t, T) = (10, 0℃)$ 的條件：$0 = Ce^{-k \times 10} + 30$。
2. 代入 $(t, T) = (20, 15℃)$ 的條件：$15 = Ce^{-k \times 20} + 30$

   解聯立方程組：$\begin{cases} 0 = Ce^{-k \times 10} + 30 \\ 15 = Ce^{-k \times 20} + 30 \end{cases}$，得到 $k = \dfrac{1}{10}\ln 2 = 0.069$，

   $C = -30e^{10 \times 0.069} = -60$，所以方程式為 $T = -60e^{-0.069 \times t} + 30$。

1.7.2　人口成長問題

經濟學家馬爾薩斯(Malthus)，在 1798 年提出人口成長模型為人口的成長率與總人口數成正比。如果使用數學模式加以表示為假設 $N(t)$ 為總人口數，$\dfrac{dN(t)}{dt}$ 為人口的成長(或者降低)對時間的變化率，兩者之間呈現一個正比，可以使用方程式加以表示，如(1.7-2)式所示。

$$\frac{dN(t)}{dt} = kN(t) \qquad\qquad (1.7-2)$$

其中：1. $N(t)$ 為總人口數

2. $\dfrac{dN(t)}{dt}$ 為人口的成長(或者降低)對時間的變化率

3. k：常數

例 1.7-4

某一放射線物質的衰變量正比於總質量，假設在開始時質量為 $50g$，經過兩小時後少了 10 % 的質量。

1. 求出衰變方程式。
2. 四小時後的質量。
3. 質量變成原來的一半所需要的時間。

解

根據題意，方程式為 $\dfrac{dN}{dt} - kN = 0$，解出 $N = Ce^{kt}$。

$t = 0$ 時，$N = 50$，所以 $50 = Ce^{k \times 0}$，解出 $C = 50$，因此方程式 $N = 50e^{kt}$，
此時代入 $50 \times (1 - 0.1) = 50e^{k \times 2}$，

解出 $k = \dfrac{1}{2}\ln\dfrac{45}{50} = -0.053$。

1. 衰變方程式為 $N = 50e^{-0.053t}$
2. 四小時後的質量為 $N = 50e^{-0.053 \times 4} = 50 \times 0.81 = 40.5(\text{g})$
3. 質量變成原來的一半所需要的時間為 $50 \times 0.5 = 50e^{-0.053t}$，解出
   $t = \dfrac{-1}{0.053}\ln\dfrac{1}{2} = 13(\text{小時})$

例 1.7-5

某一細菌的總數為未知，已知在 1 小時後，總數為 1,000 隻，經過四小時後，總數為 3,000 隻，求成長方程式及原先之細菌總數。

 解

根據題意得知方程式為 $\dfrac{dN}{dt} - kN = 0$，解出 $N = Ce^{kt}$。

1. 代入 $(t, N) = (1, 1{,}000)$ 的條件：$1000 = Ce^{k \times 1}$。

   代入 $(t, N) = (4, 3{,}000)$ 的條件：$3000 = Ce^{k \times 4}$

   解聯立方程組：$\begin{cases} 1000 = Ce^{k \times 1} \\ 3000 = Ce^{k \times 4} \end{cases}$，得到 $k = \dfrac{1}{3}\ln 3 = 0.366$，

   $C = 1000e^{-0.366} = 694$，所以方程式為 $N = 694e^{0.366t}$。

2. 原先之細菌總數為 $t = 0$，因此 $N = 694e^{0.366 \times 0} = 694$ (隻)

例 1.7-6

某國家的人口總數為未知，已知在兩年後，人口總數加倍，而經過三年後，人口總數為 20,000 人，求成長方程式及原先之人口總數。

 解

根據題意得知方程式為 $\dfrac{dN}{dt} - kN = 0$，解出 $N = Ce^{kt}$。

代入 $(t, N) = (0, N_0)$ 的條件：$N_0 = Ce^{k \times 0}$，$C = N_0$

代入 $(t, N) = (2, 2N_0)$ 的條件：$2N_0 = N_0 e^{k \times 2}$，

解出 $k = \dfrac{1}{2}\ln 2 = 0.347$。

1. 成長方程式為 $N = N_0 e^{0.347t}$。

2. 代入 $(t, N) = (3, 20{,}000)$ 的條件：$20000 = N_0 e^{0.347 \times 3}$，解出 $N_0 = \dfrac{20000}{2.832} = 7062$。

   原先之人口總數為 $N = 7062e^{0.347 \times 0} = 7062$(人)。

1.7.3 溶液稀釋問題

對於溶液的稀釋，也是屬於一階微分的應用。假設有一個容器 A 的容量為 V 公升，含有 a 公克的溶質 (一般為鹽)。另一個的溶質濃度為 $b\dfrac{公克}{公升}$，此時以 $e\dfrac{公克}{分鐘}$ 的速率由 B 容器將液體注入 A 容器內，同時有 $f\dfrac{公克}{分鐘}$ 的液體流出 A 容器外。

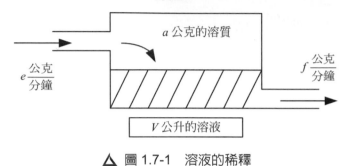

△ 圖 1.7-1　溶液的稀釋

此時

1. 總容量為 $V + e \times t - f \times t$

2. 容器內任何時間的濃度為 $\dfrac{Q}{V + e \times t - f \times t}$

3. 因此任何時刻的濃度 Q 和時間的關係為

$$\frac{dQ}{dt} + \frac{f}{V + (e-f)t}Q = b \times e \qquad (1.7\text{-}3)$$

例 1.7-7

假設有一個容器 A 的容量為 100 公升，含有 20 公克的鹽，在時間為 0 時，以 $5\dfrac{公克}{分鐘}$ 的速率注入清水至 A 容器內，同時也有 $5\dfrac{公克}{分鐘}$ 的液體流出 A 容器外，求稀釋方程式。

 解

根據題意得知 $V=100$，$a=20$，$b=0$，$e=f=5$，代入方程式中得到：

$\dfrac{dQ}{dt}+\dfrac{5}{100+(5-5)t}Q=0\times5=0$，整理為 $\dfrac{dQ}{dt}+\dfrac{1}{20}Q=0$，解出 $Q=Ce^{\frac{-1}{20}t}$。代入初始

條件 $(t,Q)=(0,20)$，$20=Ce^{\frac{-1}{20}\times0}$，得到 $C=20$。因此稀釋方程式為 $Q=20e^{\frac{-1}{20}t}$。

例 1.7-8

假設有一個容器 A 的容量為 100 公升，含有 1 公克的鹽，在時間為 0 時，另一個的溶質濃度為 $1\dfrac{公克}{公升}$，此時以 $3\dfrac{公克}{分鐘}$ 的速率由 B 容器加液體注入 A 容器內，同時有 $3\dfrac{公克}{分鐘}$ 的液體流出 A 容器外，求

1. 稀釋方程式。

2. A 容器濃度到達 $2\dfrac{公克}{公升}$ 所需要的時間。

 解

根據題意得知 $V=100$，$a=1$，$b=1$，$e=f=3$，代入方程式中得到：

$\dfrac{dQ}{dt}+\dfrac{3}{100+(3-3)\times t}Q=1\times3=3$，整理為 $\dfrac{dQ}{dt}+\dfrac{3}{100}Q=3$，解出 $Q=Ce^{-0.03t}+100$。

代入初始條件 $(t, Q) = (0, 1)$，

$1 = Ce^{-0.03 \times 0} + 100$，得到 $C = -99$。因此

1. 稀釋方程式為 $Q = -99e^{-0.03t} + 100$。

2. 到達 $2\dfrac{公克}{公升}$ 所需要的時間為 $2 = -99e^{-0.03t} + 100$，解出

$$t = \frac{-1}{0.03} \ln \frac{98}{99} = 0.338 (分鐘)$$

例 1.7-9

假設有一個容器 A 的容量為 50 公升，內有 10 公升的清水，在時間為 0 時，另一個的溶質濃度為 $1\dfrac{公克}{公升}$，此時以 $4\dfrac{公克}{分鐘}$ 的速率由 B 容器加液體注入 A 容器內，同時有 $2\dfrac{公克}{分鐘}$ 的液體流出 A 容器外，求

1. 溶液溢出容器 A 所需的時間。

2. 此時的溶質為多少公克。

 解

根據題意得知 $V = 10$，$a = 0$，$b = 1$，$e = 4$，$f = 2$，代入總容量

方程式中：$V + e \times t - f \times t = 10 + 4 \times t - 2 \times t = 10 + 2t$。所以得到：

$\dfrac{dQ}{dt} + \dfrac{2}{10 + 2t} Q = 1 \times 4 = 4$，整理為 $\dfrac{dQ}{dt} + \dfrac{2}{10 + 2t} Q = 4$，解出 $Q = \dfrac{40t + 4t^2 + C}{10 + 2t}$。

代入初始條件 $(t, Q) = (0, 0)$， $0 = \dfrac{40 \times 0 + 4 \times 0^2 + C}{10 + 2 \times 0}$，得到 $C = 0$。稀釋方程式為

$Q = \dfrac{40t + 4t^2}{10 + 2t}$。

1. 由於容器 A 為 50 公升，溶液溢出表示總容量 $10 + 2t = 50$，因此求出時間

   $t = 20 (分鐘)$。

2. 此時 $Q = \dfrac{40 \times 20 + 4 \times 20^2}{10 + 2 \times 20} = 48 (公升)$，溶質為 $50 - 48 = 2$ 公克。

1.7.4 電路問題

在電路學上可以分成 RL 串聯電路及 RC 串聯電路，兩者均為一階微分的應用，本書只討論 RL 串聯電路，如(1.7-4)式所示。

$$L\frac{dI}{dt} + RI = V \qquad\qquad (1.7\text{-}4)$$

其中：1. I 為電流。2. L 為電感值。3. R 為電阻值。4. V 為供應電壓

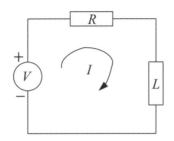

△ 圖 1.7-2　RL 電路

例 1.7-10

有一 RL 串聯電路，電阻為 50Ω，電感為 1H，供應電壓為 5V，在時間為 0 時，沒有電流存在，求電路方程式。

根據題意得知 $V = 5$，$R = 50$，$L = 1$，代入(1.7-4)式中，

$\dfrac{dI}{dt} + 50I = 5$，解出 $I = Ce^{-50t} + \dfrac{1}{10}$。代入初始條件 $(t, I) = (0,0)$，$0 = Ce^{-50\times0} + \dfrac{1}{10}$，

得到 $C = \dfrac{-1}{10}$，電路方程式為 $I = \dfrac{1}{10}e^{-50t} + \dfrac{1}{10}$。

例 1.7-11

有一 RL 串聯電路，電阻為 10Ω，電感為 0.5H，供應電壓為 $3\sin 2t$ V，在時間為 0 時，電流為 6A，求電路方程式。

根據題意得知 $V=3\sin 2t$，$R=10$，$L=0.5$，代入(1.7-4)式中，$0.5\dfrac{dI}{dt}+10I=3\sin 2t$，整理為 $\dfrac{dI}{dt}+20I=6\sin 2t$，解出 $I=Ce^{-20t}+\dfrac{30}{101}\sin 2t-\dfrac{3}{101}\cos 2t$。代入初始條件 $(t,I)=(0,6)$，得到 $6=Ce^{-20\times0}+\dfrac{30}{101}\sin(2\times0)-\dfrac{3}{101}\cos(2\times0)$，得到 $C=\dfrac{609}{101}$。

此時電路方程式為 $I=\dfrac{609}{101}e^{-20t}+\dfrac{30}{101}\sin 2t-\dfrac{3}{101}\cos 2t$。

ENGINEERING
MATHEMATICS

CHAPTER

2

高階線性常微分方程式

2.1 基本概念

2.1.1 線性高階常微分方程式之初始值問題

如果一個微分方程式可以表示為 $F(x, y, \frac{dy}{dx}, \frac{d^2 y}{dx^2}, ..., \frac{d^n y}{dx^n}) = 0$ 的形式，則稱為 n 階

微分方程式，其中最高微分項為 n 階。因此 n 階微分方程式的標準式為

$$a_n(x)\frac{d^n y}{dx^n} + a_{n-1}(x)\frac{d^{n-1} y}{dx^{n-1}} + ... + a_0(x)y = f(x) \qquad (2.1\text{-}1)$$

而(2.1-1)式就稱為 n 階線性常微分方程式。

其中：$a_n(x), a_{n-1}(x), ..., a_1(x), a_0(x)$ 稱為微分方程式係數函數，因此線性高階常微

分方程式之初始值問題可以表示為

$$a_n(x)\frac{d^n y}{dx^n} + a_{n-1}(x)\frac{d^{n-1} y}{dx^{n-1}} + ... + a_1(x)\frac{dy}{dx} + a_0(x)y = f(x) \quad (2.1\text{-}2)$$

其中：1. x_0，A_1，A_2，... 及 A_{n-1} 為已知之常數。

2. $y(x_0) = A_1$，$\frac{dy}{dx}(x_0) = A_2$，... 及 $\frac{d^{n-1} y}{dx^{n-1}}(x_0) = A_{n-1}$：

初始條件。

定理 2.1-1：二階線性初始值問題的存在性與唯一性

假設函數 $P(x)$，$Q(x)$ 與 $f(x)$ 在開區間 I 中為連續，而 x_0 為 I 中的任意一點，A 與 B 為任意實數，則初始值問題

$$\frac{d^2y}{dx^2} + P(x)\frac{dy}{dx} + Q(x)y = f(x)，y(x_0) = A，\frac{dy}{dx}(x_0) = B。$$

在所定義的區間 I 中只存在著唯一解(unique solution)。

2.1.2 二階齊性線性微分方程式

對於任意二階線性微分方程式而言

$$\frac{d^2y}{dx^2} + P(x)\frac{dy}{dx} + Q(x)y = f(x) \tag{2.1-3}$$

如果在開區間 I 中的所有 x 會使得 $f(x) = 0$，則此二階線性微分方程式稱為齊性方程式，反之 $f(x) \neq 0$，則稱為非齊性微分方程式。

定理 2.1-2：重疊定理

y_1 與 y_2 分別為二階齊性線性方程式 $\dfrac{d^2y}{dx^2} + P(x)\dfrac{dy}{dx} + Q(x)y = 0$ 在區間 I 中之解，則

1. $y_1 + y_2$ 亦為 I 中的解。

2. 對任意常數 C 而言，Cy_1 亦為 I 中的解。

如果 y_1 與 y_2 為 $\dfrac{d^2y}{dx^2} + P(x)\dfrac{dy}{dx} + Q(x)y = f(x)$ 之解，則對任意常數 C_1 與 C_2 而言，$C_1y_1 + C_2y_2$ 也是方程式的解。

證明：

1. 將 $y_1 + y_2$ 代入微分方程式 $\dfrac{d^2y}{dx^2} + P(x)\dfrac{dy}{dx} + Q(x)y = 0$ 中，

    得到：$\dfrac{d^2(y_1+y_2)}{dx^2} + P(x)\dfrac{d(y_1+y_2)}{dx} + Q(x)(y_1+y_2)$

    $= \left[\dfrac{d^2y_1}{dx^2} + P(x)\dfrac{dy_1}{dx} + Q(x)y_1\right] + \left[\dfrac{d^2y_2}{dx^2} + P(x)\dfrac{dy_2}{dx} + Q(x)y_2\right] = 0 + 0 = 0$

2. 將 Cy_1 代入微分方程式 $\dfrac{d^2y}{dx^2}+P(x)\dfrac{dy}{dx}+Q(x)y=0$ 中，得到

$$\frac{d^2(Cy_1)}{dx^2}+P(x)\frac{d(Cy_1)}{dx}+Q(x)(Cy_1)=C\left[\frac{d^2y_1}{dx^2}+P(x)\frac{dy_1}{dx}+Q(x)y_1\right]=C\times0=0$$

所以 Cy_1 也是 $\dfrac{d^2y}{dx^2}+P(x)\dfrac{dy}{dx}+Q(x)y=0$ 的解。

由定理的證明結果可以推論如果 y_1 與 y_2 為

$\dfrac{d^2y}{dx^2}+P(x)\dfrac{dy}{dx}+Q(x)y=0$ 之解，則對任意常數 C_1 與 C_2，

$C_1y_1+C_2y_2$ 也是方程式的解。

2.1.3 函數之線性相依及線性獨立

定義 **2.1-1**：函數 y_1 與 y_2 在區間 I 中，如果其中一個函數可以表示另一個函數的整數倍，則稱此兩個函數為線性相依(linear dependent)。如果一個函數無法表示成另外一個函數的整數倍，則稱此兩函數為線性獨立(linear independent)。

定理 2.1-3：線性相依判別定理

如果函數 y_1，y_2，$\dots$ 及 y_n 在區間 I 中為線性相依，則下列行列式值在區間 I 中恆等於零，

$$\begin{vmatrix} y_1 & y_2 & \cdots & y_n \\ \dfrac{dy_1}{dx} & \dfrac{dy_2}{dx} & \cdots & \dfrac{dy_n}{dx} \\ \vdots & \vdots & \ddots & \vdots \\ \dfrac{d^{n-1}y_1}{dx^{n-1}} & \dfrac{d^{n-1}y_2}{dx^{n-1}} & \cdots & \dfrac{d^{n-1}y_n}{dx^{n-1}} \end{vmatrix}=0 \tag{2.1-4}$$

(2.1-4)式稱之為朗斯基(Wronskian)行列式。

對於二階線性常微分方程式 $\dfrac{d^2y}{dx^2}+P(x)\dfrac{dy}{dx}+Q(x)y=0$ 而言，如果 y_1 與 y_2 為此方程式在區間(a,b)的解，則朗斯基行列式為

$$W\left[y_1, y_2\right] = \begin{vmatrix} y_1(x) & y_2(x) \\ \dfrac{dy_1(x)}{dx} & \dfrac{dy_2(x)}{dx} \end{vmatrix} = y_1(x)\dfrac{dy_2(x)}{dx} - y_2(x)\dfrac{dy_1(x)}{dx} \qquad (2.1\text{-}5)$$

此時 y_1 與 y_2 為線性獨立的充要條件為朗斯基行列式 $W\left[y_1, y_2\right] \neq 0$。

例 2.1-1

函數 $y_1(x) = e^{2x}$ 與 $y_2 = e^{-2x}$ 為方程式 $\dfrac{d^2 y}{dx^2} - 4y = 0$ 之解。

 解

$$W\left[y_1, y_2\right] = \begin{vmatrix} e^{2x} & e^{-2x} \\ 2e^{2x} & -2e^{-2x} \end{vmatrix} = -2 - 2 = -4 \neq 0 \text{，}$$

因此對所有的 x 均不為零，y_1 與 y_2 為線性獨立。

2.1.4　二階線性常微分方程式之通解

定理 2.1-4

y_1 與 y_2 為 $\dfrac{d^2 y}{dx^2} + P(x)\dfrac{dy}{dx} + Q(x)y = 0$ 的兩個線性獨立解，則此一方程式的每一解均為 y_1 與 y_2 的線性組合。亦即方程式解的型式為 $y_h = C_1 y_2 + C_2 y_2$，稱為線性微分方程式之通解。其中：C_1 及 C_2 為常數。

2.2　降階法

　　在某些情況下，一個高階微分方程式可以利用變數變換法，轉換成一階微分方程式，此種求解的方式稱為降階法。

2.2.1 缺少相依變數

二階微分方程式 $F(x, y, \frac{dy}{dx}, \frac{d^2y}{dx^2}) = 0$，如果相依變數並未出現在方程式之中，亦即方程式可以簡化成 $f(x, \frac{dy}{dx}, \frac{d^2y}{dx^2}) = 0$ 時，就可以使用以下的方法求解。

令 $u = \frac{dy}{dx}$，則 $\frac{du}{dx} = \frac{d^2y}{dx^2}$，代入 $f(x, \frac{dy}{dx}, \frac{d^2y}{dx^2}) = 0$ 中，將二階微分方程式轉換為 $f(x, u, \frac{du}{dx}) = 0$，因此方程式被降階為一階微分方程式，利用前一章的方法可以求出 u，再將 u 對 x 積分，即可以得到 $y(x) = \int u(x)dx$。

例 2.2-1

求解 $x\frac{d^2y}{dx^2} + 2\frac{dy}{dx} = 4x^3$

解

因為原方程式中缺少相依變數 y，因此令 $u = \frac{dy}{dx}$，則 $\frac{du}{dx} = \frac{d^2y}{dx^2}$，

代入原來的微分方程式中，得到 $x\frac{du}{dx} + 2u = 4x^3$，此一階方程式可以化簡成

$\frac{du}{dx} + \frac{2}{x}u = 4x^2$。利用一階線性微分方程式的求解方法，求出積分因子為

$I(x) = e^{\int P(x)dx} = e^{\int \frac{2}{x}dx} = e^{2\ln x} = x^2$，乘入方程式中，$x^2\frac{du}{dx} + 2xu = 4x^4$，得到

$d(x^2u) = 4x^4$，兩邊積分 $\int d(x^2u) = \int 4x^4 dx$，因此 $x^2u = \frac{4}{5}x^5 + C$。化簡為

$u(x) = \frac{4}{5}x^3 + \frac{C}{x^2}$，再代入 $u = \frac{dy}{dx}$，求出解答為 $y(x) = \int u(x)dx = \frac{1}{5}x^4 - \frac{C}{x} + K$。

例 2.2-2

求解 $(1+x^2)\dfrac{d^2y}{dx^2}+1+(\dfrac{dy}{dx})^2=0$

 解

因為原方程式中缺少相依變數 y，因此令 $u=\dfrac{dy}{dx}$，則 $\dfrac{du}{dx}=\dfrac{d^2y}{dx^2}$，代入原式

$(1+x^2)\dfrac{du}{dx}+(1+u^2)=0$，利用分離變數法求解

$\dfrac{du}{1+u^2}=-\dfrac{dx}{1+x^2}$，兩邊積分得到 $\displaystyle\int\dfrac{du}{1+u^2}=-\int\dfrac{dx}{1+x^2}$，所以

$\tan^{-1}u+\tan^{-1}x=C$，$\tan(\tan^{-1}u+\tan^{-1}x)=\tan C$，

利用和角公式：$\dfrac{\tan(\tan^{-1}u)+\tan(\tan^{-1}x)}{1-\tan(\tan^{-1}u)\times\tan(\tan^{-1}x)}=\tan C$，化簡成

$\dfrac{u+x}{1-ux}=C_1$，所以 $u=\dfrac{dy}{dx}=\dfrac{C_1-x}{C_1x+1}$，兩邊積分得到

$\displaystyle\int dy=\int\dfrac{C_1-x}{C_1x+1}dx+C_2\Rightarrow y=-\dfrac{1}{C_1}x+(1+\dfrac{1}{C_1{}^2})\ln(C_1x+1)+C_2$。

例 2.2-3

求解 $x\dfrac{d^3y}{dx^3}-2\dfrac{d^2y}{dx^2}=0$

 解

令 $u=\dfrac{d^2y}{dx^2}$，則 $\dfrac{du}{dx}=\dfrac{d^3y}{dx^3}$，代入原來的微分方程式得到 $x\dfrac{du}{dx}-2u=0$，化簡成

$\dfrac{du}{u}=\dfrac{2dx}{x}$，利用分離變數法可以解出 $u=C_1x^2$。因為 $u=\dfrac{d^2y}{dx^2}=C_1x^2$，

所以 $y=\displaystyle\int(\int udx)dx=\dfrac{C_1}{12}x^4+C_2x+C_3$。

2.2.2　缺少獨立變數

二階微分方程式 $F(x, y, \dfrac{dy}{dx}, \dfrac{d^2 y}{dx^2}) = 0$，如果獨立變數並未出現在方程式之中，亦即

方程式可以簡化成 $f(y, \dfrac{dy}{dx}, \dfrac{d^2 y}{dx^2}) = 0$ 時，可以使用以下的方法求解。令 $u = \dfrac{dy}{dx}$，則

$\dfrac{d^2 y}{dx^2} = \dfrac{du}{dx} = \dfrac{du}{dy}\dfrac{dy}{dx} = u\dfrac{du}{dy}$，代入原式 $f(y, \dfrac{dy}{dx}, \dfrac{d^2 y}{dx^2}) = 0$ 中，則可以將原來的微分方程式

轉換為 $f(y, u, u\dfrac{du}{dy}) = 0$，因此方程式被轉換為以 y 為獨立變數，u 為相依變數之一階

微分方程式，同樣的可以利用前一章所介紹的方法求出 u，再將 u 對 x 積分，求出

$y(x) = \displaystyle\int u(x)dx$。

例 2.2-4

求解 $y\dfrac{d^2 y}{dx^2} + (\dfrac{dy}{dx})^2 - \dfrac{dy}{dx} = 0$

解

因為原方程式中缺少獨立變數 x，因此令 $u = \dfrac{dy}{dx}$，

則 $\dfrac{d^2 y}{dx^2} = u\dfrac{du}{dy}$，代入原式得到 $yu\dfrac{du}{dy} + u^2 - u = 0$，整理成為 $y\dfrac{du}{dy} + u - 1 = 0$，

利用分離變數法 $\dfrac{du}{u-1} = -\dfrac{1}{y}dy$，求出 $\displaystyle\int \dfrac{du}{u-1} = -\int \dfrac{1}{y}dy \Rightarrow \ln|u-1| = -\ln|y| + C$，

化簡成 $y(u-1) = e^C = C_1$。再由 $u = \dfrac{dy}{dx}$，因此 $y\left[\dfrac{dy}{dx} - 1\right] = C_1$。化簡成 $\dfrac{dy}{dx} = \dfrac{y + C_1}{y}$，

再由分離變數法 $\dfrac{y}{y + C_1}dy = dx$，兩邊同時積分，$\displaystyle\int \dfrac{y}{y + C_1}dy = \int dx$，可以求出微分

方程式的通解為 $y - C_1 \ln|y + C_1| = x + C_2$。

例 2.2-5

求解 $y\dfrac{d^2y}{dx^2}+(\dfrac{dy}{dx})^2+1=0$

解

令 $u=\dfrac{dy}{dx}$，則 $\dfrac{d^2y}{dx^2}=u\dfrac{du}{dy}$，代入原式得到 $yu\dfrac{du}{dy}+u^2+1=0$，

整理成為 $\dfrac{udu}{u^2+1}+\dfrac{1}{y}dy=0$。利用分離變數法 $\dfrac{udu}{u^2+1}=-\dfrac{1}{y}dy$，

求出 $\int\dfrac{udu}{u^2+1}=-\int\dfrac{1}{y}dy$，$\dfrac{1}{2}\ln|u^2+1|+\ln|y|=C\Rightarrow(u^2+1)y^2=C_1$。

再化簡成為 $\dfrac{dy}{dx}=\pm\dfrac{1}{y}\sqrt{C_1-y^2}$，得到 $\dfrac{\pm y}{\sqrt{C_1-y^2}}dy=dx$，

兩邊同時積分，求出微分方程式之通解為 $C_1-y^2=(x+C_2)^2$。

2.2.3　利用已知的一解尋找另一解

對二階齊性線性方程式 $\dfrac{d^2y}{dx^2}+P(x)\dfrac{dy}{dx}+Q(x)y=0$ 而言，如果其中一解 y_1 為已知，

則可以由此已知的解當中求出，方法是如果第二個線性獨立解為 y_2，假設 $y_2=uy_1$，

一次微分與二次微分為

$$\dfrac{dy_2}{dx}=\dfrac{du}{dx}y_1+u\dfrac{dy_1}{dx} \tag{2.2-1}$$

$$\dfrac{d^2y_2}{dx^2}=\dfrac{d^2u}{dx^2}y_1+2\dfrac{du}{dx}\dfrac{dy_1}{dx}+u\dfrac{d^2y_1}{dx^2} \tag{2.2-2}$$

代入原方程式中可以得到

$$(\dfrac{d^2u}{dx^2}y_1+2\dfrac{du}{dx}\dfrac{dy_1}{dx}+u\dfrac{d^2y_1}{dx^2})+P(\dfrac{du}{dx}y_1+u\dfrac{dy_1}{dx})+Quy_1=0 \tag{2.2-3}$$

將(2.2-3)式整理得到

$$y_1 \frac{d^2u}{dx^2} + (2\frac{dy_1}{dx} + Py_1)\frac{du}{dx} + (\frac{d^2y_1}{dx^2} + P\frac{dy_1}{dx} + Qy_1)u = 0 \qquad (2.2\text{-}4)$$

因爲 y_1 爲原方程式之一解，所以 $(\frac{d^2y_1}{dx^2} + P\frac{dy_1}{dx} + Qy_1)u = 0$，因此(2.2-4)式可以化簡爲

$$y_1 \frac{d^2u}{dx^2} + (2\frac{dy_1}{dx} + Py_1)\frac{du}{dx} = 0 \qquad (2.2\text{-}5)$$

利用前面章節所提的方法，令 $v = \frac{du}{dx}$，$\frac{dv}{dx} = \frac{d^2u}{dx^2}$，代入(2.2-5)式中，得到

$$y_1 \frac{dv}{dx} + (2\frac{dy_1}{dx} + Py_1)v = 0 \qquad (2.2\text{-}6)$$

降階爲一階線性微分方程式，解出

$$v(x) = \frac{C}{y_1^2} e^{-\int P(x)dx} \qquad (2.2\text{-}7)$$

接著只要再利用積分 $u = \int v\,dx$ 的方法，就可以求出 u，另一解 $y_2 = uy_1$ 也可以順利求出

$$y(x) = y_1 \cdot \int \frac{1}{y_1^2} e^{-\int P(x)dx} \qquad (2.2\text{-}8)$$

例 2.2-6

已知方程式 $\dfrac{d^2y}{dx^2}+6\dfrac{dy}{dx}+9y=0$ 之一解爲 $y_1=e^{-3x}$，求其另一線性獨立解

令 $y_2=ue^{-3x}$，則 $\dfrac{dy_2}{dx}=\dfrac{du}{dx}e^{-3x}-3ue^{-3x}$，並且 $\dfrac{d^2y_2}{dx^2}=\dfrac{d^2u}{dx^2}e^{-3x}-6\dfrac{du}{dx}e^{-3x}+9ue^{-3x}$，

代入方程式中可以得到 $e^{-3x}\left[\dfrac{d^2u}{dx^2}-6\dfrac{du}{dx}+9u\right]+6e^{-3x}\left[\dfrac{du}{dx}-3u\right]+9u(x)e^{-3x}=0$，

化簡後得到 $\dfrac{d^2u}{dx^2}=0$，解出 $u=cx+d$。選擇 $c=1$，$d=0$，因此 $u=x$，

方程式的第二線性獨立解爲 $y_2(x)=xe^{-3x}$。

例 2.2-7

已知方程式 $(x-2)\dfrac{d^2y}{dx^2}-(4x-7)\dfrac{dy}{dx}+(4x-6)y=0$ 之一解爲 $y_1=e^{2x}$，求另一線性

獨立解

由原方程式經整理後可得到如下之標準式

$\dfrac{d^2y}{dx^2}-\dfrac{4x-7}{x-2}\dfrac{dy}{dx}+\dfrac{4x-6}{x-2}y=0$，由公式(2.2-8)得到

$y_2(x)=e^{2x}\displaystyle\int\dfrac{1}{e^{4x}}e^{\int\frac{4x-7}{x-2}dx}dx=e^{2x}\displaystyle\int\dfrac{1}{e^{4x}}e^{\int 4+\frac{1}{x-2}dx}dx$

$\qquad=e^{2x}\displaystyle\int\dfrac{1}{e^{4x}}e^{(4x+\ln|x-2|)}dx=e^{2x}\displaystyle\int\dfrac{1}{e^{4x}}e^{4x}e^{\ln|x-2|}dx$

$\qquad=e^{2x}\displaystyle\int(x-2)dx=\dfrac{1}{2}(x-2)^2e^{2x}$。

習題 2-2

1. 利用降階法解下列之微分方程式

(1) $2\dfrac{d^2y}{dx^2} - 3\dfrac{dy}{dx} + e^x = 0$

解 $y = e^x + \dfrac{2}{3}C_1 e^{\frac{3}{2}x} + C_2$

(2) $4\dfrac{d^2y}{dx^2} + \dfrac{dy}{dx} - 1 = 0$

解 $y = x - 4C_1 e^{\frac{-1}{4}x} + C_2$

(3) $-3\dfrac{d^2y}{dx^2} + 2\dfrac{dy}{dx} - 4x + 5 = 0$

解 $y = x^2 + \dfrac{1}{2}x + \dfrac{3}{2}C_1 e^{\frac{2}{3}x} + C_2$

(4) $\dfrac{d^2y}{dx^2} + 2\dfrac{dy}{dx} + x^2 - 1 = 0$

解 $y = -\dfrac{x^3}{6} + \dfrac{x^2}{4} + \dfrac{x}{4} - \dfrac{1}{2}C_1 e^{-2x} + C_2$

2. 已知 y_1 為其中之一解，求第二個獨立解

(1) $\dfrac{d^2y}{dx^2} - \dfrac{3}{x}\dfrac{dy}{dx} + \dfrac{4}{x^2}y = 0$ $\quad y_1(x) = x^2, x > 0$

解 $y_2 = x^2 \ln x$

(2) $\dfrac{d^2y}{dx^2} - \dfrac{2x}{1+x^2}\dfrac{dy}{dx} + \dfrac{2}{1+x^2}y = 0$ $\quad y_1(x) = x$

解 $y_2 = x^2 - 1$

(3) $\dfrac{d^2y}{dx^2} - \dfrac{4x}{1+2x^2}\dfrac{dy}{dx} + \dfrac{4}{1+2x^2}y = 0$ $\quad y_1(x) = x$

解 $y_2 = 2x^2 - 1$

(4) $\dfrac{d^2y}{dx^2} + \dfrac{1}{x}\dfrac{dy}{dx} + (1 - \dfrac{1}{4x^2})y = 0$ $\quad y_1(x) = \dfrac{1}{\sqrt{x}}\cos x, x > 0$

解 $y_2 = \dfrac{1}{\sqrt{x}}\sin x$

(5) $\dfrac{d^2y}{dx^2} - \dfrac{(x+2)}{x}\dfrac{dy}{dx} + (\dfrac{1}{x} + \dfrac{2}{x^2})y = 0$ $\quad y_1(x) = x, x > 0$

解 $y_2 = xe^x$

2.3 常係數高階齊性微分方程式

2.3.1 常係數二階齊性微分方程式

常係數二階齊性微分方程式之通式可以表示為

$$\frac{d^2 y}{dx^2} + A\frac{dy}{dx} + By = 0 \tag{2.3-1}$$

如果假設解為

$$y = e^{rx} \tag{2.3-2}$$

則可以得到 $\frac{dy}{dx} = re^{rx}$ 與 $\frac{d^2 y}{dx^2} = r^2 e^{rx}$，再代入(2.3-1)式之中，

$$r^2 e^{rx} + Are^{rx} + Be^{rx} = 0 \tag{2.3-3}$$

化簡成

$$(r^2 + Ar + B)e^{rx} = 0 \tag{2.3-4}$$

因為 $e^{rx} \neq 0$，所以只有 $r^2 + Ar + B = 0$，此一二次代數方程式即稱為微分方程式之特徵方程式(characteristic equation)，解為

$$r = \frac{-A \pm \sqrt{A^2 - 4B}}{2} \tag{2.3-5}$$

根據一元二次方程式的理論，解的性質可以分為三類

1. $A^2 - 4B > 0$，兩相異實根。
2. $A^2 - 4B = 0$，兩相等實根。
3. $A^2 - 4B < 0$，兩共軛複數。

對於此三種情形而言

1. $A^2 - 4B > 0$

    此時經由特徵方程式所求出的兩相異實根分爲

    $r_1 = \dfrac{-A + \sqrt{A^2 - 4B}}{2}$ ， $r_2 = \dfrac{-A - \sqrt{A^2 - 4B}}{2}$ ，則微分方程式的兩個線性獨立解爲

$y_1 = e^{r_1 x}$ 與 $y_2 = e^{r_2 x}$ ，因此通解爲

$$y(x) = C_1 e^{r_1 x} + C_2 e^{r_2 x} \tag{2.3-6}$$

例 2.3-1

求解 $\dfrac{d^2 y}{dx^2} + 4\dfrac{dy}{dx} - 2y = 0$

 解

原微分方程式之特徵方程式爲 $r^2 + 4r - 2 = 0$ ，解出

兩根爲 $r_1 = -2 + \sqrt{6}$ 與 $r_2 = -2 - \sqrt{6}$ ，因此通解爲 $y(x) = C_1 e^{(-2+\sqrt{6})x} + C_2 e^{(-2-\sqrt{6})x}$ 。

例 2.3-2

求解 $\dfrac{d^2 y}{dx^2} - 3\dfrac{dy}{dx} + 2y = 0$

 解

原微分方程式之特徵方程式爲 $r^2 - 3r + 2 = 0$

可解出兩根爲 $r_1 = 1$ 與 $r_2 = 2$ ，因此 $\dfrac{d^2 y}{dx^2} - 3\dfrac{dy}{dx} + 2y = 0$ 通解爲

$y(x) = C_1 e^x + C_2 e^{2x}$ 。

2. $A^2 - 4B = 0$

此時經由特徵方程式 $r^2 + Ar + B = 0$ 所求出的解爲兩相等實根 $r_1 = r_2 = \dfrac{-A}{2}$，假設

$y_1 = e^{\frac{-Ax}{2}}$ 與 $y_2 = uy_1$，因此 $\dfrac{dy_2}{dx} = \dfrac{du}{dx}e^{\frac{-Ax}{2}} - \dfrac{A}{2}ue^{\frac{-Ax}{2}}$ 及

$\dfrac{d^2 y_2}{dx^2} = \dfrac{d^2 u}{dx^2}e^{\frac{-Ax}{2}} - A\dfrac{du}{dx}e^{\frac{-Ax}{2}} + \dfrac{1}{4}A^2 u e^{\frac{-Ax}{2}}$，代入 $\dfrac{d^2 y}{dx^2} + A\dfrac{dy}{dx} + By = 0$ 中

可以得到 $\dfrac{d^2 u}{dx^2}e^{\frac{-Ax}{2}} = 0$。由於 $e^{\frac{-Ax}{2}} \neq 0$，所以 $\dfrac{d^2 u}{dx^2} = 0$。選擇 $u = x$，

得到 $y_2(x) = xe^{\frac{-A}{2}x}$，因此通解爲 $y(x) = C_1 e^{\frac{-Ax}{2}} + C_2 xe^{\frac{-Ax}{2}}$。

3. $A^2 - 4B < 0$：此時由特徵方程式 $r^2 + Ar + B = 0$ 所求出的解爲兩共軛複根，分別爲

$r_1 = \dfrac{-A + i\sqrt{4B - A^2}}{2}$ 與 $r_2 = \dfrac{-A - i\sqrt{4B - A^2}}{2}$，假設 $p = -\dfrac{A}{2}$ 與 $q = \dfrac{\sqrt{4B - A^2}}{2}$，得到

$r_1 = p + iq$，$r_2 = p - iq$，再根據尤拉公式(Euler formula)，可以將 y_1 與 y_2 分別表示

爲

$$y_1 = e^{r_1 x} = e^{(p+iq)x} = e^{px} \cdot e^{iqx} = e^{px}(\cos qx + i\sin qx) \qquad (2.3\text{-}7)$$

$$y_2 = e^{r_2 x} = e^{(p-iq)x} = e^{px} \cdot e^{-iqx} = e^{px}(\cos qx - i\sin qx) \qquad (2.3\text{-}8)$$

而通解爲 $y = C_1 y_1 + C_2 y_2$，代入(2.3-7)式及(2.3-8)式，得到

$y = C_1 y_1 + C_2 y_2 = C_1 e^{px}\left[\cos qx + i\sin qx\right] + C_2 e^{px}\left[\cos qx - i\sin qx\right]$。化簡爲

$$y(x) = e^{px}(C_1 \cos qx + C_2 \sin qx) \qquad (2.3\text{-}9)$$

例 2.3-3

求解 $\dfrac{d^2 y}{dx^2} + 2\dfrac{dy}{dx} + 6y = 0$

 解

原方程式之特徵方程式爲 $r^2 + 2r + 6 = 0$，解爲 $r_1 = -1 + i\sqrt{5}$ 與 $r_2 = -1 - i\sqrt{5}$，因此

$P = -1$ 與 $q = \sqrt{5}$，因此通解爲 $y = e^{-x}(C_1 \cos\sqrt{5}x + C_2 \sin\sqrt{5}x)$。

例 2.3-4

求解 $\dfrac{d^2y}{dx^2} - 2\dfrac{dy}{dx} + 2y = 0$

原方程式之特徵方程式為 $r^2 - 2r + 2 = 0$，解為 $r_1 = 1+i$ 與 $r_2 = 1-i$，因此通解為 $y(x) = e^x(C_1 \cos x + C_2 \sin x)$。

綜合以上三種不同情形的討論及例題說明，可以歸納在求解常係數二階齊性微分方程式時的方法與結果。

1. 常係數二階齊性微分方程式之通式 $\dfrac{d^2y}{dx^2} + A\dfrac{dy}{dx} + By = 0$

2. 相對此方程式之特徵方程式為 $r^2 + Ar + B = 0$，而其通解與特徵方程式之關係如表 2.3-1 所示。

Π表 2.3-1　特徵方程式所對應的解答

	r	通解形式
(1)	相異實根 $r_1 \neq r_2$	$y(x) = C_1 e^{r_1 x} + C_2 e^{r_2 x}$
(2)	兩相等實根 $r_1 = r_2 = r$	$y(x) = C_1 e^{rx} + C_2 x e^{rx}$
(3)	共軛複根 $r_{1,2} = p \pm iq$	$y(x) = e^{px}(C_1 \cos qx + C_2 \sin qx)$

2.3.2　常係數高階齊性微分方程式

常係數 n 階齊性微分方程式如同常係數二階齊性微分方程式，也是使用特徵方程式求解，在前節中已經說明了二階方程式的求解方式，因此可以更容易瞭解 n 階方程式的求解方法。

常係數 n 階齊性微分方程式之型式可為

$$a_n \frac{d^n y}{dx^n} + a_{n-1} \frac{d^{n-1} y}{dx^{n-1}} + ... + a_1 \frac{dy}{dx} + a_0 y = 0 \tag{2.3-10}$$

令 $y = e^{rx}$，$\frac{dy}{dx} = re^{rx}$，$\frac{d^2 y}{dx^2} = r^2 e^{rx}$，...，$\frac{d^n y}{dx^n} = r^n e^{rx}$，分別代入(2.3-10)式之中，

可以得到 $(a_n r^n + a_{n-1} r^{n-1} + ... + a_1 r + a_0)e^{rx} = 0$，因為 $e^{rx} \neq 0$，所以

$$a_n r^n + a_{n-1} r^{n-1} + ... + a_1 r + a_0 = 0 \tag{2.3-11}$$

(2.3-11)式即為特徵方程式。

例 2.3-5

解 $\frac{d^3 y}{dx^3} - 2 \frac{d^2 y}{dx^2} - \frac{dy}{dx} + 2y = 0$

原方程式之特徵方程式為

$r^3 - 2r^2 - r + 2 = 0$，解為 $r_1 = -1$，$r_2 = 1$ 及 $r_3 = 2$，為相異實數，因此 e^{-x}，e^x 及 e^{2x}

為線性獨立，可以直接組成通解：$y = C_1 e^{-x} + C_2 e^x + C_3 e^{2x}$。

例 2.3-6

解 $\frac{d^4 y}{dx^4} - y = 0$

特徵方程式為 $r^4 - 1 = 0$，解為 $r_1 = 1$，$r_2 = -1$，$r_3 = i$ 及 $r_4 = -i$，

其中 r_1 及 r_2 為相異實根，r_3 及 r_4 為共軛複根，因此通解為

$y(x) = C_1 e^x + C_2 e^{-x} + C_3 \cos x + C_4 \sin x$。

例 2.3-7

解 $\dfrac{d^4 y}{dx^4} + \dfrac{d^3 y}{dx^3} + 2\dfrac{d^2 y}{dx^2} - \dfrac{dy}{dx} + 3y = 0$

 解

特徵方程式為 $r^4 + r^3 + 2r^2 - r + 3 = 0$，分解因式成為

$(r^2 + 2r + 3)(r^2 - r + 1) = 0$。所以解為 $r_1 = -1 + \sqrt{2}i$，

$r_2 = -1 - \sqrt{2}i$，$r_3 = \dfrac{1}{2} + \dfrac{\sqrt{3}}{2}i$ 及 $r_4 = \dfrac{1}{2} - \dfrac{\sqrt{3}}{2}i$。通解為

$y = e^{-x}(C_1 \cos\sqrt{2}x + C_2 \sin\sqrt{2}x) + e^{\frac{1}{2}x}(C_3 \cos\dfrac{\sqrt{3}}{2}x + C_4 \sin\dfrac{\sqrt{3}}{2}x)$。

習題 2-3

求解下列二階微分方程式

1. $\dfrac{d^2 y}{dx^2} + 6\dfrac{dy}{dx} - 40y = 0$

    解 $y = C_1 e^{4x} + C_2 e^{-10x}$

2. $\dfrac{d^2 y}{dx^2} + 6\dfrac{dy}{dx} + 9y = 0$

    解 $y = C_1 e^{-3x} + C_2 x e^{-3x}$

3. $\dfrac{d^2 y}{dx^2} + 3\dfrac{dy}{dx} - 18y = 0$

    解 $y = C_1 e^{3x} + C_2 e^{-6x}$

4. $\dfrac{d^2 y}{dx^2} + 16\dfrac{dy}{dx} + 64y = 0$

    解 $y = C_1 e^{-8x} + C_2 x e^{-8x}$

5. $\dfrac{d^2 y}{dx^2} - 6\dfrac{dy}{dx} + 3y = 0$

    解 $y = C_1 e^{(3+\sqrt{6})x} + C_2 e^{(3-\sqrt{6})x}$

6. $\dfrac{d^2 y}{dx^2} - y = 0$

解 $y = C_1 e^x + C_2 e^{-x}$

7. $\dfrac{d^2 y}{dx^2} + 9y = 0$

解 $y = C_1 \cos 3x + C_2 \sin 3x$

8. $\dfrac{d^2 y}{dx^2} - 2\dfrac{dy}{dx} + 10y = 0$

解 $y = e^x(C_1 \cos 3x + C_2 \sin 3x)$

9. $\dfrac{d^2 y}{dx^2} + 2\dfrac{dy}{dx} + 3y = 0$

解 $y = e^x(C_1 \cos \sqrt{2}x + C_2 \sin \sqrt{2}x)$

10. $\dfrac{d^2 y}{dx^2} + \dfrac{dy}{dx} + y = 0$

解 $y = e^{\frac{-x}{2}}(C_1 \cos \dfrac{\sqrt{3}}{2}x + C_2 \sin \dfrac{\sqrt{3}}{2}x)$

11. $\dfrac{d^3 y}{dx^3} - 6\dfrac{d^2 y}{dx^2} + 11\dfrac{dy}{dx} - 6y = 0$

解 $y = C_1 e^x + C_2 e^{2x} + C_3 e^{3x}$

12. $\dfrac{d^3 y}{dx^3} + 4\dfrac{dy}{dx} = 0$

解 $y = C_1 + C_2 \cos 2x + C_3 \sin 2x$

13. $\dfrac{d^4 y}{dx^4} + 5\dfrac{d^2 y}{dx^2} - 36y = 0$

解 $y = C_1 e^{2x} + C_2 e^{-2x} + C_3 \cos 3x + C_4 \sin 3x$

14. $\dfrac{d^6 y}{dx^6} - y = 0$

解 $y = C_1 e^{-x} + C_2 e^x + e^{\frac{-x}{2}}(C_3 \cos \dfrac{\sqrt{3}}{2}x + C_4 \sin \dfrac{\sqrt{3}}{2}x) + e^{\frac{x}{2}}(C_5 \cos \dfrac{\sqrt{3}}{2}x + C_6 \sin \dfrac{\sqrt{3}}{2}x)$

2.4 柯西－尤拉(Cauchy-Euler)微分方程式

2.4.1 基本定義

所謂的柯西-尤拉微分方程式必須具有下列的形式

$$a_n x^n \frac{d^n y}{dx^n} + a_{n-1} x^{n-1} \frac{d^{n-1} y}{dx^{n-1}} + \dots + a_1 x \frac{dy}{dx} + a_0 y = r(x) \qquad (2.4\text{-}1)$$

其中：a_n，a_{n-1}，…，a_1 及 a_0 皆為常數。如(2.4-1)式的微分方程式，在方程式的每一項中 y 的導數階數和 x 的次方相同，因此又稱為等維線性常微分方程式。針對此種形式的微分方程式，可以透過變數變換的方法，轉換為一般的常係數微分方程式。

令 $t = \ln x$（$x = e^t$），(其中 $x > 0$)，並且定義 $D = \dfrac{d}{dx}$，$D_t = \dfrac{d}{dt}$，則

$$\frac{dt}{dx} = \frac{d}{dx}(\ln x) = \frac{1}{x} \qquad (2.4\text{-}2)$$

$$Dy = \frac{dy}{dx} = \frac{dy}{dt} \cdot \frac{dt}{dx} = \frac{1}{x}(D_t y) \Rightarrow xDy = D_t y \qquad (2.4\text{-}3)$$

$$\begin{aligned}
D^2 y &= \frac{d}{dx}\left[\frac{dy}{dx}\right] = \frac{d}{dx}\left[\frac{1}{x}\frac{dy}{dt}\right] = -\frac{1}{x^2}\frac{dy}{dt} + \frac{1}{x}\frac{d}{dx}\left[\frac{dy}{dt}\right] \\
&= -\frac{1}{x^2}\frac{dy}{dt} + \frac{1}{x}\frac{d}{dt}\left[\frac{dy}{dt}\frac{dt}{dx}\right] = -\frac{1}{x^2}D_t y + \frac{1}{x^2}D_t^2 y \qquad (2.4\text{-}4)\\
&= \frac{1}{x^2}D_t(D_t - 1)y \Rightarrow x^2 D^2 y = D_t(D_t - 1)y
\end{aligned}$$

同理可以得到

$$\begin{aligned}
&x^3 D^3 y = D_t(D_t - 1)(D_t - 2)y \\
&\vdots \qquad\qquad\qquad\qquad\qquad\qquad\qquad\qquad (2.4\text{-}5)\\
&x^n D^n y = D_t(D_t - 1)(D_t - 2)\dots\big[D_t - (n-1)\big]y
\end{aligned}$$

將此一結果代入原式，對 t 而言，可以將(2.4-1)式轉變為常係數微分方程式。

2.4.2　二階齊性線性柯西-尤拉微分方程式

在(2.4-1)式中，當 $n=2$ 時為

$$a_2 x^2 \frac{d^2 y}{dx^2} + a_1 x \frac{dy}{dx} + a_0 y = 0 \tag{2.4-6}$$

(2.4-6)式稱為常係數二階線性常微分方程式，特徵方程式為

$$a_2 r(r-1) + a_1 r + a_0 = 0 \Rightarrow a_2 r^2 + (a_1 - a_2)r + a_0 = 0 \tag{2.4-7}$$

此時的解答有下列三種型式

1. r_1 及 r_2 為兩相異實根：以 t 為自變數之方程式通解為

   $y(t) = C_1 e^{r_1 t} + C_2 e^{r_2 t}$，將 $t = \ln x$ 代入，得到原方程式通解為

$$y(x) = C_1 e^{r_1 \ln x} + C_2 e^{r_2 \ln x} = C_1 x^{r_1} + C_2 x^{r_2} \tag{2.4-8}$$

2. r_1 及 r_2 為兩相等實根：通解為 $y(t) = (C_1 + C_2 t)e^{rt}$，再將 $t = \ln x$ 代入，則得到原方程式通解為

$$y(x) = (C_1 + C_2 \ln x)e^{r \ln x} = (C_1 + C_2 \ln x)x^r \tag{2.4-9}$$

3. r_1 及 r_2 為共軛複根（ $p \pm iq$ ）：通解為

   $y(t) = e^{pt}(C_1 \cos qt + C_2 \sin qt)$，將 $t = \ln x$ 代入，得到原方程式的通解為

$$\begin{aligned} y(x) &= e^{p \ln x}\left[C_1 \cos q(\ln x) + C_2 \sin q(\ln x) \right] \\ &= x^p \left[C_1 \cos q(\ln x) + C_2 \sin q(\ln x) \right] \end{aligned} \tag{2.4-10}$$

例 2.4-1

求 $x^2 \dfrac{d^2y}{dx^2} + 2x\dfrac{dy}{dx} - 6y = 0$ 的一般解，其中 $x > 0$

 解

原方程式為一等維線性常微分方程式，令 $t = \ln x$，因此轉換後的微分方程式為 $[D_t(D_t-1)+2D_t-6]y = 0$。特徵方程式為 $r(r-1)+2r-6 = 0$，$r^2+r-6 = 0$。解為兩相異實根 $r_1 = 2$ 與 $r_2 = -3$，$y_{1(t)} = e^{2t}$，$y_2(t) = e^{-3t}$，通解為 $y(t) = C_1e^{2t} + C_2e^{-3t}$。

將 $t = \ln x$ 代回上式，得到原方程式之通解為
$$y(x) = C_1e^{2\ln x} + C_2e^{-3\ln x} = C_1x^2 + C_2x^{-3} \text{。}$$

例 2.4-2

求 $x^2 \dfrac{d^2y}{dx^2} - 5x\dfrac{dy}{dx} + 8y = 0$ 的一般解，其中 $x > 0$

 解

轉換後的微分方程式為 $[D_t(D_t-1)-5D_t+8]y = 0$，

特徵方程式為 $r(r-1)-5r+8 = r^2-6r+8 = 0$，而解為兩相異實根 $r_1 = 2$ 與 $r_2 = 4$，所以通解為 $y(t) = C_1e^{2t} + C_2e^{4t}$。將 $t = \ln x$ 代回上式，得到原方程式之通解為
$$y(x) = C_1e^{2\ln x} + C_2e^{4\ln x} = C_1x^2 + C_2x^4 \text{。}$$

例 2.4-3

求 $x^2 \dfrac{d^2y}{dx^2} - x\dfrac{dy}{dx} + y = 0$ 的一般解，其中 $x > 0$

轉換後的微分方程式為 $\left[D_t(D_t - 1) - D_t + 1 \right] y = 0$，特徵方程式為 $r^2 - 2r + 1 = 0$，解為兩相等實根 $r_1 = r_2 = 1$，所以通解為 $y(t) = C_1 e^t + C_2 t e^t$。將 $t = \ln x$ 代回上式，得到原方程式之通解為 $y(t) = C_1 x + C_2 x \ln x$。

例 2.4-4

求 $x^3 \dfrac{d^3y}{dx^3} + 3x^2 \dfrac{d^2y}{dx^2} - 2x\dfrac{dy}{dx} + 2y = 0$ 的一般解，其中 $x > 0$

轉換後的微分方程式為 $\left[D_t(D_t - 1)(D_t - 2) + 3D_t(D_t - 1) - 2D_t + 2 \right] y = 0$

特徵方程式為

$$r(r-1)(r-2) + 3r(r-1) - 2r + 2 = 0 \Rightarrow r^3 - 3r + 2 = 0 \Rightarrow (r-1)^2(r+2) = 0$$

解出之根為 $r_1 = 1, r_2 = 1, r_3 = -2$，所以通解為 $y(t) = C_1 e^t + C_2 t e^t + C_3 e^{-2t}$。

將 $t = \ln x$ 代回上式，得到原方程式之通解為 $y = C_1 x + C_2 x \ln x + C_3 x^{-2}$。

習題 2-4

求解下列各個柯西-尤拉方程式

1. $x^2 \dfrac{d^2 y}{dx^2} - 6x \dfrac{dy}{dx} + 12y = 0$

   解 $y = C_1 x^3 + C_2 x^4$

2. $x^2 \dfrac{d^2 y}{dx^2} - 3x \dfrac{dy}{dx} + 4y = 0$

   解 $y = C_1 x^2 + C_2 (\ln x) x^2$

3. $x^2 \dfrac{d^2 y}{dx^2} - 3x \dfrac{dy}{dx} + 5y = 0$

   解 $y = x^2 [C_1 \cos(\ln x) + C_2 \sin(\ln x)]$

4. $x^2 \dfrac{d^2 y}{dx^2} + 7x \dfrac{dy}{dx} + 13y = 0$

   解 $y = x^{-3} [C_1 \cos 2(\ln x) + C_2 \sin 2(\ln x)]$

5. $x^2 \dfrac{d^2 y}{dx^2} - x \dfrac{dy}{dx} - 3y = 0$

   解 $y = C_1 x^3 + C_2 x^{-1}$

6. $x^2 \dfrac{d^2 y}{dx^2} + 15x \dfrac{dy}{dx} + 49y = 0$

   解 $y = C_1 x^{-7} + C_2 (\ln x) x^{-7}$

7. $x^2 \dfrac{d^2 y}{dx^2} + x \dfrac{dy}{dx} - 16y = 0$

   解 $y = C_1 x^4 + C_2 x^{-4}$

8. $x^2 \dfrac{d^2 y}{dx^2} - 9x \dfrac{dy}{dx} + 24y = 0$

   解 $y = C_1 x^4 + C_2 x^6$

9. $x^2 \dfrac{d^2 y}{dx^2} + 7x \dfrac{dy}{dx} + 24y = 0$

   解 $y = x^{-3} [C_1 \cos(\sqrt{15} \ln x) + C_2 \sin(\sqrt{15} \ln x)]$

10. $x^2 \dfrac{d^2 y}{dx^2} + x \dfrac{dy}{dx} - 6y = 0$

    解 $y = C_1 x^{\sqrt{6}} + C_2 x^{-\sqrt{6}}$

11. $x^3 \dfrac{d^3 y}{dx^3} + 4x^2 \dfrac{d^2 y}{dx^2} + x \dfrac{dy}{dx} - y = 0$

  解 $y = C_1 x + C_2 x^{-1} + C_3 (\ln x) x^{-1}$

12. $x^3 \dfrac{d^3 y}{dx^3} + x \dfrac{dy}{dx} - y = 0$

  解 $y = C_1 x + C_2 (\ln x) x + C_3 (\ln x)^2 x$

2.5 非齊性高階微分方程式

非齊性微分方程式的標準式為

$$a_n\frac{d^n y}{dx^n}+a_{n-1}\frac{d^{n-1}y}{dx^{n-1}}+...+a_1\frac{dy}{dx}+a_0y=f(x) \tag{2.5-1}$$

其中 $f(x)$ 為連續，並且恆不等於零。

定理 2.5-1：非齊性高階微分方程式

假設 y_1 ， y_2 ， $\cdots$ ， y_n 為 n 階齊性方程式

$a_n\dfrac{d^n y}{dx^n}+a_{n-1}\dfrac{d^{n-1}y}{dx^{n-1}}+...+a_1\dfrac{dy}{dx}+a_0y=0$ 之基本解集合，

而 y_p 為方程式 $a_n\dfrac{d^n y}{dx^n}+a_{n-1}\dfrac{d^{n-1}y}{dx^{n-1}}+...+a_1\dfrac{dy}{dx}+a_0y=f(x)$ 之任意一個特解，

則 $a_n\dfrac{d^n y}{dx^n}+a_{n-1}\dfrac{d^{n-1}y}{dx^{n-1}}+...+a_1\dfrac{dy}{dx}+a_0y=f(x)$ 之全解可以表示為

$y=C_1y_1+C_2y_2+...+C_ny_n+y_p$ 。 其中 $C_1,C_2,...,C_n$ 為任意常數。

因此要求解非齊性高階微分方程式，可以分兩個階段

1.先求其對應之齊性方程式之全解 y_h

2.再以任何微分方程式之全解即為 $y=y_h+y_p$

定理 2.5-2：重疊原理(Principle of Superposition)

假設 y_i 為 $\dfrac{d^2 y}{dx^2}+P_1\dfrac{dy}{dx}+qy=f(x)$ 之解，其中 $i=1,2,3,..,n$ ，則

$y_p=y_1+y_2+y_3+\cdots+y_n$ 亦為 $\dfrac{d^2 y}{dx^2}+P_1\dfrac{dy}{dx}+qy=f(x)$ 之解。

例 2.5-1

解 $\dfrac{d^2 y}{dx^2} - 4y = 8x$

齊性方程式 $\dfrac{d^2 y}{dx^2} - 4y = 0$ 之一般解為 $y_h(x) = C_1 e^{2x} + C_2 e^{-2x}$。

而非齊性方程式 $\dfrac{d^2 y}{dx^2} - 4y = 8x$ 的特解為 $y_p(x) = -2x$，所以全解為

$y = y_h + y_p = C_1 e^{2x} + C_2 e^{-2x} - 2x$。

例 2.5-2

解 $\dfrac{d^3 y}{dx^3} - 6\dfrac{d^2 y}{dx^2} + 11\dfrac{dy}{dx} - 6y = 4 - 12x$

原方程式對應之齊性方程式為 $\dfrac{d^3 y}{dx^3} - 6\dfrac{d^2 y}{dx^2} + 11\dfrac{dy}{dx} - 6y = 0$，

特徵方程式為 $r^3 - 6r^2 + 11r - 6 = 0 \Rightarrow (r-1)(r-2)(r-3) = 0$，

解出 $r_1 = 1$，$r_2 = 2$ 及 $r_3 = 3$。所以齊性微分方程式之一般解為

$y_h = C_1 e^x + C_2 e^{2x} + C_3 e^{3x}$，此外 $y_p(x) = 2x + 3$ 滿足原方程式，

所以全解為 $y = y_h + y_p = C_1 e^x + C_2 e^{2x} + C_3 e^{3x} + 2x + 3$。

2.6 未定係數法

假設在 n 階常係數線性微分方程式 $a_n \dfrac{d^n y}{dx^n} + a_{n-1} \dfrac{d^{n-1} y}{dx^{n-1}} + \ldots + a_1 \dfrac{dy}{dx} + a_0 y = f(x)$ 中，如果解出 n 個線性獨立之齊性解 y_1，y_2，$\ldots$，y_n，那麼接下來的工作就是要求出原方程式的一特解。此時如果 $f(x)$ 為具有有限項之線性獨立導數時，可以根據 $f(x)$ 之形式決定特解 y_p 之形式，由於所得的特解 y_p 當中，係數是未知的，因此必須將 y_p 再代回原來的微分方程式，比較等號兩邊的係數，以解出未知係數，此種方法就稱為未定係數法。

1. 假設 y_p 為 $f(x)$ 本身及其任意階導數之線性組合，組合中的係數即為特定係數。
2. 將 y_p 代入原來的微分方程式中，比較兩邊相同項係數，就可以決定特定係數之值。

在此一領域之中，常見的 y_p 假設形式與 $f(x)$ 之關係如表 2.6-1 所示。

表 2.6-1　常見的 y_p 假設形式

$f(x)$ 的項	y_p 的假設形式
C	k
Ce^{px}	ke^{px}
Cx^n	$a_n x^n + a_{n-1} x^{n-1} + \ldots + a_1 x + a_0$
$C\cos qx$	$a\cos qx + b\sin qx$
$C\sin qx$	$a\cos qx + b\sin qx$
$Cx^n e^{px}\cos qx$	$(a_n x^n + a_{n-1} x^{n-1} + \ldots + a_1 x + a_0)e^{px}\cos qx + (b_n x^n + b_{n-1} x^{n-1} + \ldots + b_1 x + b_0)e^{px}\sin qx$
$Cx^n e^{px}\sin qx$	$(a_n x^n + a_{n-1} x^{n-1} + \ldots + a_1 x + a_0)e^{px}\cos qx + (b_n x^n + b_{n-1} x^{n-1} + \ldots + b_1 x + b_0)e^{px}\sin qx$

例 2.6-1

解 $\dfrac{d^2 y}{dx^2} - 4y = 8x^2 - 2x$

齊性方程式 $\dfrac{d^2 y}{dx^2} - 4y = 0$ 的一般解爲 $y_h(x) = C_1 e^{2x} + C_2 e^{-2x}$ ，

接著求解特解 y_p ，因爲 $f(x) = 8x^2 - 2x$ 爲多項式，所以假設

$y_p = ax^2 + bx + c$ ，則 $\dfrac{dy_p}{dx} = 2ax + b$ ， $\dfrac{d^2 y_p}{dx^2} = 2a$ 。將 y_p 及 $\dfrac{d^2 y_p}{dx^2}$ 代入，

得到 $2a - 4(ax^2 + bx + c) = 8x^2 - 2x$ ，化簡成 $(-4a - 8)x^2 + (-4b + 2)x + (2a - 4c) = 0$ ，

解出 $a = -2$ ， $b = \dfrac{1}{2}$ 及 $c = -1$ ，所以 $y_p(x) = -2x^2 + \dfrac{1}{2}x - 1$ ，所以全解爲

$y = y_p + y_h = C_1 e^{2x} + C_2 e^{-2x} - 2x^2 + \dfrac{1}{2}x - 1$ 。

例 2.6-2

解 $\dfrac{d^2 y}{dx^2} + 2\dfrac{dy}{dx} - 3y = 4e^{2x}$

齊性方程式 $\dfrac{d^2 y}{dx^2} + 2\dfrac{dy}{dx} - 3y = 0$ 的一般解爲 $y_h(x) = C_1 e^x + C_2 e^{-3x}$ ，

接著求特解 y_p ，由於 $f(x) = 4e^{2x}$ 爲指數函數，所以假設 $y_p = ke^{2x}$ ， $\dfrac{dy_p}{dx} = 2ke^{2x}$

及 $\dfrac{d^2 y_p}{dx^2} = 4ke^{2x}$ ，將 y_p ， $\dfrac{dy_p}{dx}$ 及 $\dfrac{d^2 y_p}{dx^2}$ 代入原方程式中，可以得到

$4ke^{2x} + 2 \cdot 2ke^{2x} - 3ke^{2x} = 4e^{2x}$ 。解出 $k = \dfrac{4}{5}$ ， $y_p = \dfrac{4}{5}e^{2x}$ 。

所以全解爲 $y = y_h + y_p = C_1 e^x + C_2 e^{-3x} + \dfrac{4}{5}e^{2x}$ 。

例 2.6-3

解 $\dfrac{d^2y}{dx^2} - 5\dfrac{dy}{dx} + 6y = -3\sin 2x$

 解

齊性方程式 $\dfrac{d^2y}{dx^2} - 5\dfrac{dy}{dx} + 6y = 0$ 的一般解為 $y_h(x) = C_1 e^{2x} + C_2 e^{3x}$，接著求特解 y_p。

由於 $f(x) = -3\sin 2x$，根據三角函數，假設

$y_p = a\sin 2x + b\cos 2x$，$\dfrac{dy_p}{dx} = 2a\cos 2x - 2b\sin 2x$，

$\dfrac{d^2y_p}{dx^2} = -4a\sin 2x - 4b\cos 2x$，代入原來的微分方程式中，

可以得到

$(-4a\sin 2x - 4b\cos 2x) - 5(2a\cos 2x - 2b\sin 2x) + 6(a\sin 2x + b\cos 2x) = -3\sin 2x$。

化簡成

$(-4a + 10b + 6a)\sin 2x + (-4b - 10a + 6b)\cos 2x = -3\sin 2x$，兩邊比較係數，得到

$\begin{cases} 2a + 10b = -3 \\ -10a + 2b = 0 \end{cases}$，整理後得到 $a = -\dfrac{3}{52}$，$b = -\dfrac{15}{52}$。

所以 $y_p(x) = -\dfrac{3}{52}\sin 2x - \dfrac{15}{52}\cos 2x$，因此全解為

$y = y_h + y_p = C_1 e^{2x} + C_2 e^{3x} - \dfrac{3}{52}\sin 2x - \dfrac{15}{52}\cos 2x$。

在上述的例題中，$f(x)$ 所含之項與齊性解 y_h 所含之項均無相同。但是在依照原方程式對 y_p 做適當假設後，發現 y_p 所含之項與 y_h 有相同項時，則必須將原來所假設形式全部都乘上 x 或 x 的最低次冪，使得 y_p 所含之項不再與 y_h 有相同項為止，此一步驟稱為未定係數法之修正。

例 2.6-4

解 $\dfrac{d^2 y}{dx^2} - 6\dfrac{dy}{dx} + 9y = 8e^{3x}$

齊性方程式 $\dfrac{d^2 y}{dx^2} - 6\dfrac{dy}{dx} + 9y = 0$ 的齊性解為 $y_h(x) = C_1 e^{3x} + C_2 x e^{3x}$，

依照前面例題令 $y_p = k e^{3x}$，但是 e^{3x} 為齊性解，因此必須做適當的修正，

假設 $y_p = kx e^{3x}$，發現 $x e^{3x}$ 仍為齊性解，所以必須再做適當的修正，

最後假設 $y_p = kx^2 e^{3x}$，$\dfrac{dy_p}{dx} = 2kx e^{3x} + 3kx^2 e^{3x}$，$\dfrac{d^2 y}{dx^2} = 2k e^{3x} + 12kx e^{3x} + 9kx^2 e^{3x}$

代入原來的微分方程式中，得到

$(2k e^{3x} + 12kx e^{3x} + 9kx^2 e^{3x}) - 6(2kx e^{3x} + 3kx^2 e^{3x}) + 9kx^2 e^{3x} = 8e^{3x}$

經由 $2k e^{3x} = 8e^{3x}$ 比較係數，可以得到 $k = 4$，因此 $y_p(x) = 4x^2 e^{3x}$

所以全解為 $y = y_h + y_p = C_1 e^{3x} + C_2 x e^{3x} + 4x^2 e^{3x}$。

例 2.6-5

解 $\dfrac{d^2 y}{dx^2} - 3\dfrac{dy}{dx} + 2y = x e^{2x}$

方程式之齊性解為 $y_h(x) = C_1 e^x + C_2 e^{2x}$，

因為 $f(x) = x e^{2x}$，所以令 $y_p = (k_1 x + k_2) e^{2x}$

但是其中 e^{2x} 與齊性解中之項相同，因此將 y_p 乘上 x，所以 $y_p = (k_1 x^2 + k_2 x) e^{2x}$，

得到 $\dfrac{dy_p}{dx} = e^{2x}(2k_1 x^2 + 2k_1 x + 2k_2 x + k_2)$，$\dfrac{d^2 y_p}{dx^2} = e^{2x}(4k_1 x^2 + 8k_1 x + 4k_2 x + 2k_1 + 4k_2)$。

代入原來的微分方程式中，經整理後比較係數後，可以得到

$k_1 = \dfrac{1}{2}$，$k_2 = -1$。因此 $y_p(x) = \dfrac{1}{2} x^2 e^{2x} - x e^{2x}$，所以全解為

$y = y_h + y_p = C_1 e^x + C_2 e^{2x} + \dfrac{1}{2} x^2 e^{2x} - x e^{2x}$。

習題 2-6

求解下列非齊性高階線性微分方程式

1. $\dfrac{d^2y}{dx^2} - y = x^3 - 4x^2 - 11x + 9$

    解 $y = y_h + y_p = C_1 e^x + C_2 e^x - x^3 + 4x^2 + 5x - 1$

2. $\dfrac{d^2y}{dx^2} - \dfrac{dy}{dx} - 6y = 8e^{2x}$

    解 $y = y_h + y_p = C_1 e^{3x} + C_2 e^{-2x} - 2e^{2x}$

3. $\dfrac{d^2y}{dx^2} - 4\dfrac{dy}{dx} + 5y = 21e^{2x}$

    解 $y = y_h + y_p = e^{2x}(C_1 \cos x + C_2 \sin x) + 21e^{2x}$

4. $\dfrac{d^2y}{dx^2} + 6\dfrac{dy}{dx} + 9y = 9\cos 3x$

    解 $y = y_h + y_p = C_1 e^{-3x} + C_2 x e^{-3x} + \dfrac{1}{2}\sin 3x$

5. $\dfrac{d^2y}{dx^2} - 4\dfrac{dy}{dx} = 8x^2 + 2e^{3x}$

    解 $y = y_h + y_p = C_1 + C_2 e^{4x} - \dfrac{2}{3}x^3 - \dfrac{1}{2}x^2 - \dfrac{1}{4}x - \dfrac{2}{3}e^{3x}$

6. $\dfrac{d^2y}{dx^2} - 2\dfrac{dy}{dx} + y = 3x + 25\sin 3x$

    解 $y = y_h + y_p = C_1 e^x + C_2 x e^x + 3x + 6 + \dfrac{3}{2}\cos 3x - 2\sin 3x$

7. $\dfrac{d^2y}{dx^2} - \dfrac{dy}{dx} - 6y = 12xe^x$

    解 $y = y_h + y_p = C_1 e^{3x} + C_2 e^{-2x} - (2x + \dfrac{1}{3})e^x$

8. $\dfrac{d^2y}{dx^2} + \dfrac{dy}{dx} = 5 + 10\sin 2x$

    解 $y = y_h + y_p = C_1 + C_2 e^{-x} + 5x - \cos 2x - 2\sin 2x$

9. $\dfrac{d^2y}{dx^2} + 4\dfrac{dy}{dx} - 12y = x + \cos 3x$

    解 $y = y_h + y_p = C_1 e^{2x} + C_2 e^{-6x} - \dfrac{1}{12}x - \dfrac{1}{36} - \dfrac{7}{195}\cos 3x + \dfrac{4}{195}\sin 3x$

10. $\dfrac{d^2 y}{dx^2} - 3\dfrac{dy}{dx} + 2y = 60e^{2x}\cos 3x$

   解 $y = y_h + y_p = C_1 e^x + C_2 e^{2x} + e^{2x}(-6\cos 3x + 2\sin 3x)$

11. $\dfrac{d^2 y}{dx^2} - 2\dfrac{dy}{dx} - 3y = 8e^{3x}$

   解 $y = y_h + y_p = C_1 e^{3x} + C_2 e^{-x} + 2xe^{3x}$

2.7 參數變異法

對於非齊性微分方程式 $\dfrac{d^2y}{dx^2} + A\dfrac{dy}{dx} + By = f(x)$ 而言，要求解特解時，假如可以經

由齊性方程式 $\dfrac{d^2y}{dx^2} + A\dfrac{dy}{dx} + By = 0$ 中所解出的兩個線性獨立的解 y_1 與 y_2，即可以利用參

數變異法，以此兩個線性獨立解爲基礎，而求出原來的微分方程式的特解與全解，此

一方法就稱爲參數變異法(variation of parameters)。

假設 $y_p = uy_1 + vy_2$，其中 u 與 v 皆爲二次可微分函數，首先對 y_p 做一次微分，得

$$\frac{dy_p}{dx} = u\frac{dy_1}{dx} + \frac{du}{dx}y_1 + v\frac{dy_2}{dx} + \frac{dv}{dx}y_2 \qquad (2.7\text{-}1)$$

爲了簡化 $\dfrac{dy_p}{dx}$ 與 $\dfrac{d^2y_p}{dx^2}$ 的運算，此時假設

$$\frac{du}{dx}y_1 + \frac{dv}{dx}y_2 = 0 \qquad (2.7\text{-}2)$$

因此可以將(2.7-1)式簡化爲

$$\frac{dy_p}{dx} = u\frac{dy_1}{dx} + v\frac{dy_2}{dx} \qquad (2.7\text{-}3)$$

此時 y_p 的二次微分就可以簡化爲

$$\frac{d^2y_p}{dx^2} = \frac{du}{dx}\frac{dy_1}{dx} + u\frac{d^2y_1}{dx^2} + \frac{dv}{dx}\frac{dy_2}{dx} + v\frac{d^2y_2}{dx^2} \qquad (2.7\text{-}4)$$

將 $\dfrac{dy_p}{dx}$ 與 $\dfrac{d^2y_p}{dx^2}$ 代入原來的微分方程式中

$$\left(\frac{du}{dx}\frac{dy_1}{dx} + \frac{dv}{dx}\frac{dy_2}{dx} + u\frac{d^2y_1}{dx^2} + v\frac{d^2y_2}{dx^2}\right)$$
$$+ A\left(u\frac{dy_1}{dx} + v\frac{dy_2}{dx}\right) + B(uy_1 + vy_2) = f(x) \qquad (2.7\text{-}5)$$

化簡得到

$$u(\frac{d^2 y_1}{dx^2} + A\frac{dy_1}{dx} + By_1) + v(\frac{d^2 y_2}{dx^2} + A\frac{dy_2}{dx} + By_2)$$
$$+ (\frac{du}{dx}\frac{dy_1}{dx} + \frac{dv}{dx}\frac{dy_2}{dx}) = f(x) \qquad (2.7\text{-}6)$$

因為 y_1 與 y_2 均為齊性微分方程式之解，所以 $\dfrac{d^2 y_1}{dx^2} + A\dfrac{dy_1}{dx} + By_1 = 0$ 及

$\dfrac{d^2 y_2}{dx^2} + A\dfrac{dy_2}{dx} + By_2 = 0$，因此(2.7-6)式可以化簡成

$$\frac{du}{dx}\frac{dy_1}{dx} + \frac{dv}{dx}\frac{dy_2}{dx} = f(x) \qquad (2.7\text{-}7)$$

綜合(2.7-2)式與(2.7-7)式成為聯立方程組

$$\begin{cases} \dfrac{du}{dx}y_1 + \dfrac{dv}{dx}y_2 = 0 \\ \dfrac{du}{dx}\dfrac{dy_1}{dx} + \dfrac{dv}{dx}\dfrac{dy_2}{dx} = f(x) \end{cases} \qquad (2.7\text{-}8)$$

利用克來瑪法則(cramers rule)求解此以 $\dfrac{du}{dx}$ 與 $\dfrac{dv}{dx}$ 為變數之聯立方程組，得到

$$\frac{du}{dx} = \frac{\begin{vmatrix} 0 & y_2 \\ f(x) & \dfrac{dy_2}{dx} \end{vmatrix}}{\begin{vmatrix} y_1 & y_2 \\ \dfrac{dy_1}{dx} & \dfrac{dy_2}{dx} \end{vmatrix}} \quad , \quad \frac{dv}{dx} = \frac{\begin{vmatrix} y_1 & 0 \\ \dfrac{dy_1}{dx} & f(x) \end{vmatrix}}{\begin{vmatrix} y_1 & y_2 \\ \dfrac{dy_1}{dx} & \dfrac{dy_2}{dx} \end{vmatrix}} \qquad (2.7\text{-}9)$$

其中：$W[y_1, y_2] = \begin{vmatrix} y_1 & y_2 \\ \dfrac{dy_1}{dx} & \dfrac{dy_2}{dx} \end{vmatrix}$ 稱為朗斯基(Wronskian)行列式。

在求出 $\dfrac{du}{dx}$ 與 $\dfrac{dv}{dx}$ 之後，經過積分

$$\int du = \int \frac{\begin{vmatrix} 0 & y_2 \\ f(x) & \dfrac{dy_2}{dx} \end{vmatrix}}{W[y_1, y_2]} dx \quad , \quad \int dv = \int \frac{\begin{vmatrix} y_1 & 0 \\ \dfrac{dy_1}{dx} & f(x) \end{vmatrix}}{W[y_1, y_2]} dx \tag{2.7-10}$$

就可以求得 u 與 v 分別為

$$u = \int \frac{-y_2 f(x)}{W[y_1, y_2]} dx \quad , \quad v = \int \frac{y_1 f(x)}{W[y_1, y_2]} dx \tag{2.7-11}$$

因此特解為 $y_p = uy_1 + vy_2$。

例 2.7-1

解 $\dfrac{d^2 y}{dx^2} + y = \csc x$

 解

1. 首先解 y_h，由 $\dfrac{d^2 y}{dx^2} + y = 0$ 的特徵方程式為 $r^2 + 1 = 0$，

   所以齊性解為 $y_1 = \cos x$ 與 $y_2 = \sin x$。計算朗斯基行列式

   $$W[y_1, y_2] = \begin{vmatrix} y_1 & y_2 \\ \dfrac{dy_1}{dx} & \dfrac{dy_2}{dx} \end{vmatrix} = \begin{vmatrix} \cos x & \sin x \\ -\sin x & \cos x \end{vmatrix} = 1$$

2. 其次求 y_p：$u = \int \dfrac{-y_2 f(x)}{W[y_1, y_2]} = \int \dfrac{-\sin x \csc x}{1} dx = \int -1 dx = -x$，

   $v = \int \dfrac{y_1 f(x)}{W[y_1, y_2]} dx = \int \dfrac{\cos x \csc x}{1} dx = \ln|\sin x|$。

   得到 $y_p = -x \cos x + \sin x \ln|\sin x|$，因此通解為

   $y = y_h + y_p = C_1 \cos x + C_2 \sin x - x \cos x + \sin x \ln|\sin x|$。

例 2.7-2

解 $x^2 \dfrac{d^2 y}{dx^2} - 2x \dfrac{dy}{dx} + 2y = x$，其中 $y(1) = \dfrac{dy}{dx}(1) = 0$

 解

1. 首先解 y_h，由 $x^2 \dfrac{d^2 y}{dx^2} - 2x \dfrac{dy}{dx} + 2y = 0$ 的特徵方程式為 $r^2 - 3r + 2 = 0$，所以齊性解為 $y_1 = x$ 與 $y_2 = x^2$。計算朗斯基行列式

$$W[y_1, y_2] = \begin{vmatrix} y_1 & y_2 \\ \dfrac{dy_1}{dx} & \dfrac{dy_2}{dx} \end{vmatrix} = \begin{vmatrix} x & x^2 \\ 1 & 2x \end{vmatrix} = x^2$$

2. 求 y_p

將原來的微分方程式化為標準式 $\dfrac{d^2 y}{dx^2} - \dfrac{2}{x}\dfrac{dy}{dx} + \dfrac{2}{x^2} y = \dfrac{1}{x}$，

因此 $u = \displaystyle\int \dfrac{-y_2 f(x)}{W[y_1, y_2]} = \int \dfrac{-x^2 \times \dfrac{1}{x}}{x^2} dx = -\ln|x|$，

$v = \displaystyle\int \dfrac{y_1 f(x)}{W[y_1, y_2]} dx = \int \dfrac{x \times \dfrac{1}{x}}{x^2} dx = \dfrac{-1}{x}$

得到 $y_p = -x \ln|x| - x^2 \cdot \dfrac{1}{x} = -x\ln|x| - x$，所以通解為

$y = y_h + y_p = C_1 x + C_2 x^2 - x\ln|x| - x$。代入初始條件

$y(1) = C_1 + C_2 - 1 = 0$，$\dfrac{dy}{dx}(1) = C_1 + 2C_2 - 2 = 0$，

求出得 $C_1 = 0$，$C_2 = 1$，因此特解為 $y = x^2 - x\ln|x| - x$。

例 2.7-3

解 $\dfrac{d^2 y}{dx^2} + 4y = \tan 2x$

 解

1. 首先解 y_h，由 $\dfrac{d^2 y}{dx^2} + 4y = 0$ 的特徵方程式為 $r^2 + 4 = 0$，

   所以齊性解為 $y_1 = \cos 2x$ 與 $y_2 = \sin 2x$。計算朗斯基行列式

   $$W[y_1, y_2] = \begin{vmatrix} y_1 & y_2 \\ \dfrac{dy_1}{dx} & \dfrac{dy_2}{dx} \end{vmatrix} = \begin{vmatrix} \cos 2x & \sin 2x \\ -2\sin 2x & 2\cos 2x \end{vmatrix} = 2 \text{。}$$

2. y_p 可以由公式直接算出

   $$\frac{du}{dx} = -\frac{y_2 f}{W[y_1, y_2]} = -\frac{1}{2}\sin 2x \tan 2x \text{，} \quad \frac{dv}{dx} = \frac{y_1 f}{W[y_1, y_2]} = \frac{1}{2}\cos 2x \tan 2x \text{。}$$

   對 $\dfrac{du}{dx}$ 與 $\dfrac{dv}{dx}$ 積分，可以得到

   $$u(x) = -\frac{1}{2}\int \sin 2x \tan 2x \, dx = -\frac{1}{4}\ln|\sec 2x + \tan 2x| + \frac{1}{4}\sin 2x \text{，}$$

   $$v(x) = \frac{1}{2}\int \cos 2x \tan 2x \, dx = -\frac{1}{4}\cos 2x \text{，因此特解為}$$

   $$y_p(x) = uy_1 + vy_2 = -\cos 2x(\frac{1}{4}\ln|\sec 2x + \tan 2x| - \frac{1}{4}\sin 2x) - \frac{1}{4}\sin 2x \cos 2x$$

   $$= -\frac{1}{4}\cos 2x \cdot \ln|\sec 2x + \tan 2x| \text{。}$$

   所以全解為

   $$y(x) = C_1 \cos 2x + C_2 \sin 2x - \frac{1}{4}\cos 2x \cdot \ln|\sec 2x + \tan 2x| \text{。}$$

例 2.7-4

解 $\dfrac{d^3y}{dx^3} - 6\dfrac{d^2y}{dx^2} + 11\dfrac{dy}{dx} - 6y = 4 - 12x$

 解

1. 首先解 y_h，由 $\dfrac{d^3y}{dx^3} - 6\dfrac{d^2y}{dx^2} + 11\dfrac{dy}{dx} - 6y = 0$ 的特徵方程式為

   $r^3 - 6r^2 + 11r - 6 = 0$，所以齊性解為 $y_h = C_1e^x + C_2e^{2x} + C_3e^{3x}$。

2. 求 y_p

   利用 $y_p = ue^x + ve^{2x} + we^{3x}$，其中 u，v 及 w 滿足

   $$\begin{cases} \dfrac{du}{dx}e^x + \dfrac{dv}{dx}e^{2x} + \dfrac{dw}{dx}e^{3x} = 0 \\[2mm] \dfrac{du}{dx}e^x + 2\dfrac{dv}{dx}e^{2x} + 3\dfrac{dw}{dx}e^{3x} = 0 \quad \text{解聯立方程組，得到} \\[2mm] \dfrac{du}{dx}e^x + 4\dfrac{dv}{dx}e^{2x} + 9\dfrac{dw}{dx}e^{3x} = 4 - 12x \end{cases}$$

   $\dfrac{du}{dx} = e^{-x}(2 - 6x)$，$\dfrac{dv}{dx} = e^{-2x}(12x - 4)$ 及 $\dfrac{dw}{dx} = e^{-3x}(2 - 6x)$。

   求出 $u = e^{-x}(6x + 4)$，$v = -e^{-2x}(6x + 1)$ 及 $w = 2xe^{-3x}$

   因此特解為 $y_p = [e^{-x}(6x + 4)]e^x + [-e^{-2x}(6x + 1)]e^{2x} + [2xe^{-3x}]e^{3x} = 2x + 3$

   所以通解為 $y = y_h + y_p = C_1e^x + C_2e^{2x} + C_3e^{3x} + 2x + 3$。

習題 2-7

利用參數變異法求解下列微分方程式

1. $\dfrac{d^2 y}{dx^2} + y = \tan x$

   解 $y = y_h + y_p = C_1 \cos x + C_2 \sin x - [\ln(\sec x + \tan x)]\cos x$

2. $x^2 \dfrac{d^2 y}{dx^2} + 5x \dfrac{dy}{dx} - 12y = \ln x$

   解 $y = y_h + y_p = C_1 x^2 + C_2 x^{-6} - \dfrac{1}{12}\ln x - \dfrac{1}{36}$

3. $\dfrac{d^2 y}{dx^2} - \dfrac{dy}{dx} - 12y = 2\sinh^2 x$

   解 $y = y_h + y_p = C_1 e^{4x} + C_2 e^{-3x} - \dfrac{1}{20}e^{2x} - \dfrac{1}{12}e^{-2x} + \dfrac{1}{12}$

4. $x^2 \dfrac{d^2 y}{dx^2} + 2x \dfrac{dy}{dx} - 6y = x^2 - 2$

   解 $y = y_h + y_p = C_1 x^2 + C_2 x^{-3} + \dfrac{1}{5}x^2 \ln x + \dfrac{1}{3}$

5. $\dfrac{d^2 y}{dx^2} - \dfrac{dy}{dx} - 2y = 3e^{2x}$

   解 $y = y_h + y_p = C_1 e^{2x} + C_2 e^{-x} + xe^{2x}$

6. $\dfrac{d^2 y}{dx^2} + 2\dfrac{dy}{dx} + y = \dfrac{1}{x}e^{-x}$

   解 $y = y_h + y_p = C_1 e^{-x} + C_2 xe^{-x} + xe^{-x}\ln x$

7. $x^2 \dfrac{d^2 y}{dx^2} + 3x \dfrac{dy}{dx} + y = \dfrac{4}{x}$

   解 $y = y_h + y_p = C_1 x^{-1} + C_2 x^{-1}\ln x + 2x^{-1}(\ln x)^2$

8. $x^2 \dfrac{d^2 y}{dx^2} - 3x \dfrac{dy}{dx} + 3y = 6x^4 e^{-3x}$

   解 $y = y_h + y_p = C_1 x + C_2 x^3 + \dfrac{2}{3}x^2 e^{-3x} + \dfrac{2}{9}xe^{-3x}$

2.8 聯立常微分方程組

在一些經由物理現象量化為數學方程式的問題中，常常會出現兩個或兩個以上的因變數，如果這些因數同為某一個自變數的函數，則此類問題經由數學分析之後，就會形成所謂的聯立常微分方程組。而聯立常微分方程組的求解方法，可以由微分消去法逐步消去因變數的數目，最後僅剩下一個因變數，就成為一般的常微分方程式。此外也可以經由矩陣法或者拉普拉斯轉換求解。在本節中先介紹微分消去法，至於其他解法，將在以後的章節中再逐一的介紹。

例 2.8-1

解聯立微分方程組

$$\frac{dx}{dt} + 2x + \frac{dy}{dt} + 6y = 2e^t$$

$$2\frac{dx}{dt} + 3x + 3\frac{dy}{dt} + 8y = -1$$

將原微分方程組以微分運算子表示為

$$(D+2)x + (D+6)y = 2e^t \quad \cdots\cdots (1)$$

$$(2D+3)x + (3D+8)y = -1 \cdots\cdots (2)$$

由(2)式 − 2×(1)式得到

$$-x + (D-4)y = -1 - 4e^t \quad \cdots\cdots (3)$$

再由 $(D+2)\times$(3)式+(1)式，得到 $(D^2 - D - 2)y = -2 - 10e^t$，

由二階常微分方程式的解法可以求得

$y = C_1 e^{-t} + C_2 e^{2t} + 5e^t + 1$，代回(3)式中得到

$$-x + (D-4)(C_1 e^{-t} + C_2 e^{2t} + 5e^t + 1) = -1 - 4e^t$$

解出 $x = -5C_1 e^{-t} - 2C_2 e^{2t} - 11e^t - 3$。

因此完整的解為

$x = -5C_1 e^{-t} - 2C_2 e^{2t} - 11e^t - 3$ 及 $y = C_1 e^{-t} + C_2 e^{2t} + 5e^t + 1$。

例 2.8-2

解聯立微分方程式組

$$(D^2 - 1)x - 2y = t$$

$$-3x + (D^2 - 2)y = 1$$

 解

1. 經由克來瑪法則求解 x

   $$x = \frac{\begin{vmatrix} t & -2 \\ 1 & D^2 - 2 \end{vmatrix}}{\begin{vmatrix} D^2 - 1 & -2 \\ -3 & D^2 - 2 \end{vmatrix}}，得到 (D^4 - 3D^2 - 4)x = -2t + 2，化簡成$$

   $\dfrac{d^4 x}{dt^4} - 3\dfrac{d^2 x}{dt^2} - 4x = -2t + 2$。此一微分方程式的特徵方程式為 $r^4 - 3r^2 - 4 = 0$，

   所以根為 $r_1 = i$，$r_2 = -i$，$r_3 = 2$ 及 $r_4 = -2$。

   因此齊性解為 $x_h = C_1 e^{2t} + C_2 e^{-2t} + C_3 \cos t + C_4 \sin t$。接著求特解，

   令 $x_p = C_5 t + C_6$，代入原來的微分方程式後，可以得到 $-4(C_5 t + C_6) = -2t + 2$，

   求出 $C_5 = \dfrac{1}{2}$ 及 $C_6 = -\dfrac{1}{2}$。所以全解為

   $$x = x_h + x_p = C_1 e^{2t} + C_2 e^{-2t} + C_3 \cos t + C_4 \sin t + \frac{t}{2} - \frac{1}{2}。$$

2. 同理經由克來瑪法則求解 y

   $$y = \frac{\begin{vmatrix} D^2 - 1 & t \\ -3 & 1 \end{vmatrix}}{\begin{vmatrix} D^2 - 1 & -2 \\ -3 & D^2 - 2 \end{vmatrix}}，得到 (D^4 - 3D^2 - 4)y = 3t - 1，化簡成$$

   $\dfrac{d^4 y}{dt^4} - 3\dfrac{d^2 y}{dt^2} - 4y = 3t - 1$。

   此一微分方程式的特徵方程式為 $r^4 - 3r^2 - 4 = 0$，所以根為 $r_1 = i$，$r_2 = -i$，$r_3 = 2$

   及 $r_4 = -2$。

因此齊性解為 $y_h = B_1 e^{2t} + B_2 e^{-2t} + B_3 \cos t + B_4 \sin t$。接著求特解，令

$y_p = B_5 t + B_6$，代入原來的微分方程式後，可以得到 $-4(B_5 t + B_6) = 3t - 1$，求出

$B_5 = \dfrac{-3}{4}$ 及 $B_6 = \dfrac{1}{4}$。所以全解為

$y = y_h + y_p = B_1 e^{2t} + B_2 e^{-2t} + B_3 \cos t + B_4 \sin t - \dfrac{3}{4} t + \dfrac{1}{4}$。

因此總解答為

$x = C_1 e^{2t} + C_2 e^{-2t} + C_3 \cos t + C_4 \sin t + \dfrac{1}{2} t - \dfrac{1}{2}$，

$y = B_1 e^{2t} + B_2 e^{-2t} + B_3 \cos t + B_4 \sin t - \dfrac{3}{4} t + \dfrac{1}{4}$。

習題 2-8

求解以下各個聯立常微分方程組之通解

1. $\begin{cases} \dfrac{dx}{dt} - x + \dfrac{dy}{dt} = 2t + 1 \\[2mm] 2\dfrac{dx}{dt} + x + 2\dfrac{dy}{dt} = t \end{cases}$

   解 $\begin{cases} x = -t + C_1 \\[2mm] y = \dfrac{1}{2} t^2 + \dfrac{4}{3} t + C_2 \end{cases}$

2. $\begin{cases} \dfrac{dx}{dt} + 2x + 3y = 0 \\[2mm] 3x + \dfrac{dy}{dt} + 2y = 2e^{2t} \end{cases}$

   解 $\begin{cases} x = C_1 e^t + C_2 e^{-5t} - \dfrac{6}{7} e^{2t} \\[2mm] y = C_3 e^t + C_4 e^{-5t} + \dfrac{8}{7} e^{2t} \end{cases}$

3. $\begin{cases} \dfrac{d^2x}{dt^2} - x - 2y = 2 \\[2mm] \dfrac{d^2y}{dt^2} - 2y - 3x = 1 \end{cases}$

解 $\begin{cases} x = C_1 e^{2t} + C_2 e^{-2t} + C_3 \cos t + C_4 \sin t + \dfrac{1}{2} \\[3mm] y = K_1 e^{2t} + K_2 e^{-2t} + K_3 \cos t + K_4 \sin t - \dfrac{5}{4} \end{cases}$

4. $\begin{cases} \dfrac{d^2x}{dt^2} - 2x - 3y = e^{2t} \\[2mm] \dfrac{d^2y}{dt^2} + 2y + x = 0 \end{cases}$

解 $\begin{cases} x = C_1 e^{t} + C_2 e^{-t} + C_3 \cos t + C_4 \sin t + \dfrac{2}{5} e^{2t} \\[3mm] y = K_1 e^{t} + K_2 e^{-t} + K_3 \cos t + K_4 \sin t + \dfrac{1}{15} e^{2t} \end{cases}$

5. $\begin{cases} \dfrac{dx}{dt} + \dfrac{dy}{dt} + y = 1 \\[2mm] \dfrac{dx}{dt} + 2x - \dfrac{dz}{dt} + z = 1 \\[2mm] \dfrac{dy}{dt} + y + \dfrac{dz}{dt} + 2z = 0 \end{cases}$

解 $\begin{cases} x = A_1 e^{t} + A_2 e^{\frac{-4t}{5}} + \dfrac{3}{4} \\[3mm] y = B_1 e^{t} + B_2 e^{\frac{-4t}{5}} + 1 \\[3mm] z = C_1 e^{t} + C_2 e^{\frac{-4t}{5}} - \dfrac{1}{2} \end{cases}$

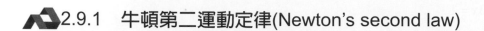

2.9　高階線性常微分方程式的實際應用

2.9.1　牛頓第二運動定律(Newton's second law)

牛頓第二運動定律是描述物體的運動，方程式如(2.9-1)式所示。

$$m\frac{d^2S}{dt^2}+c\frac{dS}{dt}+kS=F \qquad\qquad (2.9\text{-}1)$$

其中：1. m 爲質量。2. c 爲空氣阻力值。3. k 爲虎克彈性係數。

　　　4. F 爲外加力。5. S 爲位移。

例 2.9-1

有一彈性運動裝置，本身質量爲 $800\,g$ ，處在空氣摩擦力爲零的系統中，本身的

彈性係數爲 $50\dfrac{g}{cm}$ ，當有 $10\,\text{Nt}$ 外力施加與此一裝置時，求運動方程式(在時間爲

零時，沒有任何外力的存在)。

根據題意得知 $m=0.8kg$ ， $c=0$ ， $k=5\dfrac{kg}{m}$ ， $F=10\,\text{Nt}$ ，代入(2.9-1)式中，得到

$0.8\dfrac{d^2S}{dt^2}+5S=10$ ，解出 $S_h=C_1\sin\dfrac{5}{2}t+C_2\cos\dfrac{5}{2}t$ 。假設特解 $S_p=C_3$ ，代入方程式

中，得到 $5C_3=10$ ，求出 $C_3=2$ ，所以全解爲 $S_h+S_p=C_1\sin\dfrac{5}{2}t+C_2\cos\dfrac{5}{2}t+2$ 。

2.9.2 克西荷夫第二定律(Kirchhoff's loop law)

在電路學上的 RLC 串聯電路即為二階微分的應用，如(2.9-2)式所示。

$$L\frac{d^2I}{dt^2} + R\frac{dI}{dt} + \frac{1}{C}I = V \tag{2.9-2}$$

其中：1.I為電流。2.L為電感值。3.R為電阻值。4.C為電容值。

5.V為供應電壓

例 2.9-2

有一 RLC 串聯電路，電阻為 $180\,\Omega$，電感為 20H，電容為 $\frac{1}{280}F$，供應電壓為

$10\sin t$，在時間為零時，沒有電流及電荷的存在，求電路方程式。

根據題意得知 $V = 10\sin t$，$R=180$，$L=20$，$C = \frac{1}{280}$ 代入(2.9-2)式中，

$20\dfrac{d^2I}{dt^2} + 180\dfrac{dI}{dt} + 280I = 10\sin t$，解出

$I = C_1 e^{-2t} + C_2 e^{-7t} + \dfrac{13}{500}\sin t - \dfrac{9}{500}\cos t$。代入初始條件

$(t,I) = (0,0)$ 及 $(t,\dfrac{dI}{dt}) = (0,0)$，得到

$0 = C_1 e^{-2\times0} + C_2 e^{-7\times0} + \dfrac{13}{500}\sin 0 - \dfrac{9}{500}\cos 0$

$0 = -2 \times C_1 e^{-2\times0} - 7C_2 e^{-7\times0} + \dfrac{13}{500}\cos 0 + \dfrac{9}{500}\sin 0$

因此 $C_1 = \dfrac{10}{500}$，$C_2 = \dfrac{-1}{500}$，電路方程式為

$I = \dfrac{10}{500}e^{-2t} - \dfrac{1}{500}e^{-7t} + \dfrac{13}{500}\sin t - \dfrac{9}{500}\cos t$。

例 2.9-3

有一 RLC 串聯電路，電阻為 10Ω，電感為 $0.5H$，電容為 $0.01F$，供應電壓為 $12V$，在時間為 0 時，沒有電流存在，但是電流變化量為 24，求電路方程式。

 解

根據題意得知 $V=12$，$R=10$，$L=0.50$，$C=0.01F$，代入(2.9-2)式中，

$0.5\dfrac{d^2I}{dt^2}+10\dfrac{dI}{dt}+100I=12$，解出 $I=e^{-10t}(C_1\cos10t+C_2\sin10t)$。代入初始條件

$(t,I)=(0,0)$ 及 $(t,\dfrac{dI}{dt})=(0,24)$，得到 $0=e^{-10\times0}(C_1\cos10\times0+C_2\sin10\times0)$ 及

$24=10e^{-10\times0}(C_1\cos10\times0+C_2\sin10\times0)+e^{-10\times0}(10C_1\sin10\times0+10C_2\cos10\times0)$。

解出 $C_1=0$，$C_2=\dfrac{12}{5}$，電路方程式為 $I=\dfrac{12}{5}e^{-10t}\sin10t$。

3

向量

3.1 基本概念

在實際的工程上，許多的物理量例如面積，長度和質量都能藉著一個實數代表大小，並完整地描述它的意義。但是在二度及三度空間中卻有一種物理量，需要具有方向及大小才能完整地描述它們，這樣的物理量稱之為向量(vector)，例如力(force)，位移(displacement)，速度(velocity)及交流電(alternative current)的電壓等等均為向量的例子。

向量通常以一個箭號表示，其中箭頭方向代表向量的方向，箭身的長度代表其大小，箭尾則稱為起點(initial point)，箭頭處稱為端點(terminal point)，並以 $\vec{A}$ 及 $\vec{B}$ 表示。如方程式(3.1-1) 及圖 3.1-1 所示。

$$\vec{A} = PQ \tag{3.1-1}$$

如果向量有相同的大小及方向時，則稱為等價(equivalent)，等價的向量可以視為相等(equal)，雖然起點和終點不一定是一樣的，如方程式(3.1-2) 及圖 3.1-2 所示。

$$\vec{A} = \vec{B} \tag{3.1-2}$$

在平面直角座標系中，如果向量 $\vec{A}$ 的起點為原點，而端點在位置 (x_1, y_1) 上，則向量 $\vec{A}$ 可以寫成

$$\vec{A} = (x_1, y_1) \tag{3.1-3}$$

▲圖 3.1-1　向量圖　　　　▲圖 3.1-2　等價向量圖　　　　▲圖 3.1-3　向量幾何圖

由以上的說明可以得到

1. 向量之幾何定義(geometric definition of a vector)：一有方向之線段，等價於另一固定之有方向之線段，稱之為向量。其中向量之大小以線段之長短來表示，一般稱之為長度(magnitude)。

2. 向量之代數定義(algebraic definition of vector)：向量在 R^2 之平面上一有序數對，其中 (a,b) 稱為向量之項(component)。其中零向量是一個無方向之向量，此時向量之長度可以原點至該點之距離來表示。

3. 向量的長度：向量 $\vec{A}$ 長度稱為模(norm)，根據畢氏定理在二度空間中 $\vec{A}=(a,b)$，此時長度為

$$\left\|\vec{A}\right\|=\sqrt{a^2+b^2} \tag{3.1-4}$$

而三度空間中 $\vec{A}=(a,b,c)$ 則為

$$\left\|\vec{A}\right\|=\sqrt{a^2+b^2+c^2} \quad \text{(歐幾里德模)} \tag{3.1-5}$$

如果 $P_1(x_1,y_1,z_1)$ 及 $P_2(x_2,y_2,z_2)$ 為空間上之兩點，則兩點間之距離即為 $\overrightarrow{P_1P_2}$ 之模，如圖 3.1-4 所示。

$$d=\sqrt{(x_2-x_1)^2+(y_2-y_1)^2+(z_2-z_1)^2} \tag{3.1-6}$$

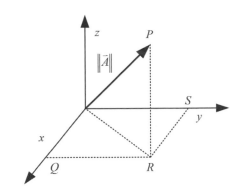

△圖 3.1-4　直角座標系統中兩點間之距離

例 3.1-1

求向量 $\vec{A} = (-3, 2, 1)$ 的模。

$$\left\| \vec{A} \right\| = \sqrt{(-3)^2 + 2^2 + 1^2} = \sqrt{14}$$

例 3.1-2

求點 $P_1(2, -1, -5)$ 到點 $P_2(4, -3, 1)$ 之距離。

$$d = \sqrt{(4-2)^2 + (-3+1)^2 + (1+5)^2} = \sqrt{44} = 2\sqrt{11}$$

4. 向量之方向(direction)：向量之方向是以向量與正 x 軸之間之夾角 θ 以弧度表示，根據一般數學習慣，θ 之範圍為 $0 \le \theta < 2\pi$，因此得知

$$\tan\theta = \frac{b}{a}, \quad a \neq 0 \qquad (3.1\text{-}7)$$

例 3.1-3

求下列向量之大小及方向

(1) $(2,2)$ (2) $(2,2\sqrt{3})$ (3) $(-2\sqrt{3},2)$ (4) $(-3,-3)$

(1) $\left\|\vec{A}\right\| = \sqrt{2^2 + 2^2} = 2\sqrt{2}$ ， $\tan\theta = \dfrac{2}{2} = 1$ ， $\theta = \dfrac{\pi}{4}$ 。

(2) $\left\|\vec{A}\right\| = \sqrt{2^2 + (2\sqrt{3})^2} = 4$ ， $\tan\theta = \dfrac{2\sqrt{3}}{2} = \sqrt{3}$ ， $\theta = \dfrac{\pi}{3}$ 。

(3) $\left\|\vec{A}\right\| = \sqrt{(-2\sqrt{3})^2 + 2^2} = 4$ ， $\tan\theta = \dfrac{2}{-2\sqrt{3}} = \dfrac{-1}{\sqrt{3}}$ ， $\theta = \dfrac{5\pi}{6}$ 。

(4) $\left\|\vec{A}\right\| = \sqrt{-3^2 + (-3)^2} = 3\sqrt{2}$ ， $\tan\theta = \dfrac{-3}{-3} = 1$ ， $\theta = \dfrac{5\pi}{4}$ 。

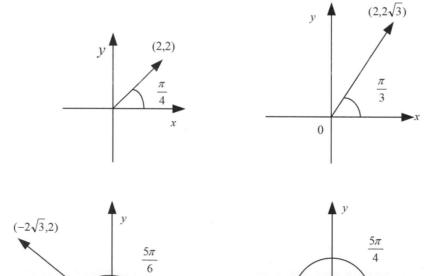

△圖 3.1-5　向量的計算

5. 單位向量(unit vector)：對於任意非零向量 $\vec{A}$，$\dfrac{\vec{A}}{\|\vec{A}\|}$ 稱爲單位向量，表示長度爲 1，

方向則與 $\vec{A}$ 相同。

例 3.1-4

求 $\vec{A} = (1, -1, 2)$ 的單位向量

 解

$$\frac{\vec{A}}{\|\vec{A}\|} = \frac{(1, -1, 2)}{\sqrt{1^2 + (-1)^2 + 2^2}} = \frac{(1, -1, 2)}{\sqrt{6}}$$

---

6. 方向餘弦(direction cosine)：在直角座標系統中，任何一個向量都可以使用三個軸上的單位向量做方向的表示，此一方式稱爲方向餘弦，在 $\vec{A} = (a, b, c)$ 中的方向餘弦爲

$$\vec{A} = (\cos\alpha, \cos\beta, \cos\gamma) = (\frac{a}{\sqrt{a^2 + b^2 + c^2}}, \frac{b}{\sqrt{a^2 + b^2 + c^2}}, \frac{c}{\sqrt{a^2 + b^2 + c^2}}) \qquad (3.1\text{-}8)$$

例 3.1-5

求出 $\vec{A} = (2, 3, 4)$ 的方向餘弦

 解

$$\vec{A} = (\frac{2}{\sqrt{2^2 + 3^2 + 4^2}}, \frac{3}{\sqrt{2^2 + 3^2 + 4^2}}, \frac{4}{\sqrt{2^2 + 3^2 + 4^2}}) = (\frac{2}{\sqrt{29}}, \frac{3}{\sqrt{29}}, \frac{4}{\sqrt{29}})$$

---

7. 向量的相等：兩個向量為恒等，則兩個向量之長度及方向，完全一樣。例如 $\vec{A} = \vec{B}$，亦即 $\|\vec{A}\| = \|\vec{B}\|$，$\theta_A = \theta_B$。此時兩個向量之分量個別相等。例如 $A = (a_1, b_1)$，$B = (a_2, b_2)$，當 $\vec{A} = \vec{B}$ 時，$a_1 = a_2$ 及 $b_1 = b_2$。

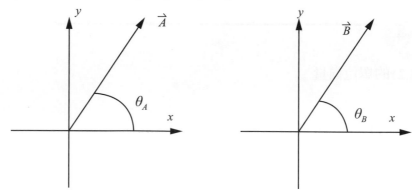

△圖 3.1-6　向量的恒等

習題 3-1

1. 以 P_1 為始點，P_2 為終點，在直角座標系中求出兩點的距離。

   (1)$P_1(3, 5)$，$P_2(2, 8)$。　　(2)$P_1(7, -2)$，$P_2(0, 0)$。

   (3)$P_1(6, 5, 8)$，$P_2(8, -7, -3)$。

   解 (1)$\sqrt{10}$　　(2)$\sqrt{53}$　　(3)$\sqrt{269}$

2. 求下列各個向量的大小及方向。

   (1) $\vec{A}=(4, 4)$。　　(2) $\vec{A}=(-4, 4)$。

   (3) $\vec{A}=(0, 3)$。　　(4) $\vec{A}=(-1, -2, -3)$。

   解 (1)$4\sqrt{2}$，$\dfrac{\pi}{4}$　　(2)$4\sqrt{2}$，$\dfrac{3\pi}{4}$　　(3)3，$\dfrac{\pi}{2}$　　(4)$\sqrt{14}$

3. 求下列各個向量之單位向量

   (1)$\vec{A}=(2,3)$。　　(2)$\vec{A}=(1,-1)$。

   (3)$\vec{A}=(-3,5)$。　　(4)$\vec{A}=(a,b)$。

   解 (1)$\dfrac{(2,3)}{\sqrt{13}}$　　(2)$\dfrac{(1,-1)}{\sqrt{2}}$　　(3)$\dfrac{(-3,5)}{\sqrt{34}}$　　(4)$\dfrac{(a,b)}{\sqrt{a^2+b^2}}$

4. $\vec{A}=(1, -3,2)$，$\vec{B}=(1,1,0)$，$\vec{C}=(2,2,-4)$，求

   (1)$\left\|\vec{A}+\vec{B}\right\|$。　　　　(2)$\left\|\vec{A}\right\|+\left\|\vec{B}\right\|$。　　(3)$\left\|-2\vec{A}\right\|+2\left\|\vec{B}\right\|$。

   (4)$\left\|3\vec{A}-5\vec{B}+\vec{C}\right\|$。　　(5)$\dfrac{\vec{C}}{\left\|\vec{C}\right\|}$。　　　　(6)$\left\|\dfrac{\vec{C}}{\left\|\vec{C}\right\|}\right\|$。

   解 (1)$2\sqrt{3}$　　(2)$\sqrt{14}+\sqrt{2}$　　(3)$2\sqrt{14}+2\sqrt{2}$　　(4)$2\sqrt{37}$　　(5)$\dfrac{(2,2,-4)}{2\sqrt{6}}$　　(6)1

3.2 向量代數

1. 向量的加法及減法

　　這是向量的最基本運算,加法可以利用分解法,也就是將所有的向量分解成各個正交方向後再做運算,而減法只是將被減的向量反向就可以了。此外也可以利用頭尾相連接的方法,也有使用平行四邊形的法則做加減法運算,請參考圖 3.2-1 至圖 3.2-4。

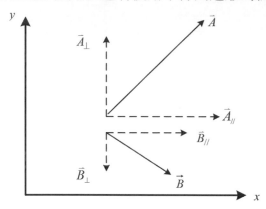

△圖 3.2-1　向量的分解(加法)

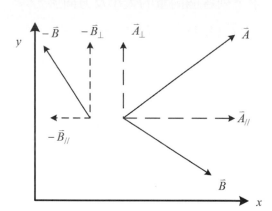

△圖 3.2-2　向量的分解(減法)

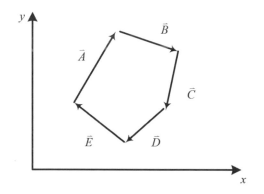

△圖 3.2-3　向量的頭尾相連接加法

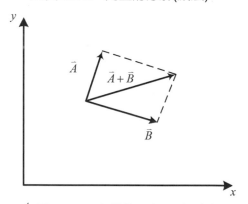

△圖 3.2-4　向量的平行四邊形法

　　而向量的和恒等於兩向量之項各別相加,如果 $\vec{A} = (a_1, a_2)$, $\vec{B} = (b_1, b_2)$,則

$$\vec{A} + \vec{B} = (a_1 + b_1, a_2 + b_2) \tag{3.2-1}$$

例 3.2-1

$\vec{A} = (1,2,4)$，$\vec{B} = (-6,7,5)$，則 $\vec{A} + \vec{B} = (1,2,4) + (-6,7,5) = (-5,9,9)$。

例 3.2-2

$\vec{A} = (1,2,4)$，$\vec{B} = (-6,7,5)$，則 $\vec{A} - \vec{B} = (1,2,4) - (-6,7,5) = (7,-5,-1)$。

---

2. 向量的純量乘

　　向量的純量乘主要是在向量前面乘上一個數(number)，這個數可以是實數，甚至是複數。對於實數來說

$$\alpha \vec{A}, \ \alpha \in R \qquad\qquad (3.2\text{-}2)$$

　　當 $\alpha > 1$ 時是將向量放大，在 $0 < \alpha < 1$ 時則是縮短，如果 $\alpha < 0$ 則是將向量轉了 180° 後，再行放大或縮小。如果 α 為一複數($\alpha \vec{A}, \ \alpha \in C$)，此時結果是將平面上的向量 $\vec{A}$ 旋轉某一角度後，再行放大或縮小，計算方式為當 $\vec{A} = (a_1, a_2, a_3, ..., a_n)$ 時

$$\alpha \vec{A} = (\alpha a_1, \alpha a_2, \alpha a_3, ..., \alpha a_n) \qquad\qquad (3.2\text{-}3)$$

　　亦即向量中之各項均乘上 α。

例 3.2-3

$\vec{A} = (2,-1,4)$，則 $3\vec{A} = 3(2,-1,4) = (6,-3,12)$

例 3.2-4

$\vec{A} = (4,6,1,3)$ 及 $\vec{B} = (-2,4,-3,0)$

 解

$2\vec{A} - 3\vec{B} = 2(4,6,1,3) + (-3)(-2,4,-3,0) = (8,12,2,6) + (6,-12,9,0) = (14,0,11,6)$

表 3.2-1　向量純數之乘積

	$\alpha > 1$	$1 > \alpha > 0$	$\alpha < 0$
$\alpha\vec{A}$ 之大小	比 $\vec{A}$ 增長 α 倍	縮短	比 $\vec{A}$ 縮短 α 倍
$\alpha\vec{A}$ 之方向	與 $\vec{A}$ 同向	與 $\vec{A}$ 同向	與 $\vec{A}$ 反向

當 α 為複數時，$\alpha = a + ib$，則 $\alpha\vec{A} = \alpha \left\| \vec{A} \right\|$，$\alpha = e^{i(\theta+\varphi)}$，其中 $\theta = \tan^{-1}\dfrac{b}{a}$。此時 $\alpha\vec{A}$ 之大小如表 3.2-1 所示，$\alpha\vec{A}$ 為原方向放大、縮小及轉動 θ 度。

例 3.2-5

$\vec{A} = (1,1)$ ，$\vec{B} = (-2,-2)$

 解

$\left\| \vec{A} \right\| = \sqrt{1^2 + 1^2} = \sqrt{2}$，$\left\| \vec{B} \right\| = \| (-2,-2) \| = \sqrt{(-2)^2 + (-2)^2} = \sqrt{8} = 2\sqrt{2} = 2\left\| \vec{A} \right\|$，但是 $\vec{A}$ 及

$\vec{B}$ 之方向角各為 $\theta_A = \tan^{-1}\dfrac{1}{1} = \dfrac{\pi}{4}$ 與 $\theta_B = \tan^{-1}\dfrac{-2}{-2} = \dfrac{5\pi}{4}$，如圖 3.2-5 所示。

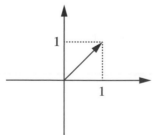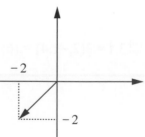

圖 3.2-5　向量的有序性

3.3 向量內積(dot product, inner product)

內積為向量乘的一種,因為最常用的是為 "·" 做運算符號,所以一般又被稱做是 "內積" 或 "點積" ,它的數學意義是 $\vec{A} = (a_1, a_2, a_3)$, $\vec{B} = (b_1, b_2, b_3)$,

$$\vec{A} \cdot \vec{B} = (a_1 b_1 + a_2 b_2 + a_3 b_3) \tag{3.3-1}$$

由於兩向量的 "內積" 結果為純量,所以內積又稱為 "純量積"。

例 3.3-1

$\vec{A} = (2, -1, 1)$, $\vec{B} = (1, 1, 2)$,內積為 $\vec{A} \cdot \vec{B} = 2 - 1 + 2 = 3$

例 3.3-2

$\vec{A} = (3, 4)$, $\vec{B} = (2, 1)$,內積為 $\vec{A} \cdot \vec{B} = 6 + 4 = 10$

當 $\vec{A} \cdot \vec{B}$ 均為非零之向量,而夾角是以 $\vec{A} \cdot \vec{B}$ 之間較小之夾角為主,如圖 3.3-1 所示。

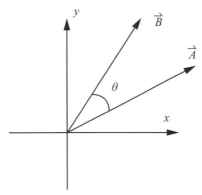

△圖 3.3-1　內積的圖形

由內積之定義，容易了解向量之長度等於本身內積之平方根。

$$\left\|\vec{A}\right\|^2 = a_1^2 + a_2^2 + a_3^2 = \vec{A} \cdot \vec{A} \text{ , 所以 } \left\|\vec{A}\right\| = (\vec{A} \cdot \vec{A})^{\frac{1}{2}} \tag{3.3-2}$$

1. 內積之幾何意義

如果 $\vec{A}$ 與 $\vec{B}$ 為二非零之向量，θ 為其夾角，則

$$\cos\theta = \frac{\vec{A} \cdot \vec{B}}{\left\|\vec{A}\right\|\left\|\vec{B}\right\|} \tag{3.3-3}$$

例 3.3-3

已知 $\vec{A} = (2,3)$ 及 $\vec{B} = (-7,1)$ 兩向量，求夾角 θ

 解

因 $\cos\theta = \dfrac{\vec{A} \cdot \vec{B}}{\left\|\vec{A}\right\|\left\|\vec{B}\right\|} = \dfrac{-14+3}{\sqrt{13}\sqrt{50}} = -0.4315$ ，經電子計算機計算：$\theta = 115.6$ 度。

例 3.3-4

證明向量 $\vec{A} = (2,-3)$ 及 $\vec{B} = (-4,6)$ 互為平行

 解

因為 $\cos\theta = \dfrac{\vec{A} \cdot \vec{B}}{\left\|\vec{A}\right\|\left\|\vec{B}\right\|} = \dfrac{-8-18}{\sqrt{13} \times 2\sqrt{13}} = -1$ ，所以 $\theta = \pi$ 。

例 3.3-5

$\vec{A} \neq 0$，$\vec{B} = \alpha \vec{A}$ (α 為常數)，若且唯若 $\vec{A}$ 與 $\vec{B}$ 互為平行

證：

1. 當 $\vec{B} = \alpha \vec{A}$，證明 $\vec{A}$ 與 $\vec{B}$ 互為平行，亦即 $\theta = \pi$ 或 0。

$$\cos\theta = \frac{\vec{A} \cdot \vec{B}}{\|\vec{A}\|\|\vec{B}\|} = \frac{\vec{A} \cdot \alpha \vec{A}}{\|\vec{A}\|\|\alpha \vec{A}\|} = \frac{\alpha \vec{A} \cdot \vec{A}}{|\alpha| \|\vec{A}\|^2} = \pm 1$$，所以 A 與 B 之夾角為 π 或 0，$\vec{A}$ 與 $\vec{B}$

互為平行。

2. 當 $\vec{A}$ 與 $\vec{B}$ 互為平行，$\cos\theta = \frac{\vec{A} \cdot \vec{B}}{\|\vec{A}\|\|\vec{B}\|} = \pm 1$，$\vec{A} \cdot \vec{B} = \pm \|\vec{A}\|\|\vec{B}\|$，此時代入 $\vec{B} = \alpha \vec{A}$，

滿足上列之等式，所以得證。

例 3.3-6

證明 $\vec{A} = (3, -4)$ 與 $\vec{B} = (4, 3)$ 二向量互為正交。

 解

$\cos\theta = \frac{\vec{A} \cdot \vec{B}}{\|\vec{A}\|\|\vec{B}\|} = \frac{0}{5 \times 5} = 0$，$\vec{A}$ 與 $\vec{B}$ 之夾角為 $\frac{\pi}{2}$，$\vec{A}$ 與 $\vec{B}$ 互為正交。

例 3.3-7

$\vec{A} = (1, 4)$ 與 $\vec{B} = (3, \alpha)$，當二向量互為正交及互為平行時，求出 α 的數值。

 解

1. $\vec{A} \cdot \vec{B} = 3 + 4\alpha = 0$，所以 $\alpha = \frac{-3}{4}$。

2. $\cos\theta = \frac{\vec{A} \cdot \vec{B}}{\|\vec{A}\|\|\vec{B}\|} = \frac{3 + 4\alpha}{\sqrt{17} \times \sqrt{9 + \alpha^2}} = \pm 1$，所以 $\alpha = 12$。

2. 內積的應用

　　內積應用最廣的是在分解任一向量為兩分量，而此兩分量互為正交，公式為

$$\vec{C} = \frac{\vec{A} \cdot \vec{B}}{\left\| \vec{B} \right\|^2} \vec{B} \qquad\qquad (3.3\text{-}4)$$

　　稱 $\vec{C}$ 為 $\vec{A}$ 向量在 $\vec{B}$ 向量上之正交投影量(orthogonal projection of A on B)，以 $Proj.\vec{A}$ 表示。

例 3.3-8

$\vec{B}$ 為一非零之向量，對任意一向量 $\vec{A}$，如果另一向量 $\vec{C}$ 由 $\vec{A}$ 導出為

$\vec{C} = \vec{A} - \dfrac{\vec{A} \cdot \vec{B}}{\left\| \vec{B} \right\|^2} \vec{B}$，則 $\vec{C}$ 必與 $\vec{B}$ 互為正交。

證：

$\vec{C} \cdot \vec{B} = (\vec{A} - \dfrac{\vec{A} \cdot \vec{B}}{\left\| \vec{B} \right\|^2} \vec{B}) \cdot \vec{B} = \vec{A} \cdot \vec{B} - \dfrac{\vec{A} \cdot \vec{B}}{\left\| \vec{B} \right\|^2} \vec{B} \cdot \vec{B} = \vec{A} \cdot \vec{B} - \vec{A} \cdot \vec{B} = 0$，得證 $\vec{C}$ 必與 $\vec{B}$ 互為正交。

例 3.3-9

$\vec{A} = (2,3)$ 及 $\vec{B} = (1,1)$，求 $\vec{A}$ 在 $\vec{B}$ 上之正交投影。

 解

$\vec{C} = \dfrac{\vec{A} \cdot \vec{B}}{\left\| \vec{B} \right\|^2} \vec{B} = \dfrac{2+3}{2}(1,1) = (\dfrac{5}{2}, \dfrac{5}{2})$

例 3.3-10

$\vec{A} = (2,-3)$ 及 $\vec{B} = (1,1)$，求 $\vec{A}$ 在 $\vec{B}$ 上之其正交投影。

 解

$\vec{C} = \dfrac{\vec{A} \cdot \vec{B}}{\left\| \vec{B} \right\|^2} \vec{B} = \dfrac{2-3}{2}(1,1) = (\dfrac{-1}{2}, \dfrac{-1}{2})$

由圖 3.3-2 中很容易的可以看出 $|\vec{A}|\cos\theta$ 就是向量 $\vec{A}$ 在向量 $\vec{B}$ 上的投影量，也可以說是向量 $\vec{A}$ 中有多少成份是和向量 $\vec{B}$ 是相同地，這在往後的工程分析上有相當大的用處。

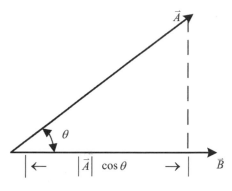

▲圖 3.3-2　向量的投影

例 3.3-11

柯西-舒瓦茲不等式：如果 $\vec{A}$ 與 $\vec{B}$ 為內積向量空間中之元素。則

$<\vec{A},\vec{B}>^2 \leq (\vec{A}\cdot\vec{A})(\vec{B}\cdot\vec{B})$ 或者 $|<\vec{A},\vec{B}>| \leq \|\vec{A}\|\|\vec{B}\|$，其中 $|<\vec{A},\vec{B}>|$ 為 $<\vec{A},\vec{B}>$ 的絕對值。

證：

由於 $\vec{A}$ 與 $\vec{B}$ 均非零向量，取 t 為任意純實數，因此 $0 \leq <t\vec{A}+\vec{B}, t\vec{A}+\vec{B}>$

$= t^2\|\vec{A}\|^2 + 2t<\vec{A},\vec{B}> + \|B\|^2$，此時假設 $\|\vec{A}\|^2 = a$，$2<\vec{A},\vec{B}> = b$ 及 $\|B\|^2 = c$，

$t^2\|\vec{A}\|^2 + 2t<\vec{A},\vec{B}> + \|B\|^2$ 可以化簡成 $at^2 + bt + c \geq 0$，此一方程式為 t 的二次方程式，解的圖形不外以下三種。

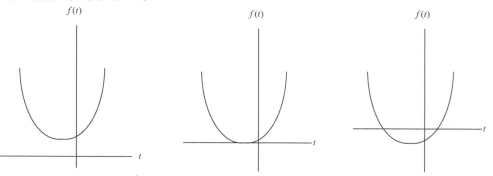

▲圖 3.3-3　柯西-舒瓦茲不等式之圖形

因為 $at^2 + bt + c \geq 0$，所以 t 不可能為兩不等式之實根，因此判別式 $b^2 - 4ac \leq 0$，

所以 $4\left|<\vec{A},\vec{B}>\right|^2 - 4\left\|\vec{A}\right\|^2 \left\|\vec{B}\right\|^2 \leq 0$，得到 $\left|<\vec{A},\vec{B}>\right|^2 \leq \left\|\vec{A}\right\|^2 \left\|\vec{B}\right\|^2$，亦即 $\left|<\vec{A},\vec{B}>\right| \leq \left\|\vec{A}\right\|\left\|\vec{B}\right\|$

註：柯西-舒瓦茲不等式於在 R^n 對應的公式為 $\vec{A} = (a_1, a_2, a_3, ..., a_n)$ 及 $\vec{B} = (b_1, b_2, b_3, ..., b_n)$，

此時

$$(a_1 b_1 + a_2 b_2 + a_3 b_3 + ... + a_n b_n)^2 \leq (a_1^2 + a_2^2 + ... + a_n^2)\ (b_1^2 + b_2^2 + ... + a_n^2) \qquad (3.3\text{-}5)$$

而由柯西-舒瓦茲不等式，也可以推導出讀者極為熟習的三角不等式

$$\left\|\vec{A} + \vec{B}\right\|^2 = <\vec{A},\vec{B}><\vec{A},\vec{B}> = <\vec{A},\vec{A}> + 2<\vec{A},\vec{B}> + <\vec{B},\vec{B}>$$

$$\leq <\vec{A},\vec{A}> + 2\left|<\vec{A},\vec{B}>\right| + <\vec{B},\vec{B}> = (\left\|\vec{A}\right\| + \left\|\vec{B}\right\|)^2$$

所以 $\left\|\vec{A} + \vec{B}\right\|^2 \leq (\left\|\vec{A}\right\| + \left\|\vec{B}\right\|)^2$。

習題 3-3

1. 求 $\vec{A}\cdot\vec{B}$

(1) $\vec{A}=(1,2),\vec{B}=(6,8)$。   (2) $\vec{A}=(-7,3),\vec{B}=(0,1)$。

(3) $\vec{A}=(1,2,-1,0),\vec{B}=(3,-7,4,-2)$。   (4) $\vec{A}=(1,-3,7),\vec{B}=(8,-2,-2)$。

(5) $\vec{A}=(3,1,2),\vec{B}=(4,2,-5)$。   (6) $\vec{A}=(2,3,5),\vec{B}=(3,0,4)$。

解 (1)22   (2)3   (3)−15   (4)0   (5)4   (6)26

2. 求 $\vec{A}$ 與 $\vec{B}$ 間之夾角。

(1) $\vec{A}=(7,3,5),\vec{B}=(-8,4,2)$

解 $\theta=\cos^{-1}\dfrac{-34}{\sqrt{83}\times\sqrt{84}}=114°$。

(2) $\vec{A}=(6,1,3),\vec{B}=(4,0,-6)$

解 $\theta=\cos^{-1}\dfrac{6}{\sqrt{46}\times\sqrt{52}}=83°$。

(3) $\vec{A}=(1,1,1),\vec{B}=(-1,0,0)$

解 $\theta=\cos^{-1}\dfrac{-1}{\sqrt{3}\times\sqrt{1}}=125°$。

3. 如果 $\vec{A}\cdot\vec{A}=0$ 必須具有那些條件。

解 $\|\vec{A}\|=0$

4. 求 $\vec{A}$ 在 $\vec{B}$ 上之投影

(1) $\vec{A}=(2,1),\vec{B}=(-3,2)$。

(2) $\vec{A}=(2,6),\vec{B}=(9,-3)$。

(3) $\vec{A}=(-7,1,3),\vec{B}=(5,0,1)$。

解 (1) $\dfrac{-4}{13}(-3,2)$ (2) $(0,0)$ (3) $\dfrac{-16}{13}(5,0,1)$

5. $\vec{A}=(1,2),\vec{B}=(4,-2),\vec{C}=(6,0)$，

(1) $\vec{A}\cdot(7\vec{B}+\vec{C})$。   (2) $\|(\vec{A}\cdot 7\vec{B})\|$。   (3) $\|\vec{A}\|(\vec{B}\cdot\vec{C})$。   (4) $(\|\vec{A}\|\vec{B})\cdot\vec{C}$。

解 (1)6   (2)0   (3) $24\sqrt{5}$ (4) $24\sqrt{5}$

3.4 向量外積(cross product)

在向量的自乘中使用 "×" 運算符號的稱為 "外積" 或稱 "叉積",以直角座標為例,如果 $\vec{A} = (a_1, a_2, a_3),\ \vec{B} = (b_1, b_2, b_3)$,則

$$\vec{A} \times \vec{B} = a_1 b_1 (\vec{i} \times \vec{i}) + a_1 b_2 (\vec{i} \times \vec{j}) + a_1 b_3 (\vec{i} \times \vec{k}) + a_2 b_1 (\vec{j} \times \vec{i}) + a_2 b_2 (\vec{j} \times \vec{j}) + a_2 b_3 (\vec{j} \times \vec{k})$$
$$+ a_3 b_1 (\vec{k} \times \vec{i}) + a_3 b_2 (\vec{k} \times \vec{j}) + a_3 b_3 (\vec{k} \times \vec{k})$$

(3.4-1)

其中:$\vec{i} \times \vec{i} = \vec{j} \times \vec{j} = \vec{k} \times \vec{k} = 0$,$\vec{i} \times \vec{j} = \vec{k}$,$\vec{j} \times \vec{k} = \vec{i}$,$\vec{k} \times \vec{i} = \vec{j}$。

由於答案非常的繁雜,因此利用行列式的形式加以簡單的表示為

$$\vec{A} \times \vec{B} = \begin{vmatrix} \vec{i} & \vec{j} & \vec{k} \\ a_1 & a_2 & a_3 \\ b_1 & b_2 & b_3 \end{vmatrix}$$

(3.4-2)

由(3.4-2)式中很容易的看出來,外積除了仍是一個向量之外(所以又稱為向量積),而 $\vec{A} \times \vec{B}$ 和 $\vec{B} \times \vec{A}$ 之間會差一個負號,亦即 $\vec{A} \times \vec{B} = -\vec{B} \times \vec{A}$。

1. 外積的幾何意義

在幾何意義上,$\vec{A} \times \vec{B}$ 所得的一個新的向量,此一新的向量會同時垂直於向量 $\vec{A}$ 和向量 $\vec{B}$ 所構成的平面。

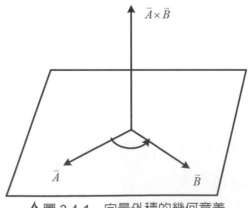

△圖 3.4-1　向量外積的幾何意義

例 3.4-1

$\vec{A} = (2,8)$，$\vec{B} = (\alpha,10)$，在兩向量平行時求出 α 之數值

解

$$\vec{A} \times \vec{B} = \begin{vmatrix} \vec{i} & \vec{j} & \vec{k} \\ 2 & 8 & 0 \\ \alpha & 10 & 0 \end{vmatrix} = 0，得到 20\vec{k} - 8\alpha\vec{k} = 0，所以 \alpha = \frac{5}{2}。$$

2. 外積的代數意義

　　利用三角函數的關係表示外積的大小為

$$\left\| \vec{A} \times \vec{B} \right\| = \left\| \vec{A} \right\| \left\| \vec{B} \right\| \sin\theta \tag{3.4-3}$$

　　在求出 $\vec{A}$ 與 $\vec{B}$ 形成之平行四邊形面積之後，會導引 "旋度"，並且做磁場大小的計算之用(使用右手螺旋方式決定此一方向)。

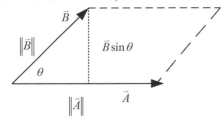

△圖 3.4-2　$\left\| \vec{A} \times \vec{B} \right\| = \left\| \vec{A} \right\| \left\| \vec{B} \right\| \sin\theta$ 的代數意義

例 3.4-2

$P_1 = (2,2,0)$，$P_2 = (-1,0,2)$ 及 $P_3 = (0,4,3)$，求以此三點為頂點之三角形面積。

解

三角形面積為以 $\overrightarrow{P_1P_2}$ 及 $\overrightarrow{P_2P_3}$ 兩向量為邊長所形成的平行四邊形之一半。

$\overrightarrow{P_1P_2} = (-3,-2,2)$，$\overrightarrow{P_1P_3} = (-2,2,3)$，$\overrightarrow{P_1P_2} \times \overrightarrow{P_1P_3} = \begin{vmatrix} \vec{i} & \vec{j} & \vec{k} \\ -3 & -2 & 2 \\ -2 & 2 & 3 \end{vmatrix} = (-10,5,-10)$ 平行四邊

形面積為 $\left\| \overrightarrow{P_1P_2} \times \overrightarrow{P_1P_3} \right\| = 15$，所以三角形面積為 $\frac{1}{2}\left\| \overrightarrow{P_1P_2} \times \overrightarrow{P_1P_3} \right\| = \frac{15}{2}$。

例 3.4-3

利用 $\left\| \vec{A} \times \vec{B} \right\|^2 = \left\| \vec{A} \right\|^2 \left\| \vec{B} \right\|^2 - (\vec{A} \cdot \vec{B})^2$，求證 $\left\| \vec{A} \times \vec{B} \right\| = \left\| \vec{A} \right\| \left\| \vec{B} \right\| \sin\theta$，其中 θ 為 $\vec{A}$ 與 $\vec{B}$ 的夾角。

解

$\left\| \vec{A} \times \vec{B} \right\|^2 = \left\| \vec{A} \right\|^2 \left\| \vec{B} \right\|^2 - (\vec{A} \cdot \vec{B})^2 = \left\| \vec{A} \right\|^2 \left\| \vec{B} \right\|^2 - \left(\left\| \vec{A} \right\| \left\| \vec{B} \right\| \cos\theta \right)^2$

$= \left\| \vec{A} \right\|^2 \left\| \vec{B} \right\|^2 (1 - \cos^2\theta) = \left\| \vec{A} \right\|^2 \left\| \vec{B} \right\|^2 (\sin^2\theta)$，得證 $\left\| \vec{A} \times \vec{B} \right\| = \left\| \vec{A} \right\| \left\| \vec{B} \right\| \sin\theta$。

3. 向量的三重積(scalar triple product)

　　將內積及外積加以整合的數學式，稱為向量的三重積，主要的作用是求出三個向量所形成的六面體之體積。

$$\vec{A} \cdot (\vec{B} \times \vec{C}) \qquad\qquad (3.4\text{-}4)$$

上式的大小為

$$\left\| \vec{A} \cdot (\vec{B} \times \vec{C}) \right\| = \left\| \vec{A} \right\| \left\| (\vec{B} \times \vec{C}) \right\|^2 \cos\theta \tag{3.4-5}$$

其中 θ 表示 $\vec{A}$ 和 $\vec{B} \times \vec{C}$ 兩向量的夾角。

由圖 3.4-3 可看出，(3.4-5)式表示由 $\vec{A}$、和 $\vec{B}$、$\vec{C}$ 三個向量所展開的平行六面體體積。

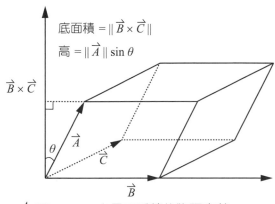

底面積 $= \|\vec{B} \times \vec{C}\|$
高 $= \|\vec{A}\| \sin\theta$

△圖 3.4-3　向量三重積的物理意義

例 3.4-4

$\vec{A} = (2,2,3)$，$\vec{B} = (4,8,6)$ 及 $\vec{C} = (3,2,4)$，求 $\vec{A}$，$\vec{B}$ 及 $\vec{C}$ 三個向量圍成的體積

 解

$\vec{A} = (2,2,3)$，$\vec{B} = (4,8,6)$ 及 $\vec{C} = (3,2,4)$，

$$\vec{A} \cdot (\vec{B} \times \vec{C}) = (2,2,3) \cdot \begin{vmatrix} \vec{i} & \vec{j} & \vec{k} \\ 4 & 8 & 6 \\ 3 & 2 & 4 \end{vmatrix} = (2,2,3) \cdot (20,2,-16) = -4$$

體積為 $\left\| \vec{A} \cdot (\vec{B} \times \vec{C}) \right\| = |-4| = 4$。

習題 3-4

1. 求 $\vec{A} \times \vec{B}$ 之值

(1) $\vec{A} = (1, -2, 0)$ ， $\vec{B} = (0, 0, 3)$ 。

(2) $\vec{A} = (1, -3, 7)$ ， $\vec{B} = (8, -2, -2)$ 。

(3) $\vec{A} = (3, 1, 2)$ ， $\vec{B} = (4, 2, -5)$ 。

解 (1) $\vec{A} \times \vec{B} = (-6, -3, 0)$ (2) $\vec{A} \times \vec{B} = (20, 58, 22)$ (3) $\vec{A} \times \vec{B} = (-9, 23, 2)$

2. 求一單位向量，同時與 $\vec{A} = (2, -3, 0)$ 和 $\vec{B} = (4, 3, 0)$ 正交。

解 $\dfrac{\vec{A} \times \vec{B}}{\left\| (\vec{A} \times \vec{B}) \right\|} = \dfrac{(0, 0, 18)}{18} = (0, 0, 1)$

3. 以向量叉積的方法求 $\vec{A} = (2, 1, -1)$ 與 $\vec{B} = (-3, 2, 4)$ 的夾角 θ 。

解 $\vec{A} \times \vec{B} = (6, -5, 7)$ ， $\sin\theta = \dfrac{\sqrt{36 + 25 + 49}}{\sqrt{4 + 1 + 1} \times \sqrt{9 + 4 + 16}} = \dfrac{\sqrt{110}}{\sqrt{6} \times \sqrt{29}} = \dfrac{\sqrt{110}}{\sqrt{174}}$ ，

$\theta = \sin^{-1} \dfrac{\sqrt{110}}{\sqrt{174}} = 52.7°$ 。

4. 利用三角形 PQR 之面積為 $\dfrac{1}{2} \left\| \overrightarrow{PQ} \times \overrightarrow{QR} \right\|$ 的公式，求出下列三點所成三角形的面積。

(1)(2,1, -1), (1,7,2), (3,-2,3)

解 $\overrightarrow{PQ} \times \overrightarrow{QR} = (33, 7, -3)$ ，面積 $= \dfrac{1}{2} \sqrt{1147}$ 。

(2)(3,1,7), (2, -3,4), (7, -2,4)

解 $\overrightarrow{PQ} \times \overrightarrow{QR} = (-3, -15, -19)$ ，面積 $= \dfrac{1}{2} \sqrt{595}$ 。

3.5 直線方程式

在三度空間中直線 L 上之兩點 $P(x_1, y_1, z_1)$，$Q(x_2, y_2, z_2)$，以向量方式表示的直線方程式為

$$\overrightarrow{PQ} = ((x_2 - x_1), (y_2 - y_1), (z_2 - z_1)) \tag{3.5-1}$$

(3.5-1)式稱為直線之向量方程式(vector equation of the line L)，寫成分項式則為

$$\begin{aligned}
x &= x_1 + t(x_2 - x_1) \\
y &= y_1 + t(y_2 - y_1) \\
z &= z_1 + t(z_2 - z_1)
\end{aligned} \tag{3.5-2}$$

方程組(3.5-2)稱為直線之參數方程式(the parametric equation of a line)，由此一方程組解出 t，再經由 $a = (x_2 - x_1)$，$b = (y_2 - y_1)$，$c = (z_2 - z_1)$，可以得到三度空間的直線對稱型方程式

$$\frac{x - x_1}{a} = \frac{y - y_1}{b} = \frac{z - z_1}{c} \tag{3.5-3}$$

其中：$a \neq 0, b \neq 0, c \neq 0$

例 3.5-1

求通過 $P(2, -1, 6)$ 及 $Q(3, 1, -2)$ 兩點的直線之向量方程式，參數方程式及對稱式。

首先求出 $\overrightarrow{PQ} = ((3 - 2), (1 - (-1)), (-2 - 6)) = (1, 2, -8)$。接著得到

$\overrightarrow{OR} = \overrightarrow{OP} + t\overrightarrow{PQ} = 2\vec{i} - \vec{j} + 6\vec{k} + t(\vec{i} + 2\vec{j} - 8\vec{k}) \Rightarrow (2 + t, -1 + 2t, 6 - 8t)$，化簡成為

$\dfrac{x - 2}{1} = \dfrac{y + 1}{2} = \dfrac{z - 6}{-8}$。

例 3.5-2

一直線之對稱式，直線通過點 $P(1,-2,4)$，並且平行於向量 $\vec{A} = \vec{i} + \vec{j} - \vec{k}$

解

由於平行 $\vec{A} = \vec{i} + \vec{j} - \vec{k}$，所以 $a = 1$，$b = 1$ 及 $c = -1$，可以求出對稱式為

$$\frac{x-1}{1} = \frac{y+2}{1} = \frac{z-4}{-1}$$

例 3.5-3

求包含 $P(3,4,-1)$ 及 $Q(-2,4,6)$ 兩點的直線的參數式。

解

$\overrightarrow{PQ} = -5\vec{i} + 0\vec{j} + 7\vec{k}$，所以 $a = -5$，$b = 0$ 及 $c = 7$，所以直線之參數展開式為

$x = 3 - 5t$，$y = 4$ 及 $z = -1 + 7t$。

例 3.5-4

求通過 $P(x_1, y_1, 0)$，$Q(x_2, y_2, 0)$ 兩點的直線的參數方程式。

解

因為 $\overrightarrow{PQ} = ((x_2 - x_1), (y_2 - y_1), 0)$，$a = (x_2 - x_1), b = (y_2 - y_1), c = 0$，所以參數展開式為

$x = x_1 + (x_2 - x_1)t$，$y = y_1 + (y_2 - y_1)t$ 及 $z = 0$

3.6 平面方程式

三度空間中之直線是根據向量與直線平行所推導出直線方程式。而在推導三度空間中平面的方程式，是經由該平面上之一點及另一與該平面上任何向量均正交之向量(法線)所得到的。

$P(x_0, y_0, z_0)$ 為平面上之一點，並且該平面之法線向量 $\vec{n} = (a, b, c)$，如果 Q 為平面上任意點，則

$$\overrightarrow{PQ} = ((x - x_0), (y - y_0), (z - z_0)) \tag{3.6-1}$$

因為 $\overrightarrow{PQ} \perp \vec{n} \Rightarrow \overrightarrow{PQ} \cdot \vec{n} = 0$，可以化簡成為

$$a(x - x_0) + b(y - y_0) + c(z - z_0) = 0 \tag{3.6-2}$$

例 3.6-1

求過點 $P(2, 5, 1)$，並且 $\vec{n} = (1, -2, 3)$ 之平面方程式。

由(3.6-2)式中得知：$1(x - 2) - 2(y - 5) + 3(z - 1) = 0$，化簡成為 $x - 2y + 3z + 5 = 0$。

例 3.6-2

求通過 $P(1, 2, 1)$，$Q(-2, 3, -1)$ 及 $R(1, 0, 4)$ 三點之平面方程式。

因為 $\overrightarrow{PQ} = (-3, 1, -2)$，$\overrightarrow{QR} = (3, -3, 5)$，而且 $\vec{n} = \overrightarrow{PQ} \times \overrightarrow{QR} = \begin{vmatrix} \vec{i} & \vec{j} & \vec{k} \\ -3 & 1 & -2 \\ 3 & -3 & 5 \end{vmatrix} = (-1, 9, 6)$。

得到 $\vec{n} = (-1, 9, 6)$，因此平面為：$-(x - 1) + 9(y - 2) + 6(z - 1) = 0$，

化簡成為：$x - 9y - 6z + 23 = 0$

例 3.6-3

求通過 $P(3,-1,7)$ 及法線向量 $\vec{n}=(4,2,-5)$ 的平面方程式。

 解

由點和法線方程式，得到 $4(x-3)+2(y+1)-5(z-7)=0$，得到 $4x+2y-5z+25=0$。

習題 3-6

1. 求下列直線的向量方程式，參數式及對稱式

   (1)包含(2,1,3)和(1,2,−1)

   解 參數式：$x=2+t$，$y=1-t$，$z=3+4t$。對稱式：$\dfrac{x-2}{-1}=\dfrac{y-1}{1}=\dfrac{z-3}{-4}$。

   (2)包含(1,−1,1)和(−1,1,−1)

   解 參數式：$x=1+2t$，$y=-1-2t$，$z=1+2t$。對稱式：$\dfrac{x-1}{-2}=\dfrac{y+1}{2}=\dfrac{z-1}{-2}$。

   (3)包含(−4,1,3)和(−4,0,1)

   解 參數式：$x=-4$，$y=1+t$，$z=3+2t$。對稱式：$x=-4$，$\dfrac{y-1}{-1}=\dfrac{z-3}{-2}$。

2. 如果 $L_1:\dfrac{x-x_1}{a_1}=\dfrac{y-y_1}{b_1}=\dfrac{z-z_1}{c_1}$，$L_2:\dfrac{x-x_1}{a_2}=\dfrac{y-y_1}{b_2}=\dfrac{z-z_1}{c_2}$。

   請證明在 $a_1a_2+b_1b_2+c_1c_2=0$ 時，L_1 與 L_2 互相正交。

   解 $L_1=(a_1,b_1,c_1)$，$L_2=(a_2,b_2,c_2)$，$L_1\cdot L_2=a_1a_2+b_1b_2+c_1c_2=0$，得證。

3. 證明 $L_1:\dfrac{x-3}{2}=\dfrac{y+2}{4}=\dfrac{z-2}{-1}$ 與 $L_2:\dfrac{x-3}{5}=\dfrac{y+1}{-2}=\dfrac{z-3}{2}$ 互相正交。

   解 $L_1=(2,4,-1)$，$L_2=(5,-2,2)$，$L_1\cdot L_2=10-8-2=0$，得證。

4. 證明 $L_1:\dfrac{x-1}{1}=\dfrac{y+3}{2}=\dfrac{z+2}{3}$ 及 $L_2:\dfrac{x-3}{3}=\dfrac{y-1}{6}=\dfrac{z-8}{9}$ 互相平行。

   解 $L_1=(1,2,3)$，$L_2=(3,6,9)$，$L_2=3L_1$，得證。

5. 求出 $L_1 : \dfrac{x+2}{-3} = \dfrac{y-1}{-4} = \dfrac{z}{-5}$ 及 $L_2 : \dfrac{x-3}{7} = \dfrac{y+2}{-2} = \dfrac{z-8}{-3}$ 正交，並且通過$(1,3,-2)$之直線。

解 $n = (-3,-4,-5) \times (7,-2,-3) = (2,-44,34)$，$L : \dfrac{x-1}{2} = \dfrac{y-3}{-44} = \dfrac{z+2}{34}$。

6. 求通過一定點 P 並且已知法線向量 $\vec{n}$ 之平面方程式。

(1) $P(0,0,0)$，$\vec{n} = (1,0,0)$。　　(2) $P(1,2,3)$，$\vec{n} = (1,1,0)$。

(3) $P(2,6,1)$，$\vec{n} = (1,4,2)$。

解 (1) $x = 0$　(2) $(x-1)+(y-2) = 0$　(3) $(x-2)+4(y-6)+2(z-1) = 0$

7. 求通過已知三點之平面方程式。

(1) $P(-2,1,1)$，$Q(0,2,3)$，$R(1,0,-1)$

解 $\overrightarrow{PQ} = (2,1,2)$，$\overrightarrow{QR} = (1,-2,-4)$，$\vec{n} = \overrightarrow{PQ} \times \overrightarrow{QR} = \begin{vmatrix} \vec{i} & \vec{j} & \vec{k} \\ 2 & 1 & 2 \\ 1 & -2 & -4 \end{vmatrix} = (0,10,-5)$。

得到 $\vec{n} = (0,10,-5)$，因此平面為：$10(y-1)-5(z-1) = 0$，化簡成為：

$10y - 5z - 5 = 0$。

(2) $P(3,2,1)$，$Q(2,1,-1)$，$R(-1,3,2)$

解 $\overrightarrow{PQ} = (-1,-1,-2)$，$\overrightarrow{QR} = (-3,2,3)$，$\vec{n} = \overrightarrow{PQ} \times \overrightarrow{QR} = \begin{vmatrix} \vec{i} & \vec{j} & \vec{k} \\ -1 & -1 & -2 \\ -3 & 2 & 3 \end{vmatrix} = (1,9,-5)$。

得到 $\vec{n} = (1,9,-5)$，因此平面為：$(x-3)+9(y-2)-5(z-1) = 0$，

化簡成為：$x + 9y - 5z - 16 = 0$。

8. 請說明下列 $E_1 : x+y+z = 2$，$E_2 : 2x+2y+2z = 4$ 之平面是為平行，垂直或重疊。

解 $\overrightarrow{n_1} = (1,1,1)$，$\overrightarrow{n_2} = (2,2,2)$，$\overrightarrow{n_2} = 2\overrightarrow{n_1}$，兩平面重疊。

3.7 向量場中常用的演算子(operator)

在本節中,我們引進一個新的演算子,以方便在後面章節中的應用。這個演算子稱為"漢彌頓(Hamilton)演算子",又稱為向量演算子,使用"∇"符號表示,唸法為"Del"。我們以直角座標為例,∇的數學式定義為

$$\nabla \equiv \frac{\partial}{\partial x}\vec{i} + \frac{\partial}{\partial y}\vec{j} + \frac{\partial}{\partial z}\vec{k} \tag{3.7-1}$$

由(3.7-1)式中,可以看出∇本身具有向量及演算子的雙重性格,但是在一般的工程應用上,我們都是利用它為演算子的特性。如果我們將∇當作一個向量,那麼利用向量間的內積,可以得到∇·∇結果為

$$\nabla \cdot \nabla = (\frac{\partial}{\partial x}\vec{i} + \frac{\partial}{\partial y}\vec{j} + \frac{\partial}{\partial z}\vec{k}) \cdot (\frac{\partial}{\partial x}\vec{i} + \frac{\partial}{\partial y}\vec{j} + \frac{\partial}{\partial z}\vec{k})$$

$$= \frac{\partial^2}{\partial x^2} + \frac{\partial^2}{\partial y^2} + \frac{\partial^2}{\partial z^2} = \nabla^2 \tag{3.7-2}$$

此時 ∇^2 稱為"拉普拉斯演算子"唸做"Laplacian:拉普拉辛",一般均使用在電磁學中解電位的偏微分方程式內。

例 3.7-1

向量 $\vec{F} = (x + y^2)\vec{i} + (y + z^2)\vec{j} + (z + x^2)\vec{k}$,求 $\nabla^2\vec{F}$ 。

代入(3.7-2)式的公式,得到

$$\nabla^2\vec{F} = \frac{\partial^2\vec{F}}{\partial x^2} + \frac{\partial^2\vec{F}}{\partial y^2} + \frac{\partial^2\vec{F}}{\partial z^2}$$

$$= (0\vec{i} + 0\vec{j} + 2\vec{k}) + (2\vec{i} + 0\vec{j} + 0\vec{k}) + (0\vec{i} + 2\vec{j} + 0\vec{k}) = 2\vec{i} + 2\vec{j} + 2\vec{k}$$

3.8 向量在工程上的應用

1. 梯度(gradient)

梯度這個字的來源,各位可以想像一下台灣地區的梯田形狀,每一層的交接處都是垂直的,由"垂直"這個名詞,就可以大略了解梯度的幾何意義了。

梯度的數學式子是用向量演算子"∇"和某一純量函數"ϕ"相結合而成的,寫成"$\nabla\phi$",使用下列式子加以表示

$$grad\ \phi = \nabla\phi \qquad\qquad (3.8\text{-}1)$$

幾何意義是在某一純量函數ϕ上取一個垂直它的向量,此一向量即稱為$\nabla\phi$。以直角座標而言,梯度可以寫成

$$grad\ \phi = \nabla\phi = (\frac{\partial}{\partial x}\vec{i} + \frac{\partial}{\partial y}\vec{j} + \frac{\partial}{\partial z}\vec{k})\phi$$
$$= \frac{\partial\phi}{\partial x}\vec{i} + \frac{\partial\phi}{\partial y}\vec{j} + \frac{\partial\phi}{\partial z}\vec{k} \qquad (3.8\text{-}2)$$

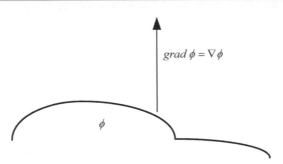

$grad\ \phi = \nabla\phi$

ϕ

△圖 3.8-1 梯度的幾何意義

在電磁學上這是電場一種求法之一,我們可以利用電位而求得電場的大小。因為電位是一純量函數,而電場本身是一向量,並且由物理意義得知電場是和電位是垂直的,剛好可以用到梯度的方法,如圖 3.8-2 所示。

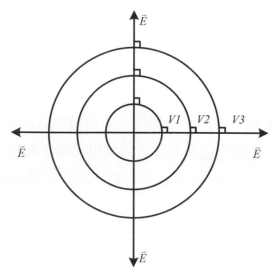

△圖 3.8-2　電場和電位的關係圖

2. 方向導數

　　所謂的是指函數 ϕ 在 $d\vec{r}$ 方向上的導數，亦即 ϕ 在 $d\vec{r}$ 方向上的變化率，數學式為

$$\frac{d\phi}{ds} = \nabla\phi \cdot \frac{d\vec{r}}{ds} \tag{3.8-3}$$

例 3.8-1

$\phi(x, y, z) = xy + yz + zx - 4$，求有一向量沿著 $(1, 2, 3)$ 到 $(0, 0, 0)$ 的方向導數及強度

 解

$\vec{A} = (0 - 1, 0 - 2, 0 - 3) = (-1, -2, -3)$，單位向量為

$\vec{A} = \dfrac{(-1, -2, -3)}{\sqrt{(-1)^2 + (-2)^2 + (-3)^2}} = \dfrac{(-1, -2, -3)}{\sqrt{14}}$。

$\nabla\phi = \dfrac{\partial\phi}{\partial x}\vec{i} + \dfrac{\partial\phi}{\partial y}\vec{j} + \dfrac{\partial\phi}{\partial z}\vec{k} = (y + z)\vec{i} + (z + x)\vec{j} + (x + y)\vec{k}$，代入已知之數值，

$\nabla\phi(1, 2, 3) = 5\vec{i} + 4\vec{j} + 3\vec{k} = (5, 4, 3)$。

所以方向導數為 $\dfrac{d\phi}{ds} = \nabla\phi \cdot \dfrac{\vec{A}}{\|\vec{A}\|} = (5, 4, 3) \cdot \dfrac{(-1, -2, -3)}{\sqrt{14}} = \dfrac{(-5 - 8 - 9)}{\sqrt{14}} = \dfrac{-22}{\sqrt{14}}$。

3. 散度(divergence)

　　如果將向量演算子和內積演算子結合，可以得到一個新的演算子"∇‧"，這個演算子就稱爲散度，它的數學做法是和一個向量相結合，形成一新的結果，但是做法仍是遵守內積的運算方法。以直角座標爲例

$$\nabla \cdot \vec{F} = div\ \vec{F} = (\frac{\partial}{\partial x}\vec{i} + \frac{\partial}{\partial y}\vec{j} + \frac{\partial}{\partial z}\vec{k}) \cdot (\vec{F}_x\vec{i} + \vec{F}_y\vec{j} + \vec{F}_z\vec{k}) = \frac{\partial \vec{F}_x}{\partial x} + \frac{\partial \vec{F}_y}{\partial y} + \frac{\partial \vec{F}_z}{\partial z} \quad (3.8\text{-}4)$$

　　從圖 3.8-3 中可知道，散度的幾何意義是流經一微小區域內，向四面八方發散的情形。如果流入的向量只有向 y 方向流出，而沒有從其它面流出，則稱散度爲 0。

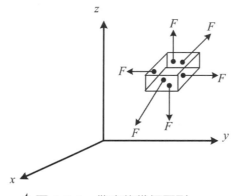

△圖 3.8-3　散度的幾何圖形

　　同樣的在電磁學上，其中一種求電場的方法稱爲高斯(Guass)定律，它可以利用散度的方法，由電荷的大小求得電場的大小，或者在電路上的克希荷夫電流定律中對任一節點的電流散度($div\ \vec{J}$)爲 0。

4. 散度定理

　　數學散度定理爲向量 $\vec{A}$ 滿足

$$\oint \vec{A} \cdot d\vec{S} = \oint (\nabla \cdot \vec{A})\,dv \qquad\qquad (3.8\text{-}5)$$

　　主要的目的是將面積分轉化成體積分的數學方式，可以將具有方向性考慮的面積分轉化成純量形式體積分加以分析，相當實用。

例 3.8-2

如圖 3.8-4，電場大小為 $\vec{E} = x\vec{a}_x + y\vec{a}_y$，利用散度定理，求通過直角座標下，

各邊邊長均為 1 的正立方體六個表面的電力線大小。

解

由散度公式，$\nabla \cdot \vec{E} = 1 + 1 = 2$，所以

$$\int_0^1 \int_0^1 \int_0^1 (\nabla \cdot \vec{E}) = \int_0^1 \int_0^1 \int_0^1 2\,dxdydz = 2 \cdot 1 \cdot 1 \cdot 1 = 2$$

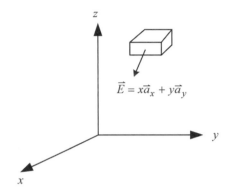

$\vec{E} = x\vec{a}_x + y\vec{a}_y$

△圖 3.8-4　通過正立方體六個表面的電力線大小

5. 旋度(curl)

　　如果將向量演算子和外積演算子結合，也一樣可以得到一個新的演算子"$\nabla \times$"，稱為旋度。同樣的它的做法也是和外積相同，以直角座標為例

$$\nabla \times \vec{F} = curl\ \vec{F} = (\frac{\partial}{\partial x}\vec{i} + \frac{\partial}{\partial y}\vec{j} + \frac{\partial}{\partial z}\vec{k}) \times (\vec{F}_x\vec{i} + \vec{F}_y\vec{j} + \vec{F}_z\vec{k})\ (3.8\text{-}6)$$

同時也可以利用更簡單的行列式形態表示為

$$\nabla \times \vec{F} = \begin{vmatrix} \vec{i} & \vec{j} & \vec{k} \\ \frac{\partial}{\partial x} & \frac{\partial}{\partial y} & \frac{\partial}{\partial z} \\ \vec{F}_x & \vec{F}_y & \vec{F}_z \end{vmatrix} \quad\quad\quad (3.8\text{-}7)$$

　　旋度的幾何意義是以向量為主，繞著某一點為中心所形成的封閉積分。

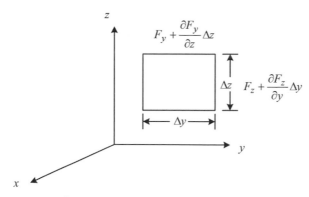

△圖 3.8-5　旋度的幾何意義

　　在電磁學中為求得電流附近所產生的磁場大小,就是利用旋度的數學觀念結合安培定律,而求出磁場強度的大小。

6. 旋度(史托克)定理

　　數學旋度定理為向量 $\vec{A}$ 滿足

$$\oint \vec{A} \cdot d\vec{l} = \oint (\nabla \times \vec{A}) \cdot d\vec{S} \tag{3.8-8}$$

　　主要的目的是將線積分轉化成面積分的數學方式,可以將具有旋轉性考慮的線長度積分轉化成面積分加以分析,例如在電磁學中的安培磁場定律,實際上為一螺線的形式,但是從後方觀看則為一圓形之面積形式。

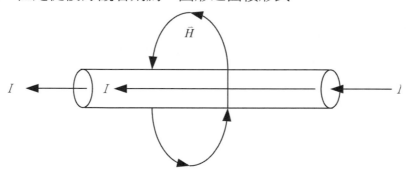

△圖 3.8-6　安培右手定律

例 3.8-3

利用安培定律證明馬克斯威爾方程式

安培定律的方程式為 $\oint \vec{H} \cdot d\vec{l} = I = \int \vec{J} \cdot d\vec{S}$，其中 $\vec{H}$ 為磁場強度，$\vec{J}$ 為電流密度。方程式可以改寫成 $\oint \vec{H} \cdot d\vec{l} = \oint (\nabla \times \vec{H}) \cdot d\vec{S} = \int \vec{J} \cdot d\vec{S}$，比較兩邊可以得到 $\nabla \times \vec{H} = \vec{J}$。

7. 向量函數的微分及應用

對於一向量函數 $\vec{v}(t) = \vec{v}_1(t)\vec{i} + \vec{v}_2(t)\vec{j} + \vec{v}_3(t)\vec{k}$，其中 $\vec{v}(t)$，$\vec{v}_1(t)$，$\vec{v}_2(t)$ 及 $\vec{v}_3(t)$ 均為連續之函數，則微分的計算方式與實數系統是相同的，亦即

$$d\vec{v}(t) = d\vec{v}_1(t)\vec{i} + d\vec{v}_2(t)\vec{j} + d\vec{v}_3(t)\vec{k} \tag{3.8-9}$$

主要的應用為分析及計算運動學中位置、速度及加速度之間的關係。

例 3.8-4

位置函數為 $\vec{S} = t^3\vec{i} + (6t^2 + 2t)\vec{j} + 6\vec{k}$，計算速度函數及計算在 $t=2$ 時的數值。

代入微分公式，$\dfrac{d\vec{S}}{dt} = \dfrac{d}{dt}(t^3)\vec{i} + \dfrac{d}{dt}(6t^2 + 2t)\vec{j} + \dfrac{d}{dt}(6)\vec{k} = \vec{v}(t) = 3t^2\vec{i} + (12t + 2)\vec{j} + 0\vec{k}$，$t=2$ 時，$\vec{v}(2) = 3 \times 2^2\vec{i} + (12 \times 2 + 2)\vec{j} + 0\vec{k}$，因此 $\vec{v}(2) = 12\vec{i} + 26\vec{j} + 0\vec{k}$，大小為 $|\vec{v}(2)| = \sqrt{12^2 + 26^2 + 0^2} = \sqrt{820} = 2\sqrt{205}$

例 3.8-5

位置函數為 $\vec{S} = 5\sin 3t\vec{i} + 6\cos t\vec{j} + t^2\vec{k}$，計算速度及加速度函數，並且計算大小之數值。

解

速度 $= \dfrac{d\vec{S}}{dt} = \vec{v} = 15\cos 3t\vec{i} - 6\sin t\vec{j} + 2t\vec{k}$，

加速度 $= \dfrac{d\vec{v}}{dt} = \vec{a} = -45\sin 3t\vec{i} - 6\cos t\vec{j} + 2\vec{k}$。

大小為 $|\vec{v}| = \sqrt{(15\cos 3t)^2 + (-6\sin t)^2 + 4t^2}$，$|\vec{a}| = \sqrt{(-45\sin 3t)^2 + (-6\cos t)^2 + 4}$。

例 3.8-6

速度函數為 $\vec{v} = t^3\vec{i} + (6t^2 + 2t)\vec{j} + 6\vec{k}$，計算位置函數，初始值為 $\vec{S}(0) = \vec{i} + \vec{j} + \vec{k}$。

解

位置函數為速度函數的積分，因此

$\vec{S} = \int \vec{v}(t)dt = \int (t^3\vec{i} + (6t^2 + 2t)\vec{j} + 6\vec{k})dt$

$\quad = (\dfrac{1}{4}t^4 + C_1)\vec{i} + (2t^3 + t^2 + C_2)\vec{j} + (6t + C_3)\vec{k}$，

代入 $\vec{S}(0) = C_1\vec{i} + C_2\vec{j} + C_3\vec{k} = \vec{i} + \vec{j} + \vec{k}$，

所以

$C_1 = C_2 = C_3 = 1$，位置函數 $\vec{S}(t) = (\dfrac{1}{4}t^4 + 1)\vec{i} + (2t^3 + t^2 + 1)\vec{j} + (6t + 1)\vec{k}$。

8. 赫姆霍茲定理(Helmholtz theorem)

所謂的赫姆霍茲定理是說：空間內的任一向量場 $\vec{F}$ 可以用它的散度 $\vec{F_1}$、旋度 $\vec{F_2}$ 及邊界條件等三項加以表示，而且是唯一(unique)的

$$\vec{F} = \vec{F_1} + \vec{F_2} = -\nabla\phi + \nabla\times\vec{A} \tag{3.8-10}$$

經由赫姆霍茲定理，可以推導出任何一向量場散度的旋度的組合及任一向量場旋度的梯度的組合均為 0，此一定理稱為兩項零等式。使用數學式子表示則為

$$\nabla\times(\nabla\cdot\vec{F}) = 0 \;,\;\; \nabla(\nabla\times\vec{F}) = 0 \tag{3.8.-11}$$

習題 3-8

1. 求 R 及 $\dfrac{1}{R}$ 的梯度（$\vec{R} = x\vec{a}_x + y\vec{a}_y + z\vec{a}_z$，$R = \sqrt{x^2+y^2+z^2}$）：（$\nabla R$，$\nabla\dfrac{1}{R}$）

   解 $\nabla R = \dfrac{x\vec{i} + y\vec{j} + z\vec{k}}{\sqrt{x^2+y^2+z^2}}$ 。

   $\nabla\dfrac{1}{R} = \dfrac{-x\vec{i} - y\vec{j} - z\vec{k}}{\sqrt[3]{(x^2+y^2+z^2)}}$ 。

2. 一向量場的分佈為：$\vec{A} = \sin x\cos y\,\vec{i} + \cos x\sin y\,\vec{j} + z\vec{k}$，求（$div\,\vec{A}$），（$curl\,\vec{A}$）。

   解 $div\,\vec{A} = 2\cos x\cos y + 1$ 。

   $$curl\,\vec{A} = \begin{vmatrix} \vec{i} & \vec{j} & \vec{k} \\[4pt] \dfrac{\partial}{\partial x} & \dfrac{\partial}{\partial y} & \dfrac{\partial}{\partial z} \\[4pt] \sin x\cos y & \cos x\sin y & z \end{vmatrix} = (0,0,0) \text{ 。}$$

3. 向量 $\vec{F} = (x^2+y^2)\vec{i} + (x+y^2)\vec{j} + (x^2+y+z^2)\vec{k}$，求 $\nabla^2\vec{F}$。

   解 $4\vec{i} + 2\vec{j} + 4\vec{k}$ 。

4. 求沿著 $\vec{A}$ 上的 P 點 $(1,2,3)$ 的方向導數及強度，其中 ϕ 如下所示

(1) $\phi(x,y,z)=e^{x^2}$ ， $\vec{A}=(1,1,1)$

解 $\overrightarrow{AP}=(1-1,2-1,3-1)$ ，單位向量為 $\dfrac{(0,1,2)}{\sqrt{0^2+1^2+2^2}}=\dfrac{(0,1,2)}{\sqrt{5}}$ ，

$\nabla\phi=2xe^{x^2}\vec{i}+0\vec{j}+0\vec{k}$ ，

代入已知之數值， $\nabla\phi(1,2,3)=2e\vec{i}+0\vec{j}+0\vec{k}=(2e,0,0)$ ，所以方向導數為

$\dfrac{d\phi}{ds}=\nabla\phi\cdot\dfrac{\overrightarrow{AP}}{\|\overrightarrow{AP}\|}=(2e,0,0)\cdot\dfrac{(0,1,2)}{\sqrt{5}}=0$ 。

(2) $\phi(x,y,z)=6xy^2z$ ， $\vec{A}=(2,3,0)$

解 $\overrightarrow{AP}=(1-2,2-3,3-0)$ ，單位向量為 $\dfrac{(-1,-1,3)}{\sqrt{(-1)^2+(-1^2)+3^2}}=\dfrac{(-1,-1,3)}{\sqrt{11}}$ ，

$\nabla\phi=6y^2z\vec{i}+12xyz\vec{j}+6xy^2\vec{k}$ ，代入已知之數值，

$\nabla\phi(1,2,3)=72\vec{i}+72\vec{j}+24\vec{k}=(72,72,24)$ ，所以方向導數為

$\dfrac{d\phi}{ds}=\nabla\phi\cdot\dfrac{\overrightarrow{AP}}{\|\overrightarrow{AP}\|}=(72,72,24)\cdot\dfrac{(-1,-1,3)}{\sqrt{11}}=\dfrac{-72}{\sqrt{11}}$ 。

矩陣

4.1 矩陣的定義

1. 基本定義

任何 m 列及 n 行之元素(element)所構成之集合，排列在一矩形陣列之中，則稱此陣列為矩陣(matrix)。

$$A = \begin{bmatrix} a_{ij} \end{bmatrix}_{m \times n} = \begin{bmatrix} a_{11} & a_{12} & a_{13} & \cdots & a_{1n} \\ a_{21} & a_{22} & a_{23} & \cdots & a_{2n} \\ a_{31} & a_{32} & a_{33} & \cdots & a_{3n} \\ \vdots & \vdots & \vdots & \ddots & \vdots \\ a_{m1} & a_{m2} & a_{m3} & \cdots & a_{mn} \end{bmatrix} \tag{4.1-1}$$

(1) 矩陣中的每個數值 $a_{ij}(i = 1,2,3,\cdots,m; j = 1,2,3,\cdots,n)$ 稱為此矩陣之元素。a_{ij} 中的第一個下標 i 表示此元素在矩陣 A 中所在的列數(row)位置，第二個下標 j 表示此元素在矩陣 A 中所在的行數(column)位置，因此 a_{ij} 為代表矩陣 A 中第 i 列第 j 行之元素。

(2) 矩陣 A 具有 m 列及 n 行，因此稱之為 $m \times n$ 階之矩陣，其中 m 及 n 稱為矩陣之維度(dimension)，以 $A_{m \times n} = \begin{bmatrix} a_{ij} \end{bmatrix}_{m \times n}$ 表示。

(3) 如果矩陣內各個元素均為實數時，稱為實數矩陣(real matrix)，如果矩陣內元素均為複數時，則稱為複數矩陣(complex matrix)。

2. 矩陣的型態

一般而言，矩陣可以定義爲下列幾種基本型態。

(1) 行矩陣(column matrix)：$A_{m \times 1}$

當矩陣只含有一行元素，亦即 $n = 1$ 所組成之矩陣，稱爲行矩陣。

$$A = \begin{bmatrix} a_i \end{bmatrix}_{m \times 1} = \begin{bmatrix} a_1 \\ a_2 \\ .... \\ a_m \end{bmatrix} \tag{4.1-2}$$

(2) 列矩陣(row matrix)：$A_{1 \times n}$

當矩陣只含有一列元素，亦即 $m = 1$ 所組成之矩陣，稱爲列矩陣。

$$A = \begin{bmatrix} a_j \end{bmatrix}_{1 \times n} = \begin{bmatrix} a_1 & a_2 & .... & a_n \end{bmatrix} \tag{4.1-3}$$

(3) 方陣(square matrix)：A_n

如果矩陣之行數等於列數，亦即 $m = n$，則 A 爲一 n 階方陣，其中 $a_{11}, a_{22}, ..., a_{nn}$ 稱爲主對角線元素(diagonal elements)。

$$A_n = \begin{bmatrix} a_{ij} \end{bmatrix}_{n \times n} = \begin{bmatrix} a_{11} & a_{12} & a_{13} & \cdots & a_{1n} \\ a_{21} & a_{22} & a_{23} & \cdots & a_{2n} \\ a_{31} & a_{32} & a_{33} & \cdots & a_{3n} \\ \vdots & \vdots & \vdots & \ddots & \vdots \\ a_{n1} & a_{n2} & a_{n3} & \cdots & a_{nn} \end{bmatrix} \tag{4.1-4}$$

(4) 對角矩陣(diagonal matrix)：D_n

如果在一方陣之中，除了對角線元素外，其餘元素值皆爲 0，亦即

$d_{ij} = \begin{cases} c_{ij}, i = j \\ 0, i \neq j \end{cases}$，其中 c_{ij} 爲非零之數，則稱此一矩陣爲對角矩陣。

$$D = diag(d_{11,} d_{22}, ..., d_{nn}) \tag{4.1-5}$$

或者

$$D_n = \begin{bmatrix} d_{11} & 0 & 0 & \cdots & 0 \\ 0 & d_{22} & 0 & \cdots & 0 \\ 0 & 0 & d_{33} & \cdots & 0 \\ \vdots & \vdots & \vdots & \ddots & \vdots \\ 0 & 0 & 0 & \cdots & d_{nn} \end{bmatrix} \tag{4.1-6}$$

如果對角線元素皆相同，亦即 $K = diag(k, k, ..., k)$，則稱矩陣 K 為純量矩陣 (scalar matrix)。

(5) 單位矩陣(identity matrix)：I_n

在一方陣之中，如果對角線元素皆為 1，其餘元素值皆為 0，亦即 $a_{ij} = \begin{cases} 1, i = j \\ 0, i \neq j \end{cases}$，

則稱此矩陣為單位矩陣。表示為

$$I_n = diag(1, 1, \cdots 1, 1) \tag{4.1-7}$$

(6) 三角矩陣(triangular matrix)

在方陣中，主對角線一邊的元素皆為 0 的矩陣稱為三角矩陣。方陣中主對角下方之元素皆為 0，亦即 $a_{ij} = 0 (i > j)$，則稱為上三角矩陣(upper triangular matrix)。反之在方陣中主對角線上方之元素皆為 0，亦即 $a_{ij} = 0 (i < j)$，則稱之為下三角矩陣(lower triangular matrix)。

$$A = \begin{bmatrix} a_{11} & a_{12} & a_{13} & \cdots & a_{1n} \\ 0 & a_{22} & a_{23} & \cdots & a_{2n} \\ 0 & 0 & a_{33} & \cdots & a_{3n} \\ \vdots & \vdots & \vdots & \ddots & \vdots \\ 0 & 0 & 0 & \cdots & a_{nn} \end{bmatrix} B = \begin{bmatrix} a_{11} & 0 & 0 & \cdots & 0 \\ a_{21} & a_{22} & 0 & \cdots & 0 \\ a_{31} & a_{32} & a_{33} & \cdots & 0 \\ \vdots & \vdots & \vdots & \ddots & \vdots \\ a_{n1} & a_{n2} & a_{n3} & \cdots & a_{nn} \end{bmatrix} \tag{4.1-8}$$

(7) 零矩陣(zero matrix)：$0_{m \times n}$

如果一矩陣內所有元素皆為 0，則稱此矩陣為零矩陣。

$$0_{3 \times 3} = \begin{bmatrix} 0 & 0 & 0 \\ 0 & 0 & 0 \\ 0 & 0 & 0 \end{bmatrix} \tag{4.1-9}$$

(8) 轉置矩陣(transpose matrix)：A^T

將一 $m \times n$ 階矩陣內的行列位置互換，可以得到一個新的矩陣為 $n \times m$ 階，稱為原矩陣的轉置矩陣。

$$A = \begin{bmatrix} 1 & 3 & 5 \\ 2 & 4 & 6 \end{bmatrix} \Rightarrow A^T = \begin{bmatrix} 1 & 2 \\ 3 & 4 \\ 5 & 6 \end{bmatrix} \qquad (4.1\text{-}10)$$

轉置矩陣相關性質有：

(a) $\left(A^T\right)^T = A$ (b) $\left(A+B\right)^T = A^T + B^T$ (c) $\left(kA\right)^T = kA^T$ (d) $\left(AB\right)^T = B^T A^T$

(9) 對稱矩陣(symmetric matrix)

如果方陣滿足 $A = A^T$，亦即對所有 i，j 而言，$a_{ij} = a_{ji}$，則稱 A 為對稱矩陣，例如：

$$A = \begin{bmatrix} 3 & 0 & 2 \\ 0 & 5 & 1 \\ 2 & 1 & 4 \end{bmatrix} = A^T \qquad (4.1\text{-}11)$$

(10) 反對稱矩陣(skew symmetric matrix)

如果方陣滿足 $A = -A^T$，則 A 稱為反對稱矩陣

$$A = \begin{bmatrix} 0 & 1 & 2 \\ -1 & 0 & 1 \\ -2 & -1 & 0 \end{bmatrix}，則 A^T = \begin{bmatrix} 0 & -1 & -2 \\ 1 & 0 & -1 \\ 2 & 1 & 0 \end{bmatrix}$$

因為 $A = -A^T$，所以 A 為反對稱矩陣，由反對稱矩陣之定義可以得知，如果 A 為反對稱矩陣，則對角線元素皆為零，對所有 i, j 而言，都滿足 $a_{ij} = -a_{ji}$。

(11) 共軛矩陣(conjugate matrix)：$\overline{A}$

如果取 A 中所有元素之共軛為元素所組成之矩陣，稱為 A 之共軛矩陣

$$A = \begin{bmatrix} 1+3i & 3-4i \\ 5 & 7+8i \end{bmatrix} \Rightarrow \overline{A} = \begin{bmatrix} 1-3i & 3+4i \\ 5 & 7-8i \end{bmatrix} \qquad (4.1\text{-}12)$$

共軛矩陣相關性質有

(a) $\overline{\left(\overline{A}\right)} = A$ (b) $\overline{A+B} = \overline{A} + \overline{B}$ (c) $\overline{AB} = \overline{A} \cdot \overline{B}$ (d) $\overline{kA} = k\overline{A}$

(12) 共軛轉置矩陣(conjugate transpose matrix)：A^*

將矩陣 A 先取共軛矩陣後，再取轉置矩陣所得到的矩陣，稱為 A 的共軛轉置矩陣，以 $\overline{A^T} = A^*$ 表示

$$A = \begin{bmatrix} 1+3i & 3+4i \\ 5 & 7-8i \end{bmatrix} \Rightarrow A^T = \begin{bmatrix} 1+3i & 5 \\ 3+4i & 7-8i \end{bmatrix} \Rightarrow \overline{A^T} = \begin{bmatrix} 1-3i & 5 \\ 3-4i & 7+8i \end{bmatrix} \quad (4.1\text{-}13)$$

共軛轉置矩陣性質有

(a) $(A^*)^* = A$ (b) $(kA)^* = \overline{k}A^*$ (c) $(A+B)^* = A^* + B^*$ (d) $(AB)^* = B^*A^*$

(13) 漢米頓矩陣(Hermitian matrix)

如果矩陣 A 滿足 $A = A^*$，亦即 $a_{ij} = \overline{a_{ji}}$，則 A 稱為漢米頓矩陣

$$A = \begin{bmatrix} 1 & 1+i & 2 \\ 1-i & 0 & -1 \\ 2 & -1 & 2 \end{bmatrix} \quad (4.1\text{-}14)$$

如果滿足 $A^* = -A$，亦即 $a_{ij} = -\overline{a_{ji}}$，則 A 稱為反漢米頓矩陣。

$$A = \begin{bmatrix} 0 & 1-i & -2+i \\ -1-i & i & 1 \\ 2+i & -1 & -i \end{bmatrix} \quad (4.1\text{-}15)$$

漢米頓矩陣相關性質有

(a)漢米頓矩陣必為方陣，並且主對角線元素必為實數。

(b)漢米頓矩陣之反矩陣亦為漢米頓矩陣，亦即 $A^{-1} = (A^{-1})^*$

(14) 正交矩陣(orthogonal matrix)

如果矩陣 A 滿足 $A^T A = AA^T = I$，亦即 $A^{-1} = A^T$，則稱 A 為正交矩陣

$$A = \begin{bmatrix} \cos\theta & -\sin\theta \\ \sin\theta & \cos\theta \end{bmatrix}, \quad A^T = \begin{bmatrix} \cos\theta & \sin\theta \\ -\sin\theta & \cos\theta \end{bmatrix}$$
$$\Rightarrow AA^T = \begin{bmatrix} \cos^2\theta + \sin^2\theta & \cos\theta\sin\theta - \sin\theta\cos\theta \\ \sin\theta\cos\theta - \cos\theta\sin\theta & \sin^2\theta + \cos^2\theta \end{bmatrix} = \begin{bmatrix} 1 & 0 \\ 0 & 1 \end{bmatrix}$$
$$(4.1\text{-}16)$$

正交矩陣之性質有

(a)$|A| = \pm 1$

(b)如果 A 及 B 均爲 $n \times n$ 的正交矩陣，則 A^{-1}，A^T 及 AB 均爲正交矩陣，且 $(AB)^{-1}$，B^{-1} 及 B^T 亦爲正交矩陣。

(15) 單一矩陣(unitary matrix)

如果矩陣 A 滿足 $A^*A = AA^* = I$，亦即 $A^{-1} = A^*$，則稱 A 爲單一矩陣

$$A = \begin{bmatrix} \dfrac{1}{\sqrt{15}}(2+i) & \dfrac{1}{\sqrt{15}}(3+i) \\ \dfrac{1}{\sqrt{15}}(-3+i) & \dfrac{1}{\sqrt{15}}(2-i) \end{bmatrix} \qquad (4.1\text{-}17)$$

習題 4-1

1. 證明 A 爲對稱矩陣，則 $A \times A^T = A^T \times A$，並且 A^2 也爲對稱矩陣。

   解 若 A 爲對稱矩陣，則 $A = A^T$，故 $A \times A^T = A^T \times A$。

   $A^2 \times (A^2)^T = (A \times A) \times (A \times A)^T = (A^T \times A^T)(A^T \times A^T)^T = (A^2)^T \times (A^2)$ 得證。

2. A 及 B 爲相同階數之矩陣，並且 $A \times B = A$，$B \times A = B$，證明 $A^2 = A$ 及 $B^2 = B$。

   解 $A^2 = A \times A = (A \times B) \times (A \times B) = A \times (B \times A) \times B = (A \times B) \times B = A \times B = A$，同理

   $B^2 = B \times B = (B \times A) \times (B \times A) = B \times (A \times B) \times A = (B \times A) \times A = B \times A = B$，

   得證。

4.2 矩陣的運算

1. 矩陣的相等

   假設矩陣 $A = \begin{bmatrix} a_{ij} \end{bmatrix}$ 及 $B = \begin{bmatrix} b_{ij} \end{bmatrix}$，如果 $A=B$，則滿足下列之條件

   (1) A 及 B 兩矩陣具有相同之階數

   (2) 矩陣內相對對應之元素均相等，亦即 $a_{ij} = b_{ij} (i = 1, 2, 3, \cdots, m; j = 1, 2, 3, \cdots, n)$

2. 矩陣的加減

   矩陣 $A = \begin{bmatrix} a_{ij} \end{bmatrix}$，矩陣 $B = \begin{bmatrix} b_{ij} \end{bmatrix}$，皆為 $m \times n$ 階矩陣，定義 $m \times n$ 階矩陣 $C = A + B$，其中 C 內的元素為 A 與 B 相對應元素之和，亦即 $c_{ij} = a_{ij} + b_{ij}$，所以 $A + B = \begin{bmatrix} a_{ij} + b_{ij} \end{bmatrix}$。同理可以得到 $A - B = \begin{bmatrix} a_{ij} - b_{ij} \end{bmatrix}$

例 4.2-1

(1) $A = \begin{bmatrix} x & y & z \\ 1 & w & -3 \end{bmatrix}$，$B = \begin{bmatrix} -4 & 2 & 6 \\ r & 3 & s \end{bmatrix}$ 如果 $A=B$，求各變數之數值。

 解

在 $A=B$ 之下，$a_{ij} = b_{ij}$ 亦即 $x = -4, y = 2, z = 6, r = 1, w = 3, s = -3$

---

3. 矩陣的乘法

   (1) 一常數 k 與 $m \times n$ 階之矩陣 $A = \begin{bmatrix} a_{ij} \end{bmatrix}$ 相乘可以表示為 $kA = \begin{bmatrix} ka_{ij} \end{bmatrix}$，亦即 A 中每一元素均乘上常數 k。

   (2) 矩陣 $A = \begin{bmatrix} a_{ij} \end{bmatrix}$ 為 $m \times n$ 階之矩陣，$B = \begin{bmatrix} b_{ij} \end{bmatrix}$ 為一 $n \times p$ 階之矩陣，矩陣 A 的行數等於矩陣 B 的列數，則 A 適合與 B 做乘法運算，此時 $C = A \times B$，則 C 為一 $m \times p$ 階之矩陣，此時

$$c_{ij} = a_{i1}b_{1j} + a_{i2}b_{2j} + \ldots + a_{in}b_{nj} = \sum_{k=1}^{n} a_{ik}b_{kj} \tag{4.2-1}$$

例 4.2-2

$A = \begin{bmatrix} 1 & 3 \\ -2 & 4 \end{bmatrix}$，$B = \begin{bmatrix} 3 & -2 \\ 5 & 6 \end{bmatrix}$，求 $A \times B$ 及 $B \times A$。

 解

A 之行數=2=B 之列數，可以相乘

$A \times B = \begin{bmatrix} 1 & 3 \\ -2 & 4 \end{bmatrix} \times \begin{bmatrix} 3 & -2 \\ 5 & 6 \end{bmatrix} = \begin{bmatrix} 1 \times 3 + 3 \times 5 & 1 \times (-2) + 3 \times 6 \\ -2 \times 3 + 4 \times 5 & (-2) \times (-2) + 4 \times 6 \end{bmatrix} = \begin{bmatrix} 18 & 16 \\ 14 & 28 \end{bmatrix}$

B 之行數=2=A 之列數，可以相乘

$B \times A = \begin{bmatrix} 3 & -2 \\ 5 & 6 \end{bmatrix} \times \begin{bmatrix} 1 & 3 \\ -2 & 4 \end{bmatrix} = \begin{bmatrix} 3 \times 1 + (-2) \times (-2) & 3 \times 3 + (-2) \times 4 \\ 5 \times 1 + 6 \times (-2) & 5 \times 3 + 6 \times 4 \end{bmatrix} = \begin{bmatrix} 7 & 1 \\ -7 & 39 \end{bmatrix}$

由此可知 $AB \neq BA$，因此矩陣之乘法必不一定滿足交換律。

定理 4.2-1

如果 A，B 及 C 三個矩陣適合做各種加法及乘法算，則下列性質均成立

(a) $A + B = B + A$　　(b) $A + (B + C) = (A + B) + C$　　(c) $k(A + B) = kA + kB$

(d) $A(B + C) = AB + AC$　　(e) $A(BC) = (AB)C$　　(f) 通常 $AB \neq BA$

(g) $AB = 0$，並不表示 $A = 0$ 或 $B = 0$　　(h) $AB = AC$，不表示 $B = C$

例 4.2-3

$A = \begin{bmatrix} 1 & 2 & 0 \\ 1 & 1 & 0 \\ -1 & 4 & 0 \end{bmatrix}$，$B = \begin{bmatrix} 0 & 0 & 0 \\ 0 & 0 & 0 \\ 1 & 4 & 9 \end{bmatrix}$，求 $A \times B$。

 解

$A \times B = \begin{bmatrix} 1 & 2 & 0 \\ 1 & 1 & 0 \\ -1 & 4 & 0 \end{bmatrix} \times \begin{bmatrix} 0 & 0 & 0 \\ 0 & 0 & 0 \\ 1 & 4 & 9 \end{bmatrix} = \begin{bmatrix} 0 & 0 & 0 \\ 0 & 0 & 0 \\ 0 & 0 & 0 \end{bmatrix}$，得知 $AB = 0$，並不表示 $A = 0$ 或 $B = 0$。

例 4.2-4

$A = \begin{bmatrix} 1 & 2 & 3 \\ 4 & 5 & 6 \\ 7 & 8 & 9 \end{bmatrix}$，$I = \begin{bmatrix} 1 & 0 & 0 \\ 0 & 1 & 0 \\ 0 & 0 & 1 \end{bmatrix}$，求 $A \times I$。

解

$A \times I = \begin{bmatrix} 1 & 2 & 3 \\ 4 & 5 & 6 \\ 7 & 8 & 9 \end{bmatrix} \times \begin{bmatrix} 1 & 0 & 0 \\ 0 & 1 & 0 \\ 0 & 0 & 1 \end{bmatrix} = \begin{bmatrix} 1 & 2 & 3 \\ 4 & 5 & 6 \\ 7 & 8 & 9 \end{bmatrix}$

由此可知單位矩陣 I 乘以任何可以相乘的矩陣 A，結果為原來之矩陣 A。

例 4.2-5

判斷下列各矩陣何者為對稱矩陣、漢米頓矩陣及正交矩陣，並且計算 A^{-1}，

$A^{-1} - A^T$，$B + B^*$，B^T，$C - C^T$ 及 $C + C^T$

$A = \begin{bmatrix} 1 & 0 & 0 \\ 0 & \cos\theta & -\sin\theta \\ 0 & \sin\theta & \cos\theta \end{bmatrix}$，$B = \begin{bmatrix} 5 & 2-3i \\ 2+3i & 6 \end{bmatrix}$，$C = \begin{bmatrix} 1 & 2 & 3 \\ 2 & 4 & 5 \\ 3 & 5 & 6 \end{bmatrix}$

$A^T = \begin{bmatrix} 1 & 0 & 0 \\ 0 & \cos\theta & \sin\theta \\ 0 & -\sin\theta & \cos\theta \end{bmatrix}$，

(1) $A^T \times A = \begin{bmatrix} 1 & 0 & 0 \\ 0 & \cos\theta & \sin\theta \\ 0 & -\sin\theta & \cos\theta \end{bmatrix} \times \begin{bmatrix} 1 & 0 & 0 \\ 0 & \cos\theta & -\sin\theta \\ 0 & \sin\theta & \cos\theta \end{bmatrix} = \begin{bmatrix} 1 & 0 & 0 \\ 0 & 1 & 0 \\ 0 & 0 & 1 \end{bmatrix}$，所以 A 為正交矩

陣。

(2) $B^T = \begin{bmatrix} 5 & 2+3i \\ 2-3i & 6 \end{bmatrix}$，$B^* = \overline{B^T} = \begin{bmatrix} 5 & 2-3i \\ 2+3i & 6 \end{bmatrix} = B$，所以 B 為漢米頓矩陣。

(3) $C^T = \begin{bmatrix} 1 & 2 & 3 \\ 2 & 4 & 5 \\ 3 & 5 & 6 \end{bmatrix} = C$，$C$ 為對稱矩陣。

(4) 因為 A 為正交矩陣，所以 $A^T A = A A^T = I \Rightarrow A^{-1} = A^T$，所以 $A^{-1} - A^T = 0$。

(5) 因為 B 為漢米頓矩陣 $\Rightarrow B = B^*$，所以 $B + B^* = 2 \times B = \begin{bmatrix} 10 & 4-6i \\ 4+6i & 12 \end{bmatrix}$。

(6) $B^T = \begin{bmatrix} 5 & 2+3i \\ 2-3i & 6 \end{bmatrix}$。

(7) 因為 C 為對稱矩陣 $\Rightarrow C = C^T$，所以 $C - C^T = 0$。

(8) $C + C^T = 2 \times C = \begin{bmatrix} 2 & 4 & 6 \\ 4 & 8 & 10 \\ 6 & 10 & 12 \end{bmatrix}$。

習題 4-2

1. $A = \begin{bmatrix} 1 & 2 & 3 \\ 4 & 5 & 6 \\ 7 & 8 & 9 \end{bmatrix}$，$B = \begin{bmatrix} 1 & 4 & 7 \\ 2 & 5 & 8 \\ 3 & 6 & 9 \end{bmatrix}$，$C = \begin{bmatrix} 1 & 7 & 9 \\ 4 & 2 & 8 \\ 5 & 6 & 3 \end{bmatrix}$，$D = \begin{bmatrix} 1 & 4 \\ 2 & 5 \\ 3 & 6 \end{bmatrix}$，求

(1) $A+B$　(2) $A-B$　(3) $A \times B$　(4) $C \times D$　(5) $A \times B = B \times A$ 是否正確：

解 (1) $\begin{bmatrix} 2 & 6 & 10 \\ 6 & 10 & 14 \\ 10 & 14 & 18 \end{bmatrix}$。

(2) $\begin{bmatrix} 0 & -2 & -4 \\ 2 & 0 & -2 \\ 4 & 2 & 0 \end{bmatrix}$。

(3) $\begin{bmatrix} 14 & 32 & 50 \\ 32 & 77 & 122 \\ 50 & 122 & 194 \end{bmatrix}$。

(4) $\begin{bmatrix} 42 & 93 \\ 32 & 74 \\ 26 & 68 \end{bmatrix}$。

(5) 不正確。

2. 試舉出一實例，說明當 $A \times B = A \times C$ 時，$B \neq C$。

解 $A = \begin{bmatrix} 1 & 2 & 0 \\ 1 & 1 & 0 \\ -1 & 4 & 0 \end{bmatrix}$，$B = \begin{bmatrix} 0 & 0 & 0 \\ 0 & 0 & 0 \\ 1 & 4 & 9 \end{bmatrix}$，$C = \begin{bmatrix} 0 & 0 & 0 \\ 0 & 0 & 0 \\ 0 & 0 & 0 \end{bmatrix}$。

此時

$$A \times B = \begin{bmatrix} 1 & 2 & 0 \\ 1 & 1 & 0 \\ -1 & 4 & 0 \end{bmatrix} \times \begin{bmatrix} 0 & 0 & 0 \\ 0 & 0 & 0 \\ 1 & 4 & 9 \end{bmatrix} = \begin{bmatrix} 0 & 0 & 0 \\ 0 & 0 & 0 \\ 0 & 0 & 0 \end{bmatrix} = A \times C = \begin{bmatrix} 1 & 2 & 0 \\ 1 & 1 & 0 \\ -1 & 4 & 0 \end{bmatrix} \times \begin{bmatrix} 0 & 0 & 0 \\ 0 & 0 & 0 \\ 0 & 0 & 0 \end{bmatrix}$$

，$B \neq C$。

3. $A = \begin{bmatrix} 2 & -1 & 1 \\ -1 & 1 & 2 \\ 1 & 2 & 1 \end{bmatrix}$，求 A^2，A^3 及 A^4。

解 $A^2 = \begin{bmatrix} 6 & -1 & 1 \\ -1 & 6 & 3 \\ 1 & 3 & 6 \end{bmatrix}$，$A^3 = \begin{bmatrix} 14 & -5 & 5 \\ -5 & 13 & 14 \\ 5 & 14 & 13 \end{bmatrix}$，$A^4 = \begin{bmatrix} 38 & -9 & 9 \\ -9 & 46 & 35 \\ 9 & 35 & 46 \end{bmatrix}$

4.3 行列式

A 為 $n \times n$ 階之方陣，將 A 對應成為另一種函數，進一步應用到工程上方程組的解，如(4.3-1)式所示，則稱為 A 之行列式，以 $|A|$ 或者 $\det(A)$ 表示。

$$|A| = \begin{vmatrix} a_{11} & a_{12} & a_{13} & \cdots & a_{1n} \\ a_{21} & a_{22} & a_{23} & \cdots & a_{2n} \\ a_{31} & a_{32} & a_{33} & \cdots & a_{3n} \\ \vdots & \vdots & \vdots & \ddots & \vdots \\ a_{n1} & a_{n2} & a_{n3} & \cdots & a_{nn} \end{vmatrix} \qquad (4.3\text{-}1)$$

例如 A 為 2×2 方陣，則

$$|A| = \begin{vmatrix} a_{11} & a_{12} \\ a_{21} & a_{22} \end{vmatrix} = a_{11}a_{22} - a_{12}a_{21} \qquad (4.3\text{-}2)$$

1. 子行列式：M_{ij}

   將行列式中第 i 列元素及第 j 行元素刪除後，所剩餘的行列式，稱為原行列式之子行列式，以 M_{ij} 表示。

   $$|A| = \begin{vmatrix} 1 & 2 & 3 \\ 4 & 5 & 6 \\ 7 & 8 & 9 \end{vmatrix} \Rightarrow \quad M_{23} = \begin{vmatrix} 1 & 2 \\ 7 & 8 \end{vmatrix}, \quad M_{32} = \begin{vmatrix} 1 & 3 \\ 4 & 6 \end{vmatrix} \text{。}$$

2. 餘因子(cofactor)：Δ_{ij}

   將子行列式 M_{ij} 乘以 $(-1)^{i+j}$ 即為原行列式之餘因子，以 $\Delta_{ij} = (-1)^{i+j} M_{ij}$ 表示。

   $$|A| = \begin{vmatrix} 1 & 2 & 3 \\ 4 & 5 & 6 \\ 7 & 8 & 9 \end{vmatrix} \Rightarrow M_{23} = \begin{vmatrix} 1 & 2 \\ 7 & 8 \end{vmatrix}, \quad \Rightarrow \Delta_{23} = (-1)^5 \begin{vmatrix} 1 & 2 \\ 7 & 8 \end{vmatrix} = (-1) \times (8-14) = 6 \text{。}$$

3. 行列式之值

   行列式之值等於任何一列或任何一行之各元素，分別乘以其餘因子之代數和，即

   $$\det(A) = |A| = a_{i1}\Delta_{i1} + a_{i2}\Delta_{i2} + \ldots + a_{in}\Delta_{in} = \sum_{k=1}^{n} a_{ik}\Delta_{ik} \qquad (4.3\text{-}4)$$

   其中 $i = 1, 2, 3, \cdots, n$

或者

$$\det(A) = \left| A \right| = a_{1j}\Delta_{1j} + a_{2j}\Delta_{2j} + ... + a_{nj}\Delta_{nj} = \sum_{k=1}^{n} a_{kj}\Delta_{kj} \qquad (4.3\text{-}5)$$

其中 $j = 1, 2, 3, \cdots, n$

例 4.3-1

利用餘因子法求 $\left| A \right| = \begin{vmatrix} 3 & 5 & 2 \\ 4 & 2 & 3 \\ -1 & 2 & 4 \end{vmatrix}$ 之值。

 解

(1) 將第二列之餘因子展開,可以得到

$\det(A) = \left| A \right| = 4\Delta_{21} + 2\Delta_{22} + 3\Delta_{23}$

$= 4(-1)^{2+1} \times \begin{vmatrix} 5 & 2 \\ 2 & 4 \end{vmatrix} + 2(-1)^{2+2} \times \begin{vmatrix} 3 & 2 \\ -1 & 4 \end{vmatrix} + 3(-1)^{2+3} \times \begin{vmatrix} 3 & 5 \\ -1 & 2 \end{vmatrix}$

$= -4 \cdot 16 + 2 \cdot 14 - 3 \cdot 11 = -69$

(2) 將第三行之餘因子展開,可以得到

$\det(A) = \left| A \right| = 2\Delta_{13} + 3\Delta_{23} + 4\Delta_{33}$

$= 2(-1)^{1+3} \times \begin{vmatrix} 4 & 2 \\ -1 & 2 \end{vmatrix} + 3(-1)^{2+3} \times \begin{vmatrix} 3 & 5 \\ -1 & 2 \end{vmatrix} + 4(-1)^{3+3} \times \begin{vmatrix} 3 & 5 \\ 4 & 2 \end{vmatrix}$

$= 2 \cdot 10 - 3 \cdot 11 + 4 \cdot (-14) = -69$

由此可知,在行列式中任一列或任一行之餘因子展開,結果均相同,因此可以任意選定其中一行(列)之餘因子展開,求行列式之值。

4. 行列式之基本定理

在本節中說明了行列式運算之特性,這些特性可以提供做為之後行列式計算之基礎。

(1) 任何相鄰之行列互換時，行列式之值變號。

例 4.3-2

$$|A| = \begin{vmatrix} 3 & 5 & 2 \\ 4 & 2 & 3 \\ -1 & 2 & 4 \end{vmatrix}$$

 解

$|A| = \begin{vmatrix} 3 & 5 & 2 \\ 4 & 2 & 3 \\ -1 & 2 & 4 \end{vmatrix} = -69$ ，第一列與第二列互換得到 $|B| = \begin{vmatrix} 4 & 2 & 3 \\ 3 & 5 & 2 \\ -1 & 2 & 4 \end{vmatrix} = 69$

(2) 任一行或任一列之元素均為 0 時，行列式值為 0。

例 4.3-3

$$|A| = \begin{vmatrix} 3 & 5 & 2 \\ 4 & 2 & 3 \\ 0 & 0 & 0 \end{vmatrix}$$

 解

$|A| = \begin{vmatrix} 3 & 5 & 2 \\ 4 & 2 & 3 \\ 0 & 0 & 0 \end{vmatrix} = 0$ ，第三列之元素均為 0。

(3) 任一行(列)與另一行(列)之對應元素成比例時,行列式值為 0。

例 4.3-4

$$|A| = \begin{vmatrix} 3 & 5 & 10 \\ 4 & 2 & 4 \\ -1 & 2 & 4 \end{vmatrix}$$

$$|A| = \begin{vmatrix} 3 & 5 & 10 \\ 4 & 2 & 4 \\ -1 & 2 & 4 \end{vmatrix} = 0 \text{,第二行與第三行之對應元素成比例。}$$

(4) 任一行(列)各元素與另一行(列)之對應各元素相加減後,行列式之值不變。

例 4.3-5

$$|A| = \begin{vmatrix} 3 & 5 & 2 \\ 4 & 2 & 3 \\ -1 & 2 & 4 \end{vmatrix}$$

$$|B| = \begin{vmatrix} 3 & 5 & 2-5 \\ 4 & 2 & 3-2 \\ -1 & 2 & 4-2 \end{vmatrix} = \begin{vmatrix} 3 & 5 & -3 \\ 4 & 2 & 1 \\ -1 & 2 & 2 \end{vmatrix} \text{,第三行減第二行。} |B| = \begin{vmatrix} 3 & 5 & -3 \\ 4 & 2 & 1 \\ -1 & 2 & 2 \end{vmatrix} = -69 \text{。}$$

$$|C| = \begin{vmatrix} 3 & 5 & 2+5 \\ 4 & 2 & 3+2 \\ -1 & 2 & 4+2 \end{vmatrix} = \begin{vmatrix} 3 & 5 & 7 \\ 4 & 2 & 5 \\ -1 & 2 & 6 \end{vmatrix} \text{,第二行加第三行。} |B| = \begin{vmatrix} 3 & 5 & 7 \\ 4 & 2 & 5 \\ -1 & 2 & 6 \end{vmatrix} = -69 \text{。}$$

(5) 任一行(列)之各元素乘以常數 k，則行列式值變為原來之 k 倍。

例 4.3-6

$$|A| = \begin{vmatrix} 3 & 5 & 2 \\ 4 & 2 & 3 \\ -1 & 2 & 4 \end{vmatrix}$$

 解

$$|A| = \begin{vmatrix} 3 & 5 & 2 \\ 4 & 2 & 3 \\ -1 & 2 & 4 \end{vmatrix} = -69 \text{，第二列乘以常數 3，} |B| = \begin{vmatrix} 3 & 5 & 2 \\ 12 & 6 & 9 \\ -1 & 2 & 4 \end{vmatrix} = -207 \text{。}$$

習題 4-3

1. 求下列行列式之值

$$(1) \begin{vmatrix} 1 & 2 & 3 \\ 4 & 5 & 6 \\ 7 & 8 & 9 \end{vmatrix} \quad (2) \begin{vmatrix} 1 & -5 \\ 6 & 3 \end{vmatrix} \quad (3) \begin{vmatrix} 1 & -2 & 3 \\ 3 & 1 & 4 \\ 1 & -2 & 1 \end{vmatrix} \quad (4) \begin{vmatrix} 1 & 0 & 0 \\ 0 & \cos\theta & \sin\theta \\ 0 & -\sin\theta & \cos\theta \end{vmatrix} \quad (5) \begin{vmatrix} 3 & 6 & -4 \\ 7 & -3 & 2 \\ 1 & 2 & -7 \end{vmatrix}$$

解 (1)0 (2)33 (3)−14 (4)1 (5)289

2. 證明 $|A^T| = |A|$。

解 如果 $\det(A) = \sum_{\sigma \in Sn} Sgn \ a_{1\sigma(1)} a_{2\sigma(2)} a_{3\sigma(3)} \ldots a_{n\sigma(n)}$，其中：$Sgn$ 為所有 $(1,2,3,\ldots,n)$ 所形成之排列。而 $\det(A^T)$ 之數值 $= \sum_{\sigma \in Sn} Sgn \ a_{1\sigma(1)} a_{2\sigma(2)} a_{3\sigma(3)} \ldots a_{n\sigma(n)}$，得證。

4.4 特徵值與特徵向量

如果已知存在一個線性轉換 $T: V \rightarrow V$，$v \in V$，要求出一個向量 v 及純數 λ，使得 $T(v) = \lambda v$。此時 $v \neq 0$，則稱 λ 為 T 之特徵值 (eigenvalue)，v 稱為特徵向量(eigenvector)，並且以(4.4-1)加以表示 。

$$Av = \lambda v \qquad (4.4\text{-}1)$$

在本節中所討論的線性轉換為 $n \times n$ 矩陣。

1. 特徵值

   A 為一 $n \times n$ 矩陣，若且唯若 λ 為 A 之特徵值，則

$$P(\lambda) = \det(A - \lambda I) = 0 \qquad (4.4\text{-}2)$$

(4.4-2)式稱為 A 的特徵方程式(characteristic equation)，其中 $P(\lambda)$ 稱為 A 的特徵多項式(characteristic polynomial)，可以化簡成為

$$P(\lambda) = P_n(\lambda) = a_n + a_{n-1}\, \lambda^{n-1} + ... + a_1\lambda + a_0 = 0 \qquad (4.4\text{-}3)$$

例 4.4-1

求矩陣 $A = \begin{bmatrix} 3 & 2 \\ -1 & 0 \end{bmatrix}$ 之特徵值。

 解

因為 $A - \lambda I = \begin{bmatrix} 3-\lambda & 2 \\ -1 & -\lambda \end{bmatrix}$，所以特徵多項式為

$\det(A - \lambda I) = \det(\begin{bmatrix} 3-\lambda & 2 \\ -1 & -\lambda \end{bmatrix}) = \lambda^2 - 3\lambda + 2$。特徵方程式為

$\lambda^2 - 3\lambda + 2 = 0$，得到解為 $\lambda_1 = 1$ ，$\lambda_2 = 2$ 為 A 的特徵值。

例 4.4-2

求矩陣 $A = \begin{bmatrix} 0 & 1 \\ -1 & 0 \end{bmatrix}$ 之特徵值。

 解

因為 $A - \lambda I = \begin{bmatrix} -\lambda & 1 \\ -1 & -\lambda \end{bmatrix}$，所以 $\det(A - \lambda I) = \det\left(\begin{bmatrix} -\lambda & 1 \\ -1 & -\lambda \end{bmatrix} \right) = \lambda^2 + 1$

本題如果僅討論實數，則 λ 無解，如果擴展至複數，則 $\lambda = \pm i$。

例 4.4-3

求矩陣 $A = \begin{bmatrix} 0 & 1 & 0 \\ 0 & 0 & 1 \\ 4 & -17 & 8 \end{bmatrix}$ 之特徵值。

 解

$\det(A - \lambda I) = \det\left(\begin{bmatrix} -\lambda & 1 & 0 \\ 0 & -\lambda & 1 \\ 4 & -17 & 8 - \lambda \end{bmatrix} \right) = -\lambda^3 + 8\lambda^2 - 17\lambda + 4 = 0$，整理得到

$\lambda^3 - 8\lambda^2 + 17\lambda - 4 = 0 \Rightarrow (\lambda - 4)(\lambda^2 - 4\lambda + 1) = 0$，

所以 $\lambda_1 = 4$ ，$\lambda_2 = 2 + \sqrt{3}$ ，$\lambda_3 = 2 - \sqrt{3}$。

2. 特徵向量

在 A 的特徵方程式中，將特徵值代入 $(A - \lambda I)X = 0$ 所得到的非零解即稱為 A 的特徵向量。

例 4.4-4

求 $A = \begin{bmatrix} 4 & 2 \\ 3 & 3 \end{bmatrix}$ 之特徵值及其對應之特徵向量。

解

$\det(A - \lambda I) = \begin{vmatrix} 4-\lambda & 2 \\ 3 & 3-\lambda \end{vmatrix} = (4-\lambda)(3-\lambda) - 6 = \lambda^2 - 7\lambda + 6 = (\lambda-1)(\lambda-6) = 0$ 。

因此 A 之特徵值為 $\lambda_1 = 1$，$\lambda_2 = 6$。

1. 對應於 $\lambda_1 = 1$ 之特徵向量

$(A - \lambda I)X = 0 \Rightarrow \begin{bmatrix} 3 & 2 \\ 3 & 2 \end{bmatrix} \begin{bmatrix} x_1 \\ x_2 \end{bmatrix} = \begin{bmatrix} 0 \\ 0 \end{bmatrix} \Rightarrow \begin{cases} 3x_1 + 2x_2 = 0 \\ 3x_1 + 2x_2 = 0 \end{cases}$ ，得到 $P_1 = \begin{bmatrix} 2 \\ -3 \end{bmatrix}$ 。

2. 對應於 $\lambda_2 = 6$ 之特徵向量

$(A - \lambda I)X = 0 \Rightarrow \begin{bmatrix} -2 & 2 \\ 3 & -3 \end{bmatrix} \begin{bmatrix} x_1 \\ x_2 \end{bmatrix} = \begin{bmatrix} 0 \\ 0 \end{bmatrix} \Rightarrow \begin{cases} -2x_1 + 2x_2 = 0 \\ 3x_1 - 3x_2 = 0 \end{cases}$ ，得到 $P_2 = \begin{bmatrix} 1 \\ 1 \end{bmatrix}$ 。

3. 特徵向量 $P = \begin{bmatrix} P_1 & P_2 \end{bmatrix} = \begin{bmatrix} 2 & 1 \\ -3 & 1 \end{bmatrix}$ 。

例 4.4-5

求矩陣 $A = \begin{bmatrix} 2 & -1 \\ -4 & 2 \end{bmatrix}$ 之特徵值及其對應特徵向量。

解

$\det(A - \lambda I) = \det(\begin{bmatrix} 2-\lambda & -1 \\ -4 & 2-\lambda \end{bmatrix}) = \lambda^2 - 4\lambda = \lambda(\lambda-4) = 0$，特徵值為 $\lambda_1 = 0$，

$\lambda_2 = 4$ 。

1. 對應於 $\lambda_1 = 0$ 之特徵向量

$(A - \lambda I)X = 0 \Rightarrow \begin{bmatrix} 2 & -1 \\ -4 & 2 \end{bmatrix} \begin{bmatrix} x_1 \\ x_2 \end{bmatrix} = \begin{bmatrix} 0 \\ 0 \end{bmatrix} \Rightarrow \begin{cases} 2x_1 - x_2 = 0 \\ -4x_1 + 2x_2 = 0 \end{cases}$ ，得到 $P_1 = \begin{bmatrix} 1 \\ 2 \end{bmatrix}$ 。

2. 對應於 $\lambda_2 = 4$ 之特徵向量

$(A - \lambda I)X = 0 \Rightarrow \begin{bmatrix} -2 & -1 \\ -4 & -2 \end{bmatrix} \begin{bmatrix} x_1 \\ x_2 \end{bmatrix} = \begin{bmatrix} 0 \\ 0 \end{bmatrix} \Rightarrow \begin{cases} -2x_1 - x_2 = 0 \\ -4x_1 - 2x_2 = 0 \end{cases}$ ，得到 $P_2 = \begin{bmatrix} 1 \\ -2 \end{bmatrix}$ 。

3. 特徵向量 $P = \begin{bmatrix} P_1 & P_2 \end{bmatrix} = \begin{bmatrix} 1 & 1 \\ 2 & -2 \end{bmatrix}$ 。

例 4.4-6

求 $A = \begin{bmatrix} 3 & -5 \\ 1 & -1 \end{bmatrix}$ 之特徵值及其對應之特徵向量。

由 $\det(A - \lambda I) = \det(\begin{bmatrix} 3-\lambda & -5 \\ 1 & -1-\lambda \end{bmatrix}) = \lambda^2 - 2\lambda + 2 = 0$,

$\lambda = \dfrac{-(-2) \pm \sqrt{4 - 4(1)(2)}}{2} = \dfrac{2 \pm \sqrt{-4}}{2} = \dfrac{2 \pm 2i}{2} = 1 \pm i$, $\lambda_1 = 1+i$, $\lambda_2 = 1-i$ 。

1. 對應於 $\lambda_1 = 1+i$ 之特徵向量

    $(A - \lambda I)X = 0 \Rightarrow \begin{bmatrix} 2-i & -5 \\ 1 & -2-i \end{bmatrix} \begin{bmatrix} x_1 \\ x_2 \end{bmatrix} = \begin{bmatrix} 0 \\ 0 \end{bmatrix} \Rightarrow \begin{cases} (2-i)x_1 - 5x_2 = 0 \\ x_1 - (2+i)x_2 = 0 \end{cases}$,

    得到 $P_1 = \begin{bmatrix} 2+i \\ 1 \end{bmatrix}$ 。

2. 對應於 $\lambda_2 = 1-i$ 之特徵向量

    $(A - \lambda I)X = 0 \Rightarrow \begin{bmatrix} 2+i & -5 \\ 1 & -2+i \end{bmatrix} \begin{bmatrix} x_1 \\ x_2 \end{bmatrix} = \begin{bmatrix} 0 \\ 0 \end{bmatrix} \Rightarrow \begin{cases} (2+i)x_1 - 5x_2 = 0 \\ x_1 - (2-i)x_2 = 0 \end{cases}$,

    得到 $P_2 = \begin{bmatrix} 2-i \\ 1 \end{bmatrix}$ 。

3. 特徵向量 $P = \begin{bmatrix} P_1 & P_2 \end{bmatrix} = \begin{bmatrix} 2+i & 2-i \\ 1 & 1 \end{bmatrix}$ 。

例 4.4-7

求 $A = \begin{bmatrix} 1 & -1 & 4 \\ 3 & 2 & -1 \\ 2 & 1 & -1 \end{bmatrix}$ 之特徵值及其對應之特徵向量。

 解

$$\det(A - \lambda I) = \begin{bmatrix} 1-\lambda & -1 & 4 \\ 3 & 2-\lambda & -1 \\ 2 & 1 & -1-\lambda \end{bmatrix}$$

$$= -(\lambda^3 - 2\lambda^2 - 5\lambda + 6) = -(\lambda - 1)(\lambda + 2)(\lambda - 3) = 0,$$

可以得到 $\lambda_1 = 1$，$\lambda_2 = -2$，$\lambda_3 = 3$。

1. 對應於 $\lambda_1 = 1$ 之特徵向量。

$(A - \lambda I)X = 0 \Rightarrow \begin{bmatrix} 0 & -1 & 4 \\ 3 & 1 & -1 \\ 2 & 1 & -2 \end{bmatrix} \begin{bmatrix} x_1 \\ x_2 \\ x_3 \end{bmatrix} = \begin{bmatrix} 0 \\ 0 \\ 0 \end{bmatrix} \Rightarrow \begin{cases} -x_2 + 4x_3 = 0 \\ 3x_1 + x_2 - x_3 = 0 \\ 2x_1 + x_2 - 2x_3 = 0 \end{cases}$，得到 $P_1 = \begin{bmatrix} -1 \\ 4 \\ 1 \end{bmatrix}$。

2. 對應於 $\lambda_2 = -2$ 之特徵向量。

$(A - \lambda I)X = 0 \Rightarrow \begin{bmatrix} 3 & -1 & 4 \\ 3 & 4 & -1 \\ 2 & 1 & 1 \end{bmatrix} \begin{bmatrix} x_1 \\ x_2 \\ x_3 \end{bmatrix} = \begin{bmatrix} 0 \\ 0 \\ 0 \end{bmatrix} \Rightarrow \begin{cases} 3x_1 - x_2 + 4x_3 = 0 \\ 3x_1 + 4x_2 - x_3 = 0 \\ 2x_1 + x_2 + x_3 = 0 \end{cases}$，得到 $P_2 = \begin{bmatrix} 1 \\ -1 \\ -1 \end{bmatrix}$。

3. 對應於 $\lambda_3 = 3$ 之特徵向量

$(A - \lambda I)X = 0 \Rightarrow \begin{bmatrix} -2 & -1 & 4 \\ 3 & -1 & -1 \\ 2 & 1 & -4 \end{bmatrix} \begin{bmatrix} x_1 \\ x_2 \\ x_3 \end{bmatrix} = \begin{bmatrix} 0 \\ 0 \\ 0 \end{bmatrix} \Rightarrow \begin{cases} -2x_1 - x_2 + 4x_3 = 0 \\ 3x_1 - x_2 - x_3 = 0 \\ 2x_1 + x_2 - 4x_3 = 0 \end{cases}$，得到 $P_3 = \begin{bmatrix} 1 \\ 2 \\ 1 \end{bmatrix}$。

4. 特徵向量 $P = \begin{bmatrix} P_1 & P_2 & P_3 \end{bmatrix} = \begin{bmatrix} -1 & 1 & 1 \\ 4 & -1 & 2 \\ 1 & -1 & 1 \end{bmatrix}$。

4.4-8

求 $A = \begin{bmatrix} 4 & 0 \\ 0 & 4 \end{bmatrix}$ 之特徵值及其對應之特徵向量。

$\det(A - \lambda I) = \det(\begin{bmatrix} 4-\lambda & 0 \\ 0 & 4-\lambda \end{bmatrix}) = (\lambda-4)^2 = 0$，可以得到 2 個重根之特徵值

$\lambda = 4$。

1. 對應於 $\lambda_1 = 4$ 之特徵向量

$(A-\lambda I)X = 0 \Rightarrow \begin{bmatrix} 0 & 0 \\ 0 & 0 \end{bmatrix}\begin{bmatrix} x_1 \\ x_2 \end{bmatrix} = \begin{bmatrix} 0 \\ 0 \end{bmatrix} \Rightarrow \begin{cases} 0x_1 + 0x_2 = 0 \\ 0x_1 + 0x_2 = 0 \end{cases}$，得到 $P_1 = \begin{bmatrix} 0 \\ 1 \end{bmatrix}$。

2. 對應於 $\lambda_2 = 4$ 之特徵向量

$(A-\lambda I)X = 0 \Rightarrow \begin{bmatrix} 0 & 0 \\ 0 & 0 \end{bmatrix}\begin{bmatrix} x_1 \\ x_2 \end{bmatrix} = \begin{bmatrix} 0 \\ 0 \end{bmatrix} \Rightarrow \begin{cases} 0x_1 + 0x_2 = 0 \\ 0x_1 + 0x_2 = 0 \end{cases}$，得到 $P_2 = \begin{bmatrix} 1 \\ 0 \end{bmatrix}$。

3. 特徵向量 $P = \begin{bmatrix} P_1 & P_2 \end{bmatrix} = \begin{bmatrix} 0 & 1 \\ 1 & 0 \end{bmatrix}$。

例 4.4-9

求 $A = \begin{bmatrix} 3 & 2 & 4 \\ 2 & 0 & 2 \\ 4 & 2 & 3 \end{bmatrix}$ 之特徵值及其對應之特徵向量。

$\det(A - \lambda I) = \det(\begin{bmatrix} 3-\lambda & 2 & 4 \\ 2 & -\lambda & 2 \\ 4 & 2 & 3-\lambda \end{bmatrix})$

$= -\lambda^3 + 6\lambda^2 + 15\lambda + 8 = -(\lambda+1)^2(\lambda-8) = 0$。

特徵值為 $\lambda_1 = 8$，$\lambda_2 = -1$，$\lambda_3 = -1$。

1. $\lambda = 8$，$(A - \lambda I)X = 0 \Rightarrow \begin{bmatrix} -5 & 2 & 4 \\ 2 & -8 & 2 \\ 4 & 2 & -5 \end{bmatrix} \begin{bmatrix} x_1 \\ x_2 \\ x_3 \end{bmatrix} = \begin{bmatrix} 0 \\ 0 \\ 0 \end{bmatrix} \Rightarrow \begin{cases} -5x_1 + 2x_2 + 4x_3 = 0 \\ 2x_1 - 8x_2 + 2x_3 = 0 \\ 4x_1 + 2x_2 - 5x_3 = 0 \end{cases}$，

得到 $P_1 = \begin{bmatrix} 2 \\ 1 \\ 2 \end{bmatrix}$。

2. $\lambda = -1$，$(A - \lambda I)X = 0 \Rightarrow \begin{bmatrix} 4 & 2 & 4 \\ 2 & 1 & 2 \\ 4 & 2 & 4 \end{bmatrix} \begin{bmatrix} x_1 \\ x_2 \\ x_3 \end{bmatrix} = \begin{bmatrix} 0 \\ 0 \\ 0 \end{bmatrix} \Rightarrow \begin{cases} 4x_1 + 2x_2 + 4x_3 = 0 \\ 2x_1 + x_2 + 2x_3 = 0 \\ 4x_1 + 2x_2 + 4x_3 = 0 \end{cases}$，

得到 $P_2 = \begin{bmatrix} 1 \\ -2 \\ 0 \end{bmatrix}$ 及 $P_3 = \begin{bmatrix} 0 \\ -2 \\ 1 \end{bmatrix}$。

3. 特徵向量 $P = \begin{bmatrix} P_1 & P_2 & P_3 \end{bmatrix} = \begin{bmatrix} 2 & 1 & 0 \\ 1 & -2 & -2 \\ 2 & 0 & 1 \end{bmatrix}$。

例 4.4-10

求矩陣 $A = \begin{bmatrix} 3 & -2 & 0 \\ -2 & 3 & 0 \\ 0 & 0 & 5 \end{bmatrix}$ 之特徵值與特徵向量。

$\det(A - \lambda I) = \det(\begin{bmatrix} 3-\lambda & -2 & 0 \\ -2 & 3-\lambda & 0 \\ 0 & 0 & 5-\lambda \end{bmatrix}) = -(\lambda - 1)(\lambda - 5)^2 = 0$，

特徵值為 $\lambda_1 = 1$ ， $\lambda_2 = 5$，$\lambda_3 = 5$。

亦即 $\begin{bmatrix} 3-\lambda & -2 & 0 \\ -2 & 3-\lambda & 0 \\ 0 & 0 & 5-\lambda \end{bmatrix} \begin{bmatrix} x_1 \\ x_2 \\ x_3 \end{bmatrix} = \begin{bmatrix} 0 \\ 0 \\ 0 \end{bmatrix}$。

1. $\lambda_1 = 1$，$(A - \lambda I)X = 0 \Rightarrow \begin{bmatrix} -2 & 2 & 0 \\ 2 & -2 & 0 \\ 0 & 0 & -4 \end{bmatrix} \begin{bmatrix} x_1 \\ x_2 \\ x_3 \end{bmatrix} = \begin{bmatrix} 0 \\ 0 \\ 0 \end{bmatrix} \Rightarrow \begin{cases} -2x_1 + 2x_2 = 0 \\ 2x_1 - 2x_2 = 0 \\ -4x_3 = 0 \end{cases}$，

   得到 $P_1 = \begin{bmatrix} 1 \\ 1 \\ 0 \end{bmatrix}$。

2. $\lambda = 5$，$(A - \lambda I)X = 0 \Rightarrow \begin{bmatrix} 2 & 2 & 0 \\ 2 & 2 & 0 \\ 0 & 0 & 0 \end{bmatrix} \begin{bmatrix} x_1 \\ x_2 \\ x_3 \end{bmatrix} = \begin{bmatrix} 0 \\ 0 \\ 0 \end{bmatrix} \Rightarrow \begin{cases} 2x_1 + 2x_2 = 0 \\ 2x_1 + 2x_2 = 0 \\ x_3 = 0 \end{cases}$，

   得到 $P_2 = \begin{bmatrix} -1 \\ 1 \\ 0 \end{bmatrix}$，$P_3 = \begin{bmatrix} 1 \\ -1 \\ 0 \end{bmatrix}$。

3. 特徵向量 $P = \begin{bmatrix} P_1 & P_2 & P_3 \end{bmatrix} = \begin{bmatrix} 1 & -1 & 1 \\ 1 & 1 & -1 \\ 0 & 0 & 0 \end{bmatrix}$。

例 4.4-11

求矩陣 $A = \begin{bmatrix} -5 & -5 & -9 \\ 8 & 9 & 18 \\ -2 & -3 & -7 \end{bmatrix}$ 之特徵值及其對應之特徵向量。

$\det(A - \lambda I) = \det(\begin{bmatrix} -5-\lambda & -5 & -9 \\ 8 & 9-\lambda & 18 \\ -2 & -3 & -7-\lambda \end{bmatrix}) = -\lambda^3 - 3\lambda^2 - 3\lambda - 1 = -(\lambda+1)^3 = 0$，

得到特徵值為 3 個之 $\lambda = -1$ 重根。

1.　$\lambda = -1$，$(A - \lambda I)X = 0 \Rightarrow \begin{bmatrix} -4 & -5 & -9 \\ 8 & 10 & 18 \\ -2 & -3 & -6 \end{bmatrix} \begin{bmatrix} x_1 \\ x_2 \\ x_3 \end{bmatrix} = \begin{bmatrix} 0 \\ 0 \\ 0 \end{bmatrix} \Rightarrow \begin{cases} -4x_1 - 5x_2 - 9x_3 = 0 \\ 8x_1 + 10x_2 + 18x_3 = 0 \\ -2x_1 - 3x_2 - 6x_3 = 0 \end{cases}$

得到 $P_1 = \begin{bmatrix} 3 \\ -6 \\ 2 \end{bmatrix}$，$P_2 = \begin{bmatrix} -3 \\ 6 \\ -2 \end{bmatrix}$，$P_3 = \begin{bmatrix} 6 \\ -12 \\ 4 \end{bmatrix}$。

2.　特徵向量 $P = \begin{bmatrix} P_1 & P_2 & P_3 \end{bmatrix} = \begin{bmatrix} 3 & -3 & 6 \\ -6 & 6 & -12 \\ 2 & -2 & 4 \end{bmatrix}$。

　　由以上之例題，我們可以發現求特徵值及其對應之特徵向量的步驟可以歸納為

1.　先找出 $P(\lambda) = \det (A - \lambda I)$

2.　解 $P(\lambda) = 0$，以求得其根－特徵值 $\lambda_1, \lambda_2, \ldots, \lambda_m$。

3.　對每一個特徵值 λ_i，解齊性聯立方程組 $(A - \lambda_i I)X = 0$，求出對應的特徵向量。

習題 4-4

1. 求下列各矩陣之特徵方程式。

(1) $\begin{bmatrix} 3 & 0 \\ 8 & -1 \end{bmatrix}$ (2) $\begin{bmatrix} 10 & -9 \\ 4 & -2 \end{bmatrix}$ (3) $\begin{bmatrix} 0 & 3 \\ 4 & 0 \end{bmatrix}$ (4) $\begin{bmatrix} -2 & -7 \\ 1 & 2 \end{bmatrix}$ (5) $\begin{bmatrix} -2 & 0 & 1 \\ -6 & -2 & 0 \\ 19 & 5 & -4 \end{bmatrix}$

解 (1) $\lambda^2 - 2\lambda - 3 = 0$。

(2) $\lambda^2 - 8\lambda + 16 = 0$。

(3) $\lambda^2 - 12 = 0$。

(4) $\lambda^2 + 3 = 0$。

(5) $\lambda^3 + 8\lambda^2 + \lambda + 8 = 0$。

2. 求下列各矩陣之特徵值及對應之特徵向量。

(1) $\begin{bmatrix} -2 & -2 \\ -5 & 1 \end{bmatrix}$

解 (1) $\lambda_1 = -4$，$\lambda_2 = 3$。$P = \begin{bmatrix} 1 & 2 \\ 1 & -5 \end{bmatrix}$。

(2) $\begin{bmatrix} -12 & 7 \\ -7 & 2 \end{bmatrix}$

解 (2) $\lambda_1 = \lambda_2 = -5$。$P = \begin{bmatrix} 1 & -1 \\ 1 & -1 \end{bmatrix}$。

(3) $\begin{bmatrix} 2 & -1 \\ 5 & -2 \end{bmatrix}$

解 (3) $\lambda_1 = i$，$\lambda_2 = -i$。$P = \begin{bmatrix} 1 & 1 \\ 2-i & 2+i \end{bmatrix}$。

(4) $\begin{bmatrix} 3 & 2 \\ -5 & 1 \end{bmatrix}$

解 (4) $\lambda_1 = 2 + 3i$ ， $\lambda_2 = 2 - 3i$ 。 $P = \begin{bmatrix} -2 & -2 \\ 1 - 3i & 1 + 3i \end{bmatrix}$ 。

(5) $\begin{bmatrix} 1 & -1 & 0 \\ -1 & 2 & -1 \\ 0 & -1 & 1 \end{bmatrix}$

解 (5) $\lambda_1 = 0$ ， $\lambda_2 = 1$ ， $\lambda_3 = 3$ 。 $P = \begin{bmatrix} 1 & 1 & 1 \\ 1 & 0 & -2 \\ 1 & -1 & 1 \end{bmatrix}$ 。

(6) $\begin{bmatrix} 1 & 1 & -2 \\ -1 & 2 & 1 \\ 0 & 1 & -1 \end{bmatrix}$

解 (6) $\lambda_1 = 2$ ， $\lambda_2 = 1$ ， $\lambda_3 = -1$ 。 $P = \begin{bmatrix} 1 & 3 & 1 \\ 3 & 2 & 0 \\ 1 & 1 & 1 \end{bmatrix}$ 。

(7) $\begin{bmatrix} 5 & 4 & 2 \\ 4 & 5 & 2 \\ 2 & 2 & 2 \end{bmatrix}$

解 (7) $\lambda_1 = 1$ ， $\lambda_2 = 1$ ， $\lambda_3 = -10$ 。 $P = \begin{bmatrix} 1 & 0 & 2 \\ 0 & 1 & 2 \\ -2 & -2 & 1 \end{bmatrix}$ 。

(8) $\begin{bmatrix} 1 & 2 & 2 \\ 0 & 2 & 1 \\ -1 & 2 & 2 \end{bmatrix}$

解 (8) $\lambda_1 = 2$ ， $\lambda_2 = 2$ ， $\lambda_3 = 1$ 。 $P = \begin{bmatrix} 2 & 2 & 1 \\ 1 & 1 & 1 \\ 0 & 0 & -1 \end{bmatrix}$ 。

4.5 相似矩陣與對角線化

1. 相似矩陣：如果存在一個非奇異方陣 P，使得方陣 A 與 B 滿足

$$B = P^{-1} \times A \times P \qquad (4.5\text{-}1)$$

則稱 A 與 B 為相似(similar)。

例 4.5-1

$A = \begin{bmatrix} 3 & 4 \\ 1 & 3 \end{bmatrix}$，$P = \begin{bmatrix} 4 & 3 \\ 1 & 1 \end{bmatrix}$，求 A 的相似矩陣。

因為 $P^{-1} = \begin{bmatrix} 1 & -3 \\ -1 & 4 \end{bmatrix}$，所以 A 的相似矩陣為

$$B = P^{-1}AP = \begin{bmatrix} 1 & -3 \\ -1 & 4 \end{bmatrix}\begin{bmatrix} 3 & 4 \\ 1 & 3 \end{bmatrix}\begin{bmatrix} 4 & 3 \\ 1 & 1 \end{bmatrix} = \begin{bmatrix} -5 & -5 \\ 12 & 11 \end{bmatrix}。$$

例 4.5-2

證明存在 $P = \begin{bmatrix} 1 & 3 & 3 \\ 1 & 4 & 3 \\ 1 & 3 & 4 \end{bmatrix}$，使得 $A = \begin{bmatrix} 2 & 2 & 1 \\ 1 & 3 & 1 \\ 1 & 2 & 2 \end{bmatrix}$ 和 $B = \begin{bmatrix} 5 & 14 & 13 \\ 0 & 1 & 0 \\ 0 & 0 & 1 \end{bmatrix}$ 相似。

$P = \begin{bmatrix} 1 & 3 & 3 \\ 1 & 4 & 3 \\ 1 & 3 & 4 \end{bmatrix}$，$P^{-1} = \begin{bmatrix} 7 & -3 & -3 \\ -1 & 1 & 0 \\ -1 & 0 & 1 \end{bmatrix}$，代入

$$P^{-1}AP = \begin{bmatrix} 7 & -3 & -3 \\ -1 & 1 & 0 \\ -1 & 0 & 1 \end{bmatrix}\begin{bmatrix} 2 & 2 & 1 \\ 1 & 3 & 1 \\ 1 & 2 & 2 \end{bmatrix}\begin{bmatrix} 1 & 3 & 3 \\ 1 & 4 & 3 \\ 1 & 3 & 4 \end{bmatrix} = \begin{bmatrix} 5 & 14 & 13 \\ 0 & 1 & 0 \\ 0 & 0 & 1 \end{bmatrix} = B，得證。$$

2. 方陣之對角化(diagonalizable)

在 A 與 D 互爲相似時，則稱 A 爲可以對角線化矩陣，因爲在矩陣運算的過程中，時常會用到矩陣的乘法，對大部分的矩陣而言，此一過程都相當繁複，但是如果能將矩陣簡化爲對角矩陣，那麼計算的過程就會簡化不少。對角矩陣在矩陣的運算上有諸多的優點，使得的運算較爲容易處理，甚至以觀察法便可以求出解答。

(1) A 和 D 有相同之特徵值

例 4.5-3

已知 $D = \begin{bmatrix} 1 & 0 & 0 \\ 0 & -1 & 0 \\ 0 & 0 & 2 \end{bmatrix}$ 和 $A = \begin{bmatrix} -6 & -3 & -25 \\ 2 & 1 & 8 \\ 2 & 2 & 7 \end{bmatrix}$ 爲相似，證明 A 和 D 的特徵值相同。

由 $\det(D - \lambda I) = 0$ ，特徵值爲 $\lambda_1 = -1$ ， $\lambda_2 = 2$ ， $\lambda_3 = 1$ 。

而 $\det(A - \lambda I) = \begin{bmatrix} -6-\lambda & -3 & -25 \\ 2 & 1-\lambda & 8 \\ 2 & 2 & 7-\lambda \end{bmatrix} = 0$ ，得到 $\lambda_1 = -1$ ， $\lambda_2 = 2$ ， $\lambda_3 = 1$ ，得證。

---

(2) $A^k = (P \times D \times P^{-1})^k = (P \times D \times P^{-1})(P \times D \times P^{-1}) \cdots (P \times D \times P^{-1}) = P \times D^k \times P^{-1}$

例 4.5-4

$A = \begin{bmatrix} 1 & 1 \\ -2 & 4 \end{bmatrix}$ ，求 A^{20}

利用相似變換將矩陣 A 化爲相似之對角矩陣，

特徵方程式爲 $\Rightarrow |A - \lambda I| = \begin{vmatrix} 1-\lambda & 1 \\ -2 & 4-\lambda \end{vmatrix} = 0 \Rightarrow \lambda^2 - 5\lambda + 6 = 0$ ，得到特徵值爲

$\lambda_1 = 2$ ， $\lambda_2 = 3$ 。

1. 對應於 $\lambda = 2$ 的特徵向量為

$$(A-\lambda I)X = 0 \Rightarrow \begin{bmatrix} -1 & 1 \\ -2 & 2 \end{bmatrix}\begin{bmatrix} x_1 \\ x_2 \end{bmatrix} = \begin{bmatrix} 0 \\ 0 \end{bmatrix} \Rightarrow \begin{cases} -x_1 + x_2 = 0 \\ -2x_1 + 2x_2 = 0 \end{cases}，得到 P_1 = \begin{bmatrix} 1 \\ 1 \end{bmatrix}。$$

2. 對應於 $\lambda = 3$ 的特徵向量為

$$(A-\lambda I)X = 0 \Rightarrow \begin{bmatrix} -2 & 1 \\ -2 & 1 \end{bmatrix}\begin{bmatrix} x_1 \\ x_2 \end{bmatrix} = \begin{bmatrix} 0 \\ 0 \end{bmatrix} \Rightarrow \begin{cases} -2x_1 + x_2 = 0 \\ -2x_1 + x_2 = 0 \end{cases}，得到 P_2 = \begin{bmatrix} 1 \\ 2 \end{bmatrix}$$

3. 特徵向量 $P = \begin{bmatrix} P_1 & P_2 \end{bmatrix} = \begin{bmatrix} 1 & 1 \\ 1 & 2 \end{bmatrix}$。而 $P^{-1} = \begin{bmatrix} 2 & -1 \\ -1 & 1 \end{bmatrix}$

$$D = P^{-1} \times A \times P = \begin{bmatrix} 2 & -1 \\ -1 & 1 \end{bmatrix} \times \begin{bmatrix} 1 & 1 \\ -2 & 4 \end{bmatrix} \times \begin{bmatrix} 1 & 1 \\ 1 & 2 \end{bmatrix} = \begin{bmatrix} 2 & 0 \\ 0 & 3 \end{bmatrix}$$

4. $A^{20} = P \times D^{20} \times P^{-1} = \begin{bmatrix} 1 & 1 \\ 1 & 2 \end{bmatrix} \times \begin{bmatrix} 2 & 0 \\ 0 & 3 \end{bmatrix}^{20} \times \begin{bmatrix} 2 & -1 \\ -1 & 1 \end{bmatrix}$

$$= \begin{bmatrix} 1 & 1 \\ 1 & 2 \end{bmatrix} \times \begin{bmatrix} 2^{20} & 0 \\ 0 & 3^{20} \end{bmatrix} \times \begin{bmatrix} 2 & -1 \\ -1 & 1 \end{bmatrix} = \begin{bmatrix} -3.4847 & 3.4857 \\ -6.9715 & 6.9725 \end{bmatrix} \times 10^9$$

例 4.5-5

求矩陣 P，能將 $A = \begin{bmatrix} 3 & -2 & 0 \\ -2 & 3 & 0 \\ 0 & 0 & 5 \end{bmatrix}$ 對角線化。

 解

$A - \lambda I = \begin{bmatrix} 3-\lambda & -2 & 0 \\ -2 & 3-\lambda & 0 \\ 0 & 0 & 5-\lambda \end{bmatrix}$，由 $\det (A-\lambda I) = 0$，解出 $\lambda_1 = 1$，$\lambda_2 = 5$，$\lambda_3 = 5$。

1. 對應於 $\lambda_1 = 1$ 之特徵向量。

$$(A - \lambda I)X = 0 \Rightarrow \begin{bmatrix} 2 & -2 & 0 \\ -2 & 2 & 0 \\ 0 & 0 & 4 \end{bmatrix} \begin{bmatrix} x_1 \\ x_2 \\ x_3 \end{bmatrix} = \begin{bmatrix} 0 \\ 0 \\ 0 \end{bmatrix} \Rightarrow \begin{cases} 2x_1 - 2x_2 = 0 \\ -2x_1 + 2x_2 = 0 \\ 4x_3 = 0 \end{cases} \text{，得到} P_1 = \begin{bmatrix} 1 \\ 1 \\ 0 \end{bmatrix} \text{。}$$

2. 對應於 $\lambda_2 = 5$ 之特徵向量

$$(A - \lambda I)X = 0 \Rightarrow \begin{bmatrix} -2 & -2 & 0 \\ -2 & -2 & 0 \\ 0 & 0 & 0 \end{bmatrix} \begin{bmatrix} x_1 \\ x_2 \\ x_3 \end{bmatrix} = \begin{bmatrix} 0 \\ 0 \\ 0 \end{bmatrix} \Rightarrow \begin{cases} -2x_1 - 2x_2 = 0 \\ -2x_1 - 2x_2 = 0 \\ 0x_3 = 0 \end{cases} \text{，}$$

得到 $P_2 = \begin{bmatrix} -1 \\ 1 \\ 1 \end{bmatrix}$ 及 $P_3 = \begin{bmatrix} 1 \\ -1 \\ 1 \end{bmatrix}$ 。

3. 特徵向量 $P = \begin{bmatrix} P_1 & P_2 & P_3 \end{bmatrix} = \begin{bmatrix} 1 & -1 & 1 \\ 1 & 1 & -1 \\ 0 & 1 & 1 \end{bmatrix}$ ，求出 $P^{-1} = \begin{bmatrix} \dfrac{1}{2} & \dfrac{1}{2} & 0 \\ \dfrac{-1}{4} & \dfrac{1}{4} & \dfrac{1}{2} \\ \dfrac{1}{4} & \dfrac{-1}{4} & \dfrac{1}{2} \end{bmatrix}$ 。

代入得到 $P^{-1}AP = \begin{bmatrix} \dfrac{1}{2} & \dfrac{1}{2} & 0 \\ \dfrac{-1}{4} & \dfrac{1}{4} & \dfrac{1}{2} \\ \dfrac{1}{4} & \dfrac{-1}{4} & \dfrac{1}{2} \end{bmatrix} \times \begin{bmatrix} 3 & -2 & 0 \\ -2 & 3 & 0 \\ 0 & 0 & 5 \end{bmatrix} \times \begin{bmatrix} 1 & -1 & 1 \\ 1 & 1 & -1 \\ 0 & 1 & 1 \end{bmatrix} = \begin{bmatrix} 1 & 0 & 0 \\ 0 & 5 & 0 \\ 0 & 0 & 5 \end{bmatrix}$ 。

例 4.5-6

將 $A = \begin{bmatrix} 1 & -1 & 4 \\ 3 & 2 & -1 \\ 2 & 1 & -1 \end{bmatrix}$ 對角線化。

解

$A - \lambda I = \begin{bmatrix} 1-\lambda & -1 & 4 \\ 3 & 2-\lambda & -1 \\ 2 & 1 & -1-\lambda \end{bmatrix}$ ，由 $\det(A-\lambda I) = 0$ ，解出 $\lambda_1 = 1$ ， $\lambda_2 = -2$ 及 $\lambda_3 = 3$ ，

1. 對應於 $\lambda_1 = 1$ 之特徵向量。

$(A - \lambda I)X = 0 \Rightarrow \begin{bmatrix} 0 & -1 & 4 \\ 3 & 1 & -1 \\ 2 & 1 & -2 \end{bmatrix} \begin{bmatrix} x_1 \\ x_2 \\ x_3 \end{bmatrix} = \begin{bmatrix} 0 \\ 0 \\ 0 \end{bmatrix} \Rightarrow \begin{cases} -x_2 + 4x_3 = 0 \\ 3x_1 + x_2 - x_3 = 0 \\ 2x_1 + x_2 - 2x_3 = 0 \end{cases}$ ，得到 $P_1 = \begin{bmatrix} -1 \\ 4 \\ 1 \end{bmatrix}$ 。

2. 對應於 $\lambda_2 = -2$ 之特徵向量。

$(A - \lambda I)X = 0 \Rightarrow \begin{bmatrix} 3 & -1 & 4 \\ 3 & 4 & -1 \\ 2 & 1 & 1 \end{bmatrix} \begin{bmatrix} x_1 \\ x_2 \\ x_3 \end{bmatrix} = \begin{bmatrix} 0 \\ 0 \\ 0 \end{bmatrix} \Rightarrow \begin{cases} 3x_1 - x_2 + 4x_3 = 0 \\ 3x_1 + 4x_2 - x_3 = 0 \\ 2x_1 + x_2 + x_3 = 0 \end{cases}$ ，得到 $P_2 = \begin{bmatrix} 1 \\ -1 \\ -1 \end{bmatrix}$ 。

3. 對應於 $\lambda_3 = 3$ 之特徵向量。

$(A - \lambda I)X = 0 \Rightarrow \begin{bmatrix} -2 & -1 & 4 \\ 3 & -1 & -1 \\ 2 & 1 & -4 \end{bmatrix} \begin{bmatrix} x_1 \\ x_2 \\ x_3 \end{bmatrix} = \begin{bmatrix} 0 \\ 0 \\ 0 \end{bmatrix} \Rightarrow \begin{cases} -2x_1 - x_2 + 4x_3 = 0 \\ 3x_1 - x_2 - x_3 = 0 \\ 2x_1 + x_2 - 4x_3 = 0 \end{cases}$ ，得到 $P_3 = \begin{bmatrix} 1 \\ 2 \\ 1 \end{bmatrix}$ 。

4. 特徵向量 $P = \begin{bmatrix} P_1 & P_2 & P_3 \end{bmatrix} = \begin{bmatrix} -1 & 1 & 1 \\ 4 & -1 & 2 \\ 1 & -1 & 1 \end{bmatrix}$ ，求出 $P^{-1} = \begin{bmatrix} -\dfrac{1}{6} & \dfrac{1}{3} & -\dfrac{1}{2} \\ \dfrac{1}{3} & \dfrac{1}{3} & -1 \\ \dfrac{1}{2} & 0 & \dfrac{1}{2} \end{bmatrix}$ 。

代入得到 $P^{-1}AP = \begin{bmatrix} -\dfrac{1}{6} & \dfrac{1}{3} & -\dfrac{1}{2} \\ \dfrac{1}{3} & \dfrac{1}{3} & -1 \\ \dfrac{1}{2} & 0 & \dfrac{1}{2} \end{bmatrix} \times \begin{bmatrix} 1 & -1 & 4 \\ 3 & 2 & -1 \\ 2 & 1 & -1 \end{bmatrix} \times \begin{bmatrix} -1 & 1 & 1 \\ 4 & -1 & 2 \\ 1 & -1 & 1 \end{bmatrix} = \begin{bmatrix} 1 & 0 & 0 \\ 0 & -2 & 0 \\ 0 & 0 & 3 \end{bmatrix}$ 。

例 4.5-7

將 $A = \begin{bmatrix} 3 & 2 & 4 \\ 2 & 0 & 2 \\ 4 & 2 & 3 \end{bmatrix}$ 對角線化。

 解

$A - \lambda I = \begin{bmatrix} 3-\lambda & 2 & 4 \\ 2 & -\lambda & 2 \\ 4 & 2 & 3-\lambda \end{bmatrix}$，由 $\det (A-\lambda I) = 0$，解出特徵值為 $\lambda_1 = -1$，$\lambda_2 = -1$

及 $\lambda_3 = 8$。

1. 對應於 $\lambda_1 = -1$ 之特徵向量。

$(A-\lambda I)X = 0 \Rightarrow \begin{bmatrix} 4 & 2 & 4 \\ 2 & 1 & 2 \\ 4 & 2 & 4 \end{bmatrix} \begin{bmatrix} x_1 \\ x_2 \\ x_3 \end{bmatrix} = \begin{bmatrix} 0 \\ 0 \\ 0 \end{bmatrix} \Rightarrow \begin{cases} 4x_1 + 2x_2 + 4x_3 = 0 \\ 2x_1 + x_2 + 2x_3 = 0 \\ 4x_1 + 2x_2 + 4x_3 = 0 \end{cases}$，

得到 $P_1 = \begin{bmatrix} 1 \\ -2 \\ 0 \end{bmatrix}$ 及 $P_2 = \begin{bmatrix} 1 \\ 0 \\ -1 \end{bmatrix}$。

2. 對應於 $\lambda_3 = 8$ 之特徵向量。

$(A-\lambda I)X = 0 \Rightarrow \begin{bmatrix} -5 & 2 & 4 \\ 2 & -8 & 2 \\ 4 & 2 & -5 \end{bmatrix} \begin{bmatrix} x_1 \\ x_2 \\ x_3 \end{bmatrix} = \begin{bmatrix} 0 \\ 0 \\ 0 \end{bmatrix} \Rightarrow \begin{cases} -5x_1 + 2x_2 + 4x_3 = 0 \\ 2x_1 - 8x_2 + 2x_3 = 0 \\ 4x_1 + 2x_2 - 5x_3 = 0 \end{cases}$，得到 $P_3 = \begin{bmatrix} 2 \\ 1 \\ 2 \end{bmatrix}$。

3. 特徵向量 $P = \begin{bmatrix} P_1 & P_2 & P_3 \end{bmatrix} = \begin{bmatrix} 1 & 1 & 2 \\ -2 & 0 & 1 \\ 0 & -1 & 2 \end{bmatrix}$，求出 $P^{-1} = \begin{bmatrix} \frac{1}{9} & \frac{-4}{9} & \frac{1}{9} \\ \frac{4}{9} & \frac{2}{9} & \frac{-5}{9} \\ \frac{2}{9} & \frac{1}{9} & \frac{2}{9} \end{bmatrix}$。

代入得到 $P^{-1}AP = \begin{bmatrix} \frac{1}{9} & \frac{-4}{9} & \frac{1}{9} \\ \frac{4}{9} & \frac{2}{9} & \frac{-5}{9} \\ \frac{2}{9} & \frac{1}{9} & \frac{2}{9} \end{bmatrix} \times \begin{bmatrix} 3 & 2 & 4 \\ 2 & 0 & 2 \\ 4 & 2 & 3 \end{bmatrix} \times \begin{bmatrix} 1 & 1 & 2 \\ -2 & 0 & 1 \\ 0 & -1 & 2 \end{bmatrix} = \begin{bmatrix} -1 & 0 & 0 \\ 0 & -1 & 0 \\ 0 & 0 & 8 \end{bmatrix}$。

例 4.5-8

$A = \begin{bmatrix} 4 & 1 \\ 0 & 4 \end{bmatrix}$ 是否可以對角線化。

解

$A - \lambda I = \begin{bmatrix} 4-\lambda & 1 \\ 0 & 4-\lambda \end{bmatrix}$，$\det (A - \lambda I) = 0$，得到 $\lambda_1 = 4$ 及 $\lambda_2 = 4$ 兩個重根。

假設 A 可以對角線化，則應該存在

$A = P^{-1}DP = P^{-1} \begin{bmatrix} 4 & 0 \\ 0 & 4 \end{bmatrix} P = P^{-1}(4I)P = 4P^{-1}I\,P = 4I = \begin{bmatrix} 4 & 0 \\ 0 & 4 \end{bmatrix} = D$，

但是 $A = \begin{bmatrix} 4 & 1 \\ 0 & 4 \end{bmatrix} \neq D$，所以得知並非所有矩陣都可以對角線化。

習題 4-5

下列題目中 A 是否可以對角線化。如果可以的話，求出 C，使得 $C^{-1}AC = D$。

1. $\begin{bmatrix} -2 & -2 \\ -5 & 1 \end{bmatrix}$

    解 $C = \begin{bmatrix} 2 & 1 \\ -5 & 1 \end{bmatrix}$

2. $\begin{bmatrix} 3 & -1 \\ -2 & 4 \end{bmatrix}$

    解 $C = \begin{bmatrix} 1 & 1 \\ 1 & -2 \end{bmatrix}$

3. $\begin{bmatrix} 3 & -5 \\ 1 & -1 \end{bmatrix}$

    解 $C = \begin{bmatrix} 5 & 5 \\ 2-i & 2+i \end{bmatrix}$

4. $\begin{bmatrix} 3 & 2 \\ -5 & 1 \end{bmatrix}$

    解 $C = \begin{bmatrix} -2 & -2 \\ 1-3i & 1+3i \end{bmatrix}$

5. $\begin{bmatrix} 3 & 0 & 0 \\ 0 & 0 & 1 \\ 0 & 0 & 2 \end{bmatrix}$

    解 $C = \begin{bmatrix} 1 & 0 & 0 \\ 0 & 1 & 1 \\ 0 & 0 & 2 \end{bmatrix}$。

6. $\begin{bmatrix} 1 & -1 & 0 \\ -1 & 2 & -1 \\ 0 & -1 & 1 \end{bmatrix}$

    解 $C = \begin{bmatrix} 1 & 1 & 1 \\ 1 & 0 & -2 \\ 1 & -1 & 1 \end{bmatrix}$

4.6 逆矩陣

1. 逆矩陣之定義及性質

方陣 A 及 B 具有 $A \times B = B \times A = I$ 的性質，則稱 B 為 A 的逆矩陣，寫成 $B = A^{-1}$。凡是具有逆矩陣之方陣稱為可逆矩陣，或者非奇異矩陣(nonsingular matrix)，否則稱為不可逆矩陣或者奇異矩陣(singular matrix)。

矩陣 A 及 B 均具有相同維度之可逆矩陣，則有下列之性質

(1) $(A^{-1})^{-1} = A$

(2) $(A^T)^{-1} = (A^{-1})^T$

(3) $(A^*)^{-1} = (A^{-1})^*$

(4) $(A \times B)^{-1} = B^{-1} \times A^{-1}$

(5) $(kA)^{-1} = \dfrac{1}{k} A^{-1}$，$k$ 為常數。

例 4.6-1

證明 (1) $(A \times B)^{-1} = B^{-1} \times A^{-1}$ 及 (2) $(A^T)^{-1} = (A^{-1})^T$

 解

(1) 因為 $(A \times B) \times (B^{-1} \times A^{-1}) = A \times (B \times B^{-1}) \times A^{-1} = A \times I \times A^{-1} = A \times A^{-1} = I$，

所以 $(A \times B)^{-1} = (A \times B)^{-1} \times I = (A \times B)^{-1} \times (A \times B) \times (B^{-1} \times A^{-1}) = I \times (B^{-1} \times A^{-1})$，

得證。

(2) 由定義得知 $A^T \times (A^T)^{-1} = I$，所以

$(A^{-1})^T \times I = (A^{-1})^T \times A^T \times (A^T)^{-1} = (A \times A^{-1})^T \times (A^T)^{-1} = I \times (A^T)^{-1}$，得證。

2. 伴隨矩陣(adjoint Matrix)

$A = \begin{bmatrix} a_{ij} \end{bmatrix}$ 為一 n 階非奇異方陣，a_{ij} 方陣 A 中第 i 列第 j 行之元素，Δ_{ij} 表示 a_{ij} 所對應之餘因子，利用此一行列式之餘因子 Δ_{ij} 為元素，可以組成另一個方陣 $\begin{bmatrix} \Delta_{ij} \end{bmatrix}$，並將此一方陣轉置而得到 $\begin{bmatrix} \Delta_{ij} \end{bmatrix}^T$，稱之為方陣 A 的伴隨矩陣

$$adj(A) = \begin{bmatrix} \Delta_{ij} \end{bmatrix}^T \tag{4.6-1}$$

例 4.6-2

$A = \begin{bmatrix} 1 & 1 & 0 \\ 2 & 3 & -1 \\ 0 & 5 & -1 \end{bmatrix}$，求伴隨矩陣。

 解

先求原行列式之餘因子

$\Delta_{11} = (-1)^{1+1} \begin{vmatrix} 3 & -1 \\ 5 & -1 \end{vmatrix} = 2$ ，$\Delta_{12} = (-1)^{1+2} \begin{vmatrix} 2 & -1 \\ 0 & -1 \end{vmatrix} = 2$ ，$\Delta_{13} = (-1)^{1+3} \begin{vmatrix} 2 & 3 \\ 0 & 5 \end{vmatrix} = 10$ ，

$\Delta_{21} = (-1)^{2+1} \begin{vmatrix} 1 & 0 \\ 5 & -1 \end{vmatrix} = 1$ ，$\Delta_{22} = (-1)^{2+2} \begin{vmatrix} 1 & 0 \\ 0 & -1 \end{vmatrix} = -1$ ，$\Delta_{23} = (-1)^{2+3} \begin{vmatrix} 1 & 1 \\ 0 & 5 \end{vmatrix} = -5$ ，

$\Delta_{31} = (-1)^{3+1} \begin{vmatrix} 1 & 0 \\ 3 & -1 \end{vmatrix} = -1$ ，$\Delta_{32} = (-1)^{3+2} \begin{vmatrix} 1 & 0 \\ 2 & -1 \end{vmatrix} = 1$ ，$\Delta_{33} = (-1)^{3+3} \begin{vmatrix} 1 & 1 \\ 2 & 3 \end{vmatrix} = 1$ ，

$\Delta_{ij} = \begin{bmatrix} 2 & 2 & 10 \\ 1 & -1 & -5 \\ -1 & 1 & 1 \end{bmatrix} \Rightarrow adj(A) = \begin{bmatrix} \Delta_{ij} \end{bmatrix}^T = \begin{bmatrix} 2 & 1 & -1 \\ 2 & -1 & 1 \\ 10 & -5 & 1 \end{bmatrix}$ 。

3. 逆矩陣之求法

一方陣 A 的行列式值不等於零，亦即 $|A| \neq 0$，則稱 A 為非奇異矩陣，此時 A^{-1} 存在並且具有唯一性。在本節中說明餘因子法及增廣法兩種逆矩陣的求法。

(1) 餘因子法(cofactor)：方陣 A 為非奇異矩陣，則逆矩陣 A^{-1} 存在，並且為

$$A^{-1} = \frac{adj(A)}{|A|} \qquad (4.6\text{-}2)$$

利用伴隨矩陣求解逆矩陣時，需要計算矩陣內所有元素所對應之餘因子，原矩陣之階數愈高，相對應餘因子之計算就愈加繁瑣，因此餘因子法較適用於求解低階矩陣的逆矩陣。

例 4.6-3

$A = \begin{bmatrix} 1 & 2 & 4 \\ -1 & 0 & 3 \\ 3 & 1 & -2 \end{bmatrix}$，求逆矩陣

 解

先求行列式值並且判斷逆矩陣是否存在

$|A| = \begin{vmatrix} 1 & 2 & 4 \\ -1 & 0 & 3 \\ 3 & 1 & -2 \end{vmatrix} = 7 \neq 0$，因此 A^{-1} 存在，再求行列式之餘因子。

$\Delta_{11} = \begin{vmatrix} 0 & 3 \\ 1 & -2 \end{vmatrix} = -3$，$\Delta_{12} = -\begin{vmatrix} -1 & 3 \\ 3 & -2 \end{vmatrix} = 7$，$\Delta_{13} = \begin{vmatrix} -1 & 0 \\ 3 & 1 \end{vmatrix} = -1$，

$\Delta_{21} = -\begin{vmatrix} 2 & 4 \\ 1 & -2 \end{vmatrix} = 8$，$\Delta_{22} = \begin{vmatrix} 1 & 4 \\ 3 & -2 \end{vmatrix} = -14$，$\Delta_{23} = -\begin{vmatrix} 1 & 2 \\ 3 & 1 \end{vmatrix} = 5$，

$\Delta_{31} = \begin{vmatrix} 2 & 4 \\ 0 & 3 \end{vmatrix} = 6$，$\Delta_{32} = -\begin{vmatrix} 1 & 4 \\ -1 & 3 \end{vmatrix} = -7$，$\Delta_{33} = \begin{vmatrix} 1 & 2 \\ -1 & 0 \end{vmatrix} = 2$。

$adj(A) = \begin{bmatrix} -3 & 8 & 6 \\ 7 & -14 & -7 \\ -1 & 5 & 2 \end{bmatrix} \Rightarrow A^{-1} = \frac{adj(A)}{|A|} = \frac{1}{7}\begin{bmatrix} -3 & 8 & 6 \\ 7 & -14 & -7 \\ -1 & 5 & 2 \end{bmatrix}$

例 4.6-4

$A = \begin{bmatrix} 1 & 0 & 1 \\ 0 & 2 & 0 \\ 3 & 0 & 3 \end{bmatrix}$，求逆矩陣

先求行列式值：$|A| = \begin{vmatrix} 1 & 0 & 1 \\ 0 & 2 & 0 \\ 3 & 0 & 3 \end{vmatrix} = 0$，因此方陣 A 爲奇異矩陣，逆矩陣 A^{-1} 不存在。

(2) 矩陣的增廣法

矩陣之基本列運算如下：

(a)將矩陣內第 i 列與第 j 列元素互換位置，以 H_{ij} 表示。

(b)將矩陣內第 i 列全部元素乘以一非零常數 k，以 $H_i(k)$ 表示。

(c)將矩陣內第 j 列元素乘以一常數 k 加到第 i 列，以 $H_{ij}(k)$ 表示。

A 爲 n 階非奇異矩陣，I 爲 n 階單位矩陣，將 A 及 I 組合成一個分割矩陣，如果 H 表示一系列之列運算，可以使得 A 化成單位矩陣 I，則 $H \times A = I$，亦即 $H = A^{-1}$，將分割矩陣 $[A|I]$ 進行列運算，可以得到 $[A|I] \Rightarrow [HA|HI] = \begin{bmatrix} I | A^{-1} \end{bmatrix}$，亦即對分割矩陣施行連續的基本列運算，將分割矩陣左側化爲單位矩陣，則分割矩陣之右側即爲原矩陣之逆矩陣 A^{-1}，此一方法適用於高階方陣的逆矩陣運算。

例 4.6-5

$$A = \begin{bmatrix} 1 & 2 & 4 \\ -1 & 0 & 3 \\ 3 & 1 & -2 \end{bmatrix}$$，求逆矩陣

解

利用分割矩陣的方法求解，分割矩陣為

$$\begin{bmatrix} 1 & 2 & 4 & 1 & 0 & 0 \\ -1 & 0 & 3 & 0 & 1 & 0 \\ 3 & 1 & -2 & 0 & 0 & 1 \end{bmatrix} \xrightarrow{H_{21}(1),H_{32}(3)} \begin{bmatrix} 1 & 2 & 4 & 1 & 0 & 0 \\ 0 & 2 & 7 & 1 & 1 & 0 \\ 0 & 1 & 7 & 0 & 3 & 1 \end{bmatrix} \xrightarrow{H_2(\frac{1}{2})}$$

$$\begin{bmatrix} 1 & 2 & 4 & 1 & 0 & 0 \\ 0 & 1 & 7/2 & 1/2 & 1/2 & 0 \\ 0 & 1 & 7 & 0 & 3 & 1 \end{bmatrix} \xrightarrow{H_{12}(-2),H_{32}(-1)} \begin{bmatrix} 1 & 0 & -3 & 0 & -1 & 0 \\ 0 & 1 & 7/2 & 1/2 & 1/2 & 0 \\ 0 & 0 & 7/2 & -1/2 & 5/2 & 1 \end{bmatrix}$$

$$\xrightarrow{H_{13}(\frac{6}{7}),H_{23}(-1)} \begin{bmatrix} 1 & 0 & 0 & -3/7 & 8/7 & 6/7 \\ 0 & 1 & 0 & 1 & -2 & -1 \\ 0 & 0 & 7/2 & -1/2 & 5/2 & 1 \end{bmatrix} \xrightarrow{H_3(\frac{2}{7})}$$

$$\begin{bmatrix} 1 & 0 & 0 & -3/7 & 8/7 & 6/7 \\ 0 & 1 & 0 & 1 & -2 & -1 \\ 0 & 0 & 1 & -1/7 & 5/7 & 2/7 \end{bmatrix},$$

可以得到逆矩陣 $A^{-1} = \dfrac{1}{7}\begin{bmatrix} -3 & 8 & 6 \\ 7 & -14 & -7 \\ -1 & 5 & 2 \end{bmatrix}$，此結果與使用以餘因子法求解之結果相

同。

 例 4.6-6

$A = \begin{bmatrix} 1 & 0 & 2 \\ 2 & 1 & 1 \\ 1 & 1 & 1 \end{bmatrix}$，求逆矩陣

解

(1) 利用分割矩陣的方法求解

$$\begin{bmatrix} 1 & 0 & 2 & 1 & 0 & 0 \\ 2 & 1 & 1 & 0 & 1 & 0 \\ 1 & 1 & 1 & 0 & 0 & 1 \end{bmatrix} \xrightarrow{H_{21}(-2),H_{31}(-1)} \begin{bmatrix} 1 & 0 & 2 & 1 & 0 & 0 \\ 0 & 1 & -3 & -2 & 1 & 0 \\ 0 & 1 & -1 & -1 & 0 & 1 \end{bmatrix} \xrightarrow{H_{32}(-1)}$$

$$\begin{bmatrix} 1 & 0 & 2 & 1 & 0 & 0 \\ 0 & 1 & -3 & -2 & 1 & 0 \\ 0 & 0 & 2 & 1 & -1 & 1 \end{bmatrix} \xrightarrow{H_{3}(\frac{1}{2})} \begin{bmatrix} 1 & 0 & 2 & 1 & 0 & 0 \\ 0 & 1 & -3 & -2 & 1 & 0 \\ 0 & 0 & 1 & 1/2 & -1/2 & 1/2 \end{bmatrix}$$

$$\xrightarrow{H_{13}(-2),H_{23}(3)} \begin{bmatrix} 1 & 0 & 0 & 0 & 1 & -1 \\ 0 & 1 & 0 & -1/2 & -1/2 & 3/2 \\ 0 & 0 & 1 & 1/2 & -1/2 & 1/2 \end{bmatrix},$$

得到逆矩陣 $A^{-1} = \begin{bmatrix} 0 & 1 & -1 \\ -1/2 & -1/2 & 3/2 \\ 1/2 & -1/2 & 1/2 \end{bmatrix}$

(2) 利用餘因子法求解

$|A| = \begin{vmatrix} 1 & 0 & 2 \\ 2 & 1 & 1 \\ 1 & 1 & 1 \end{vmatrix} = 2$，$\Delta_{11} = \begin{vmatrix} 1 & 1 \\ 1 & 1 \end{vmatrix} = 0$，$\Delta_{12} = -\begin{vmatrix} 2 & 1 \\ 1 & 1 \end{vmatrix} = -1$，$\Delta_{13} = \begin{vmatrix} 2 & 1 \\ 1 & 1 \end{vmatrix} = 1$，

$\Delta_{21} = -\begin{vmatrix} 0 & 2 \\ 1 & 1 \end{vmatrix} = 2$，$\Delta_{22} = \begin{vmatrix} 1 & 2 \\ 1 & 1 \end{vmatrix} = -1$，$\Delta_{23} = -\begin{vmatrix} 1 & 0 \\ 1 & 1 \end{vmatrix} = -1$，

$\Delta_{31} = \begin{vmatrix} 0 & 2 \\ 1 & 1 \end{vmatrix} = -2$，$\Delta_{32} = -\begin{vmatrix} 1 & 2 \\ 2 & 1 \end{vmatrix} = 3$，$\Delta_{33} = \begin{vmatrix} 1 & 0 \\ 2 & 1 \end{vmatrix} = 1$，

$adj(A) = \begin{bmatrix} 0 & 2 & -2 \\ -1 & -1 & 3 \\ 1 & -1 & 1 \end{bmatrix} \Rightarrow A^{-1} = \dfrac{adj(A)}{|A|} = \dfrac{1}{2}\begin{bmatrix} 0 & 2 & -2 \\ -1 & -1 & 3 \\ 1 & -1 & 1 \end{bmatrix}$。

(3) 葛雷-漢彌頓定理(Cayley-Hamilton theorem)

任何正方矩陣的多項式均滿足其本身的特徵方程式，當 A 為 $n \times n$ 矩陣，$P(x)$ 為 A 的特徵多項式。

$$P(x) = x^n + a_{n-1}x^{n-1} + ... + a_1 x + a_0 \qquad (4.6\text{-}3)$$

則

$$P(A) = A^n + a_{n-1}A^{n-1} + ... + a_1 A + a_0 I \qquad (4.6\text{-}4)$$

例 4.6-7

$A = \begin{bmatrix} -1 & 4 \\ 3 & 7 \end{bmatrix}$，$P(x) = x^2 - 5x + 3$，求 $P(A)$。

 解

$A^2 = \begin{bmatrix} -1 & 4 \\ 3 & 7 \end{bmatrix} \begin{bmatrix} -1 & 4 \\ 3 & 7 \end{bmatrix} = \begin{bmatrix} 13 & 24 \\ 18 & 61 \end{bmatrix}$，

$P(A) = A^2 - 5A + 3I = \begin{bmatrix} 13 & 24 \\ 18 & 61 \end{bmatrix} - 5\begin{bmatrix} -1 & 4 \\ 3 & 7 \end{bmatrix} + 3\begin{bmatrix} 1 & 0 \\ 0 & 1 \end{bmatrix} = \begin{bmatrix} 21 & 4 \\ 3 & 29 \end{bmatrix}$。

例 4.6-8

$A = \begin{bmatrix} 1 & -1 & 4 \\ 3 & 2 & -1 \\ 2 & 1 & -1 \end{bmatrix}$，試印證葛雷-漢彌頓定理。

 解

$\det(A - \lambda I) = 0$，$\lambda^3 - 2\lambda^2 - 5\lambda + 6 = 0$。又

$A^3 = \begin{bmatrix} 11 & -3 & 22 \\ 29 & 4 & 17 \\ 16 & 3 & 5 \end{bmatrix}$ 及 $A^2 = \begin{bmatrix} 6 & 1 & 1 \\ 7 & 0 & 11 \\ 3 & -1 & 8 \end{bmatrix}$，因此

$$A^3 - 2A^2 - 5A + 6I = \begin{bmatrix} 11 & -3 & 22 \\ 29 & 4 & 17 \\ 16 & 3 & 5 \end{bmatrix} + \begin{bmatrix} -12 & -2 & -2 \\ -14 & 0 & -22 \\ -6 & 2 & -16 \end{bmatrix}$$

$$+ \begin{bmatrix} -5 & 5 & -20 \\ -15 & -10 & 5 \\ -10 & -5 & 5 \end{bmatrix} + \begin{bmatrix} 6 & 0 & 0 \\ 0 & 6 & 0 \\ 0 & 0 & 6 \end{bmatrix} = \begin{bmatrix} 0 & 0 & 0 \\ 0 & 0 & 0 \\ 0 & 0 & 0 \end{bmatrix} \circ$$

經由葛雷-漢彌頓定理求得 A 的逆矩陣 A^{-1} 的方法為

假設 $P(x)$ 為 A 的特徵多項式，$P(\lambda) = \lambda^n + a_{n-1}\lambda^{n-1} + \cdots + a_1\lambda + a_0$，根據定理得到

$$P(A) = A^n + a_{n-1}A^{n-1} + \cdots + a_1A + a_0I = 0 \qquad (4.6\text{-}5)$$

經過運算得到

$$A^{-1}P(A) = A^{n-1} + a_{n-1}A^{n-2} + \cdots + a_2A + a_1I + a_0A^{-1} = 0 \qquad (4.6\text{-}6)$$

因此

$$A^{-1} = \frac{1}{a_0}\left(-A^{n-1} - a_{n-1}A^{n-2} - \cdots - a_2A - a_1I\right) \qquad (4.6\text{-}7)$$

其中 $a_0 \neq 0$，並且 $a_0 = \det(A)$。

例 4.6-9

$A = \begin{bmatrix} 1 & -1 & 4 \\ 3 & 2 & -1 \\ 2 & 1 & -1 \end{bmatrix}$ 利用葛雷-漢彌頓定理求逆矩陣。

經由計算得到 $P(\lambda) = \lambda^3 - 2\lambda^2 - 5\lambda + 6$，因此 $n = 3$，$a_2 = -2$，$a_1 = -5$，$a_0 = 6$。

代入(4.6-7)式得到 $A^{-1} = \dfrac{1}{6}\left(-A^2 + 2A + 5I\right)$，代入各個數值

$$A^{-1} = \frac{1}{6}\begin{bmatrix} -6 & -1 & -1 \\ -7 & 0 & -11 \\ -3 & 1 & -8 \end{bmatrix} + \begin{bmatrix} 2 & -2 & 8 \\ 6 & 4 & -2 \\ 4 & 2 & -2 \end{bmatrix} + \begin{bmatrix} 5 & 0 & 0 \\ 0 & 5 & 0 \\ 0 & 0 & 5 \end{bmatrix} = \frac{1}{6}\begin{bmatrix} 1 & -3 & 7 \\ -1 & 9 & -13 \\ 1 & 3 & -5 \end{bmatrix}$$。

1. 求逆矩陣

(1) $\begin{bmatrix} 1 & -2 & 3 \\ 0 & -4 & 5 \\ 0 & 0 & 6 \end{bmatrix}$　(2) $\begin{bmatrix} 1 & -1 \\ 2 & 3 \end{bmatrix}$　(3) $\begin{bmatrix} 0 & -1 & -3 \\ 1 & 0 & -2 \\ 3 & 2 & 0 \end{bmatrix}$

(4) $\begin{bmatrix} 1 & 0 & -1 & 0 \\ 0 & 1 & 0 & 0 \\ -1 & 0 & 1+\dfrac{1}{\sqrt{2}} & 0 \\ 0 & 0 & 0 & 1+\dfrac{1}{\sqrt{2}} \end{bmatrix}$

解　(1) $\begin{bmatrix} 1 & \dfrac{-1}{2} & \dfrac{-1}{12} \\ 0 & \dfrac{-1}{4} & \dfrac{5}{24} \\ 0 & 0 & \dfrac{1}{6} \end{bmatrix}$。　(2) $\begin{bmatrix} \dfrac{3}{5} & \dfrac{1}{5} \\ \dfrac{-2}{5} & \dfrac{1}{5} \end{bmatrix}$。　(3) $\det = 0$

(4) $\begin{bmatrix} 1+\sqrt{2} & 0 & \sqrt{2} & 0 \\ 0 & 1 & 0 & 0 \\ \sqrt{2} & 0 & \sqrt{2} & 0 \\ 0 & 0 & 0 & 2-\sqrt{2} \end{bmatrix}$

2. $A = \begin{bmatrix} 1 & 2 & 3 \\ 4 & 5 & 6 \\ 7 & 8 & 9 \end{bmatrix}$, $B = \begin{bmatrix} -1+i & -2 & 2i \\ -3 & -1-i & 1 \\ \sin\theta & \cos\theta & 1 \end{bmatrix}$, $C = \begin{bmatrix} -i & -1 & 2 \\ -1 & i & 4 \\ 2 & 4 & 2i \end{bmatrix}$,

$D = \begin{bmatrix} \sqrt{3}\sin\theta & i \\ i & \sqrt{5}\cos\theta \end{bmatrix}$,

求 $(1) A^{-1}$, A^T , $A^{-1} - A^T$ $\quad(2) B + B^*$, B^T $\quad(3) C - C^*$, $C + C^*$ $\quad(4) D - D^T$, $D + D^T$

解 $(1) \det(A) = 0$ ，沒有逆矩陣。 $A^T = \begin{bmatrix} 1 & 4 & 7 \\ 2 & 5 & 8 \\ 3 & 6 & 9 \end{bmatrix}$ 。

$(2) B + B^* = \begin{bmatrix} -2 & -5 & \sin\theta + 2i \\ -5 & -2 & 1 + \cos\theta \\ \sin\theta - 2i & 1 + \cos\theta & 2 \end{bmatrix}$ 。 $B^T = \begin{bmatrix} -1+i & -3 & \sin\theta \\ -2 & -1-i & \cos\theta \\ 2i & 1 & 1 \end{bmatrix}$ 。

$(3) C + C^* = \begin{bmatrix} 0 & -2 & 4 \\ -2 & 0 & 8 \\ 4 & 8 & 0 \end{bmatrix}$ 。 $C - C^* = \begin{bmatrix} -2i & 0 & 0 \\ 0 & 2i & 0 \\ 0 & 0 & 4i \end{bmatrix}$ 。

$(4) D - D^T = \begin{bmatrix} 0 & 0 \\ 0 & 0 \end{bmatrix}$ 。 $D + D^T = \begin{bmatrix} 2\sqrt{3}\sin\theta & 2i \\ 2i & 2\sqrt{5}\cos\theta \end{bmatrix}$ 。

3. 證明

$(1) A^{-1}$ 存在，並且 $A \times B = 0$ ，則 $B = 0$

$(2) A^{-1}$ 存在，並且 $A \times B = A \times C$ ，則 $B = C$

$(3) (A - B) \times (A + B) = A^2 - B^2$ 成立之條件為何

解 $(1) A^{-1}$ 存在，並且 $A \times B = 0$ ，則 $B = 0$

$\Rightarrow$ 由 $A^{-1} \times A \times B = A^{-1} \times 0 \Rightarrow I \times B = A^{-1} \times 0 = 0 \Rightarrow B = 0$ 。

$(2) A^{-1}$ 存在，並且 $A \times B = A \times C$ ，則 $B = C$

$\Rightarrow$ 由 $A^{-1} \times A \times B = A^{-1} \times A \times C \Rightarrow I \times B = I \times C \Rightarrow B = C$ 。

$(3) (A - B) \times (A + B) = A^2 - B^2$ 成立之條件為何

$\Rightarrow$ 展開

$(A - B) \times (A + B) = A \times A + A \times B - B \times A - B \times B = A^2 + A \times B - B \times A - B^2$ ，

此時必須 $A \times B = B \times A$ 。

4.7　矩陣的秩數

1. 向量之線性獨立與線性相關

　　任一組向量 v_1，v_2，v_3，$\cdots$，v_n，如果滿足

$$c_1v_1 + c_2v_2 + c_3v_3 + \cdots + c_nv_n = 0 \qquad (4.7\text{-}1)$$

　　其中 c_1，c_2，c_3，$\cdots$，c_n 為不全為零之常數，則稱此組向量為線性相關(linear dependant)。反之如果 $c_1 = c_2 = c_3 = \cdots = c_n = 0$ 為唯一解，則此組向量 v_1，v_2，v_3，$\cdots$，v_n 稱為線性獨立(linear Independent)

例 4.7-1

$v_1 = \begin{bmatrix} 1 \\ 1 \\ -2 \\ -2 \end{bmatrix}$，$v_2 = \begin{bmatrix} 2 \\ -3 \\ 0 \\ 2 \end{bmatrix}$，$v_3 = \begin{bmatrix} -2 \\ 0 \\ 2 \\ 2 \end{bmatrix}$，$v_4 = \begin{bmatrix} 3 \\ -3 \\ -2 \\ 2 \end{bmatrix}$，此四個向量有幾個為線性獨立？

解

令 $c_1v_1 + c_2v_2 + c_3v_3 + c_4v_4 = 0$，因此

$$c_1\begin{bmatrix} 1 \\ 1 \\ -2 \\ -2 \end{bmatrix} + c_2\begin{bmatrix} 2 \\ -3 \\ 0 \\ 2 \end{bmatrix} + c_3\begin{bmatrix} -2 \\ 0 \\ 2 \\ 2 \end{bmatrix} + c_4\begin{bmatrix} 3 \\ -3 \\ -2 \\ 2 \end{bmatrix} = \begin{bmatrix} 0 \\ 0 \\ 0 \\ 0 \end{bmatrix} \Rightarrow \begin{bmatrix} 1 & 2 & -2 & 3 \\ 1 & -3 & 0 & -3 \\ -2 & 0 & 2 & -2 \\ -2 & 2 & 2 & 2 \end{bmatrix}\begin{bmatrix} c_1 \\ c_2 \\ c_3 \\ c_4 \end{bmatrix} = \begin{bmatrix} 0 \\ 0 \\ 0 \\ 0 \end{bmatrix}。$$

利用高斯消去法可以得到 $\begin{bmatrix} 1 & 2 & -2 & 3 \\ 0 & 5 & -2 & 6 \\ 0 & 0 & 1 & 2 \\ 0 & 0 & 0 & 0 \end{bmatrix}\begin{bmatrix} c_1 \\ c_2 \\ c_3 \\ c_4 \end{bmatrix} = \begin{bmatrix} 0 \\ 0 \\ 0 \\ 0 \end{bmatrix}$，

有效方程式有 3 個，但卻有 4 個未知數，因此 c_1，c_2，c_3 及 c_4 有無窮多解，v_1，v_2，v_3 及 v_4 為線性相關。如果僅考慮 v_1，v_2，v_3 三個向量，則令 $c_1v_1 + c_2v_2 + c_3v_3 = 0$，因此

$$c_1\begin{bmatrix} 1 \\ 1 \\ -2 \\ -2 \end{bmatrix} + c_2\begin{bmatrix} 2 \\ -3 \\ 0 \\ 2 \end{bmatrix} + c_3\begin{bmatrix} -2 \\ 0 \\ 2 \\ 2 \end{bmatrix} = \begin{bmatrix} 0 \\ 0 \\ 0 \\ 0 \end{bmatrix} \Rightarrow \begin{bmatrix} 1 & 2 & -2 \\ 1 & -3 & 0 \\ -2 & 0 & 2 \\ -2 & 2 & 2 \end{bmatrix}\begin{bmatrix} c_1 \\ c_2 \\ c_3 \end{bmatrix} = \begin{bmatrix} 0 \\ 0 \\ 0 \\ 0 \end{bmatrix} \text{。}$$

利用高斯消去法可以得到 $\begin{bmatrix} 1 & 2 & -2 \\ 0 & -1 & -1/2 \\ 0 & 0 & 1 \\ 0 & 0 & 0 \end{bmatrix}\begin{bmatrix} c_1 \\ c_2 \\ c_3 \end{bmatrix} = \begin{bmatrix} 0 \\ 0 \\ 0 \\ 0 \end{bmatrix}$，

有效方程式有 3 個，並且未知數也是 3 個，因此 c_1，c_2 及 c_3，具有唯一解，$c_1 = c_2 = c_3 = 0$，所以 v_1，v_2 及 v_3 為線性獨立。

2. 矩陣的秩數(Rank)：Rank(A)

　　矩陣 A 之秩數為 A 之行向量(列向量)線性獨立的個數，因此可以經由前面章節所提到的將矩陣 A 以高斯消去法進行列運算，所得到的有效方程式個數，即為矩陣 A 之秩數。此外矩陣 A 的秩數等於所有 A 的子方陣中行列式值不為零的最大階數，因此也可以計算 A 中子方陣之行列式值以求矩陣之秩數，此種方法稱為行列式法。

例 4.7-2

求 $A = \begin{bmatrix} 1 & 2 & 3 & 4 \\ 2 & 3 & 4 & 5 \\ 3 & 4 & 5 & 6 \\ 4 & 5 & 6 & 7 \end{bmatrix}$ 的秩數

 解

利用高斯消去法對矩陣 A 進行列運算

$$\begin{bmatrix} 1 & 2 & 3 & 4 \\ 2 & 3 & 4 & 5 \\ 3 & 4 & 5 & 6 \\ 4 & 5 & 6 & 7 \end{bmatrix} \rightarrow \begin{bmatrix} 1 & 2 & 3 & 4 \\ 0 & 1 & 2 & 3 \\ 0 & 2 & 4 & 6 \\ 0 & 3 & 6 & 9 \end{bmatrix} \rightarrow \begin{bmatrix} 1 & 2 & 3 & 4 \\ 0 & 1 & 2 & 3 \\ 0 & 0 & 0 & 0 \\ 0 & 0 & 0 & 0 \end{bmatrix}$$

得到有效方程式個數 $= 2$，因此矩陣 A 之秩數 $\text{Rank}(A) = 2$。

例 4.7-3

求 $A = \begin{bmatrix} 1 & 4 & 7 \\ 2 & 5 & 8 \\ 3 & 6 & 9 \end{bmatrix}$ 的秩數

 解

矩陣 A 為 3×3 階之方陣，利用行列式法先計算最高階子方陣的行列式值

$|A| = \begin{vmatrix} 1 & 4 & 7 \\ 2 & 5 & 8 \\ 3 & 6 & 9 \end{vmatrix} = 0$，所以 $\text{Rank}(A) \neq 3$。此時對 A 的 2×2 階之子方陣列有

$\begin{bmatrix} 1 & 4 \\ 2 & 5 \end{bmatrix}, \begin{bmatrix} 1 & 4 \\ 3 & 6 \end{bmatrix}, \begin{bmatrix} 1 & 7 \\ 2 & 8 \end{bmatrix}, \begin{bmatrix} 1 & 7 \\ 3 & 9 \end{bmatrix}, \begin{bmatrix} 4 & 7 \\ 5 & 8 \end{bmatrix}, \begin{bmatrix} 4 & 7 \\ 6 & 9 \end{bmatrix}, \begin{bmatrix} 5 & 8 \\ 6 & 9 \end{bmatrix}, \begin{bmatrix} 2 & 5 \\ 3 & 6 \end{bmatrix}$ 及 $\begin{bmatrix} 2 & 8 \\ 3 & 9 \end{bmatrix}$，

只要其中任何一個子方陣其行列式值不為零，則矩陣 A 之秩數就為 2。取其中的 $\begin{bmatrix} 1 & 4 \\ 2 & 5 \end{bmatrix} \neq 0$，因此矩陣 A 之秩數 $\text{Rank}(A) = 2$。

例 4.7-4

求 $A = \begin{bmatrix} 1 & 2 & -1 & 3 \\ 3 & 4 & 0 & -1 \\ -1 & 0 & -2 & 7 \end{bmatrix}$ 的秩數

解

利用行列式法

$\begin{vmatrix} 1 & 2 & -1 \\ 3 & 4 & 0 \\ -1 & 0 & -2 \end{vmatrix} = 0$，$\begin{vmatrix} 1 & -1 & 3 \\ 3 & 0 & -1 \\ -1 & -2 & 7 \end{vmatrix} = 0$，$\begin{vmatrix} 1 & 2 & 3 \\ 3 & 4 & -1 \\ -1 & 0 & 7 \end{vmatrix} = 0$ 及 $\begin{vmatrix} 2 & -1 & 3 \\ 4 & 0 & -1 \\ 0 & -2 & 7 \end{vmatrix} = 0$。

所有三階子行列式均為零，所以秩數 < 3，因為其中的 $\begin{vmatrix} 1 & 2 \\ 3 & 4 \end{vmatrix} = -2 \neq 0$，

存在一個不為零的二階子行列式，所以矩陣 A 之秩數 Rank(A) = 2。

例 4.7-5

以 λ 值之方法，求 $A = \begin{bmatrix} 5-\lambda & 4 & -2 \\ 4 & 5-\lambda & -2 \\ -2 & -2 & 3-2\lambda \end{bmatrix}$ 的秩數

解

經由 $\begin{vmatrix} 5-\lambda & 4 & -2 \\ 4 & 5-\lambda & -2 \\ -2 & -2 & 3-2\lambda \end{vmatrix} = 0$，得到 $2\lambda^3 - 23\lambda^2 + 40\lambda - 19 = 0$，分解因式

$(\lambda-1)^2(2\lambda-19) = 0 \Rightarrow \lambda = 1, 1, \dfrac{19}{2}$

1. 在 $\lambda \neq 1$ 及 $\lambda \neq \dfrac{19}{2}$ 時：行列式值不等於零，因此矩陣 A 之秩數 Rank(A) = 3。

2. 在 $\lambda = 1$ 時

$A = \begin{bmatrix} 4 & 4 & -2 \\ 4 & 4 & -2 \\ -2 & -2 & 1 \end{bmatrix}$，化簡成為 $\begin{bmatrix} 1 & 1 & -1/2 \\ 0 & 0 & 0 \\ 0 & 0 & 0 \end{bmatrix}$，因此矩陣 A 之秩數 Rank(A)=1。

3. 在 $\lambda = \dfrac{19}{2}$ 時

$A = \begin{bmatrix} -9/2 & 4 & -2 \\ 4 & -9/2 & -2 \\ -2 & -2 & -16 \end{bmatrix}$，其中的 $\begin{vmatrix} -9/2 & -2 \\ -2 & -16 \end{vmatrix} \neq 0$，因此矩陣 A 之秩數 Rank(A)=2。

習題 4-7

求下列各個矩陣的秩數

(1) $\begin{bmatrix} 1 & 3 \\ 2 & 6 \end{bmatrix}$ (2) $\begin{bmatrix} 1 & -4 & 5 \\ 2 & 8 & 6 \end{bmatrix}$ (3) $\begin{bmatrix} 1 & 2 & -1 \\ 2 & 4 & 6 \\ 0 & 0 & -8 \end{bmatrix}$ (4) $\begin{bmatrix} -1 & 3 & 1 \\ 2 & -4 & -2 \\ -3 & 6 & 3 \end{bmatrix}$ (5) $\begin{bmatrix} -1 & 1 & 2 & 3 \\ 0 & 1 & 0 & 1 \\ 1 & 0 & 1 & 0 \\ 0 & 0 & 0 & 1 \end{bmatrix}$

解 (1)Rank = 1。

(2)Rank = 2。

(3)Rank = 2。

(4)Rank = 2。

(5)Rank = 4。

4.8 聯立方程組

1. 係數矩陣與增廣矩陣

有 n 個未知數 $x_1, x_2, x_3, \cdots, x_n$ 之 m 個聯立線性方程組定義為

$$\begin{cases} a_{11}x_1 + a_{12}x_2 + a_{13}x_3 + \cdots + a_{1n}x_n = b_1 \\ a_{21}x_1 + a_{22}x_2 + a_{23}x_3 + \cdots + a_{2n}x_n = b_2 \\ \qquad\qquad\qquad \vdots \\ a_{m1}x_1 + a_{m2}x_2 + a_{m3}x_3 + \cdots + a_{mn}x_n = b_m \end{cases} \qquad (4.8\text{-}1)$$

利用矩陣乘法的定義，可以將(4.8-1)式改寫成

$$\begin{bmatrix} a_{11} & a_{12} & \cdots & a_{1n} \\ a_{21} & a_{22} & \cdots & a_{2n} \\ \vdots & \vdots & \ddots & \vdots \\ a_{m1} & a_{m2} & \cdots & a_{mn} \end{bmatrix} \begin{bmatrix} x_1 \\ x_2 \\ \vdots \\ x_n \end{bmatrix} = \begin{bmatrix} b_1 \\ b_2 \\ \vdots \\ b_m \end{bmatrix} \Rightarrow AX = B \qquad (4.8\text{-}2)$$

其中，$A[a_{ij}]$ 稱為係數矩陣。

而 A 與 B 合併之矩陣則稱為增廣矩陣(augmented matrix)

$$[A \,|\, B] = \begin{bmatrix} a_{11} & a_{12} & \cdots & a_{1n} & b_1 \\ a_{21} & a_{22} & \cdots & a_{2n} & b_2 \\ \vdots & \vdots & \ddots & \vdots & \vdots \\ a_{m1} & a_{m2} & \cdots & a_{mn} & b_m \end{bmatrix} \qquad (4.8\text{-}3)$$

主要的應用是由係數矩陣及增廣矩陣的秩數決定方程組是否有解，相關之方式為

在含有 n 個未知數之 m 個聯立線性方程組 $\Rightarrow AX = B$

(1) 當 A 的秩數等於 $[A\,|\,B]$ 的秩數時，則此一聯立線性方程組有解，此時

　　(a)如果 A 的秩數=$[A\,|\,B]$ 之秩數=n，則為唯一解。

　　(b)如果 A 的秩數=$[A\,|\,B]$ 之秩數，但是<n，則有無窮多解。

(2) 當 A 的秩數小於 $[A\,|\,B]$ 的秩數時，則無解。

例 4.8-1

$$\begin{cases} x_1 - x_2 + x_3 = 1 \\ 2x_1 - 2x_2 + 4x_3 = 4 \\ x_1 - x_2 + 3x_3 = 3 \end{cases}$$ ，此一聯立方程組是否有解，是否為唯一？

 解

將此聯立方程組表示為矩陣之型態 $\Rightarrow AX = B$，$\begin{bmatrix} 1 & -1 & 1 \\ 2 & -2 & 4 \\ 1 & -1 & 3 \end{bmatrix}\begin{bmatrix} x_1 \\ x_2 \\ x_3 \end{bmatrix} = \begin{bmatrix} 1 \\ 4 \\ 3 \end{bmatrix}$。

經由高斯消去法進行列運算，求出增廣矩陣

$$[A\,|\,B] = \begin{bmatrix} 1 & -1 & 1 & 1 \\ 2 & -2 & 4 & 4 \\ 1 & -1 & 3 & 3 \end{bmatrix} \xrightarrow{H_{21}(-2),H_{31}(-1)} \begin{bmatrix} 1 & -1 & 1 & 1 \\ 0 & 0 & 2 & 2 \\ 0 & 0 & 2 & 2 \end{bmatrix} \xrightarrow{H_{32}(-1)} \begin{bmatrix} 1 & -1 & 1 & 1 \\ 0 & 0 & 2 & 2 \\ 0 & 0 & 0 & 0 \end{bmatrix}$$

得到矩陣 A 之秩數 $\text{Rank}(A) = 2$，增廣矩陣 $[A\,|\,B]$ 之秩數 $\text{Rank}([A\,|\,B]) = 2$，而未知數個數 $n = 3$，因此 $\text{Rank}(A) = \text{Rank}([A\,|\,B]) = 2 < n$，所以此聯立方程組具有無窮多解。

例 4.8-2

$$\begin{cases} 3x_1 + 2x_2 + x_3 = 3 \\ 2x_1 + x_2 + x_3 = 0 \\ 6x_1 + 2x_2 + 4x_3 = 6 \end{cases}$$ ，此一聯立方程組是否有解？

 解

將此聯立方程式組化為矩陣形式後，所對應之增廣矩陣為

$$[A\,|\,B] = \begin{bmatrix} 3 & 2 & 1 & 3 \\ 2 & 1 & 1 & 0 \\ 6 & 2 & 4 & 6 \end{bmatrix} \xrightarrow{H_{21}(-\frac{2}{3}),H_{31}(-2)} \begin{bmatrix} 3 & 2 & 1 & 3 \\ 0 & \dfrac{-1}{3} & \dfrac{1}{3} & -2 \\ 0 & -2 & 2 & 0 \end{bmatrix} \xrightarrow{H_{32}(-6)} \begin{bmatrix} 3 & 2 & 1 & 3 \\ 0 & \dfrac{-1}{3} & \dfrac{1}{3} & -2 \\ 0 & 0 & 0 & -12 \end{bmatrix}$$

得到矩陣 A 之秩數 $\text{Rank}(A) = 2$，增廣矩陣 $[A\,|\,B]$ 之秩數 $\text{Rank}([A\,|\,B]) = 3$，因此 $\text{Rank}(A) < \text{Rank}([A\,|\,B])$，所以聯立方程組無解。

例 4.8-3

$\begin{bmatrix} 1 & -1 & 3 & 1 \\ -1 & 2 & -3 & 4 \\ 3 & -3 & x^2 & x \end{bmatrix}$ 為聯立方程組 $AX = B$ 之增廣矩陣，決定 x 之值，使得方程組為

(1)無解，(2)無窮多解及(3)唯一解。

 解

化簡增廣矩陣 $\begin{bmatrix} 1 & -1 & 3 & 1 \\ -1 & 2 & -3 & 4 \\ 3 & -3 & x^2 & x \end{bmatrix} \xrightarrow{H_{21}(1),H_{31}(-3)} \begin{bmatrix} 1 & -1 & 3 & 1 \\ 0 & 1 & 0 & 5 \\ 0 & 0 & x^2-9 & x-3 \end{bmatrix}$

1. A 的秩數=$[A|B]$ 之秩數=3 時為唯一解，$x^2-9 \neq 0$ 及 $x-3 \neq 0 \Rightarrow x \neq \pm 3$。

2. A 的秩數=$[A|B]$ 之秩數，但是<3 時為無窮多解，$x^2-9=0$ 及 $x-3=0 \Rightarrow x=3$。

3. A 的秩數小於 $[A|B]$ 的秩數時無解，$x^2-9=0$ 及 $x-3 \neq 0 \Rightarrow x=-3$。

2. 高斯消去法(Gaussian elimination)

在增廣矩陣中之每一列即代表一個方程式，因此只需要將增廣矩陣做基本列運算，轉化成上三角矩陣，再利用後向疊代法(Back Substitution)即可以求得全解。

例 4.8-4

$\begin{cases} -x_1 + x_2 + 2x_3 = 2 \\ 3x_1 - x_2 + x_3 = 6 \\ -x_1 + 3x_2 + 4x_3 = 4 \end{cases}$ ，以高斯消去法求解

 解

聯立方程組所對應之增廣矩陣為 $\begin{bmatrix} -1 & 1 & 2 & 2 \\ 3 & -1 & 1 & 6 \\ -1 & 3 & 4 & 4 \end{bmatrix}$。

將第一式乘以 3 加到第二式，第一式乘以(–1)加至第三式，可以得到

$$\begin{bmatrix} -1 & 1 & 2 & 2 \\ 0 & 2 & 7 & 12 \\ 0 & 2 & 2 & 2 \end{bmatrix}，因此 \Rightarrow \begin{cases} -x_1 + x_2 + 2x_3 = 2 \\ 2x_2 + 7x_3 = 12 \\ 2x_2 + 2x_3 = 2 \end{cases}。$$

將第二式乘以(–1)加到第三式，可以得到 $\begin{bmatrix} -1 & 1 & 2 & 2 \\ 0 & 2 & 7 & 12 \\ 0 & 0 & -5 & -10 \end{bmatrix}$，因此

$$\Rightarrow \begin{cases} -x_1 + x_2 + 2x_3 = 2 \\ 2x_2 + 7x_3 = 12 \\ -5x_3 = -10 \end{cases}，得知 x_3 = 2，代回上式，得到 x_2 = -1，再代回得到 x_1 = 1，$$

所以 $\Rightarrow \begin{cases} x_1 = 1 \\ x_2 = -1 \\ x_3 = 2 \end{cases}$。

3. 克來瑪法則(Cramer's rule)

　　假設 $AX = B$ 為包含 n 個未知數，n 個方程式之聯立線性方程組，如果 $|A| \neq 0$，則該方程組具有唯一解

$$x_k = \frac{\Delta_k}{|A|} \quad (k = 1, 2, 3, \cdots, n) \tag{4.8-4}$$

　　其中 Δ_k 表示矩陣 A 中第 k 行由 B 取代後之行列式值。

例 4.8-5

$$\begin{cases} 2x_1 + 8x_2 + 6x_3 = 20 \\ 4x_1 + 2x_2 - 2x_3 = -2 \\ 3x_1 - x_2 + x_3 = 11 \end{cases}，以克來瑪法則求解$$

先求係數矩陣之行列式值：$|A| = \begin{vmatrix} 2 & 8 & 6 \\ 4 & 2 & -2 \\ 3 & -1 & 1 \end{vmatrix} = -140 \neq 0$，因為 $|A| \neq 0$，為唯一解。

$\Delta_{x_1} = \begin{vmatrix} 20 & 8 & 6 \\ -2 & 2 & -2 \\ 11 & -1 & 1 \end{vmatrix} = -280$，$\Delta_{x_2} = \begin{vmatrix} 2 & 20 & 6 \\ 4 & -2 & -2 \\ 3 & 11 & 1 \end{vmatrix} = 140$

及 $\Delta_{x_3} = \begin{vmatrix} 2 & 8 & 20 \\ 4 & 2 & -2 \\ 3 & -1 & 11 \end{vmatrix} = -560$，所以

$x_1 = \dfrac{\Delta_{x_1}}{|A|} = \dfrac{-280}{-140} = 2$，$x_2 = \dfrac{\Delta_{x_2}}{|A|} = \dfrac{140}{-140} = -1$，$x_3 = \dfrac{\Delta_{x_3}}{|A|} = \dfrac{-560}{-140} = 4$。

4. 逆矩陣法

　　如果 $AX = B$ 為包含 n 個未知數，n 個方程式之聯立線性方程組，在 A 為 $n \times n$ 階方陣及為非奇異矩陣之下，存在一逆矩陣

$$(A^{-1} \times A)X = A^{-1} \times B \Rightarrow X = A^{-1} \times B \tag{4.8-5}$$

　　因此，只要求得係數矩陣 A 之逆矩陣，再乘以矩陣 B 即可求得原方程組之解。

例 4.8-6

$$\begin{cases} x_1 + x_2 + x_3 = 1 \\ 2x_1 - 2x_2 + x_3 = 6 \\ x_1 - x_3 = 0 \end{cases}$$，以逆矩陣法求解

解

方程組的係數矩陣為 $A = \begin{bmatrix} 1 & 1 & 1 \\ 2 & -2 & 1 \\ 1 & 0 & -1 \end{bmatrix}$，求出逆矩陣為 $A^{-1} = \begin{bmatrix} \dfrac{2}{7} & \dfrac{1}{7} & \dfrac{3}{7} \\ \dfrac{3}{7} & \dfrac{-2}{7} & \dfrac{1}{7} \\ \dfrac{2}{7} & \dfrac{1}{7} & \dfrac{-4}{7} \end{bmatrix}$。

代入 $X = A^{-1} \times B \Rightarrow \begin{bmatrix} \dfrac{2}{7} & \dfrac{1}{7} & \dfrac{3}{7} \\ \dfrac{3}{7} & \dfrac{-2}{7} & \dfrac{1}{7} \\ \dfrac{2}{7} & \dfrac{1}{7} & \dfrac{-4}{7} \end{bmatrix} \times \begin{bmatrix} 1 \\ 6 \\ 0 \end{bmatrix} = \dfrac{1}{7} \begin{bmatrix} 8 \\ -9 \\ 8 \end{bmatrix}$。

習題 4-8

利用克來瑪法則求解

1. $\begin{cases} 3x_1 - x_2 = 0 \\ 4x_1 + 2x_2 = 5 \end{cases}$

解 $|A| = \begin{vmatrix} 3 & -1 \\ 4 & 2 \end{vmatrix} = 10$, $\Delta_{x_1} = \begin{vmatrix} 0 & -1 \\ 5 & 2 \end{vmatrix} = 5$, $\Delta_{x_2} = \begin{vmatrix} 3 & 0 \\ 4 & 5 \end{vmatrix} = 15$ 。

$x_1 = \dfrac{\Delta_{x_1}}{|A|} = \dfrac{5}{10} = \dfrac{1}{2}$, $x_2 = \dfrac{\Delta_{x_2}}{|A|} = \dfrac{15}{10} = \dfrac{3}{2}$ 。

2. $\begin{cases} 2x_1 + 5x_2 - x_3 = -1 \\ 4x_1 + x_2 + 3x_3 = 3 \\ 2x_2 + 2x_3 = 0 \end{cases}$

解 $|A| = \begin{vmatrix} 2 & 5 & -1 \\ 4 & 1 & 3 \\ 0 & 2 & 2 \end{vmatrix} = -56$, $\Delta_{x_1} = \begin{vmatrix} -1 & 5 & -1 \\ 3 & 1 & 3 \\ 0 & 2 & 2 \end{vmatrix} = -32$,

$\Delta_{x_2} = \begin{vmatrix} 2 & -1 & -1 \\ 4 & 3 & 3 \\ 0 & 0 & 2 \end{vmatrix} = 20$, $\Delta_{x_3} = \begin{vmatrix} 2 & 5 & -1 \\ 4 & 1 & 3 \\ 0 & 2 & 0 \end{vmatrix} = -20$ 。

$x_1 = \dfrac{\Delta_{x_1}}{|A|} = \dfrac{-32}{-56} = \dfrac{4}{7}$, $x_2 = \dfrac{\Delta_{x_2}}{|A|} = \dfrac{20}{-56} = \dfrac{-5}{14}$,

$x_3 = \dfrac{\Delta_{x_3}}{|A|} = \dfrac{-20}{-56} = \dfrac{5}{14}$ 。

3. $\begin{cases} 2x_1 + 2x_2 + x_3 = 7 \\ x_1 + 2x_2 - x_3 = 0 \\ -x_1 + x_2 + 3x_3 = 1 \end{cases}$

解 $|A| = \begin{vmatrix} 2 & 2 & 1 \\ 1 & 2 & -1 \\ -1 & 1 & 3 \end{vmatrix} = 13$, $\Delta_{x_1} = \begin{vmatrix} 7 & 2 & 1 \\ 0 & 2 & -1 \\ 1 & 1 & 3 \end{vmatrix} = 45$,

$\Delta_{x_2} = \begin{vmatrix} 2 & 7 & 1 \\ 1 & 0 & -1 \\ -1 & 1 & 3 \end{vmatrix} = -11$, $\Delta_{x_3} = \begin{vmatrix} 2 & 2 & 7 \\ 1 & 2 & 0 \\ -1 & 1 & 1 \end{vmatrix} = 23$ 。

$x_1 = \dfrac{\Delta_{x_1}}{|A|} = \dfrac{45}{13}$, $x_2 = \dfrac{\Delta_{x_2}}{|A|} = \dfrac{-11}{13}$, $x_3 = \dfrac{\Delta_{x_3}}{|A|} = \dfrac{23}{13}$ 。

4. $\begin{cases} 2x_1 - 4x_2 + x_3 = 0 \\ x_1 + x_2 + 4x_3 = 5 \\ 3x_1 + x_2 + 3x_3 = 1 \end{cases}$

解 $|A| = \begin{vmatrix} 2 & -4 & 1 \\ 1 & 1 & 4 \\ 3 & 1 & 3 \end{vmatrix} = -40$ ， $\Delta_{x_1} = \begin{vmatrix} 0 & -4 & 1 \\ 5 & 1 & 4 \\ 1 & 1 & 3 \end{vmatrix} = 48$ ，

$\Delta_{x_2} = \begin{vmatrix} 2 & 0 & 1 \\ 1 & 5 & 4 \\ 3 & 1 & 3 \end{vmatrix} = 8$ ， $\Delta_{x_3} = \begin{vmatrix} 2 & -4 & 0 \\ 1 & 1 & 5 \\ 3 & 1 & 1 \end{vmatrix} = -64$ 。

$x_1 = \dfrac{\Delta_{x_1}}{|A|} = \dfrac{48}{-40} = \dfrac{-6}{5}$ ， $x_2 = \dfrac{\Delta_{x_2}}{|A|} = \dfrac{8}{-40} = \dfrac{-1}{5}$ ， $x_3 = \dfrac{\Delta_{x_3}}{|A|} = \dfrac{-64}{-40} = \dfrac{8}{5}$ 。

4.9 MATLAB 在矩陣及行列式之應用

MATLAB 全名為「矩陣實驗室」(MATrix LABoratory)，是 MathWorks 公司於 1984 年推出的數學軟體，主要是提供一套非常完善的矩陣運算指令。

1. 作業系統：建議使用微軟 Windows XP 或之後的作業系統。

2. 電腦配備：建議使用 Intel Pentium 4 以上處理器，512M 以上 RAM，80G 以上硬碟。

3. MATLAB：2007 版以上。

1. 矩陣的產生： 以 $A = \begin{bmatrix} 3 & 2 & 1 \\ 1 & 0 & 2 \\ 2 & -2 & 1 \end{bmatrix}$ 為例，利用 Matlab 產生。

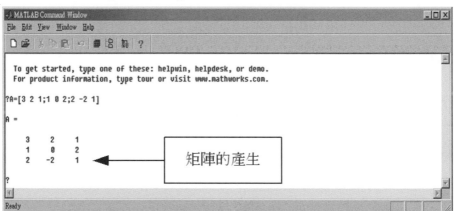

△ 圖 4.9-1　矩陣的產生

2. 相關的矩陣基本指令

(1) size(A)：此一指令為計算矩陣的大小。

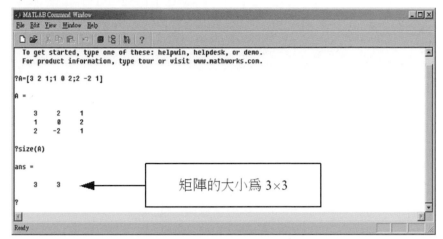

△ 圖 4.9-2　矩陣的大小

(2) rank(A)：矩陣的秩

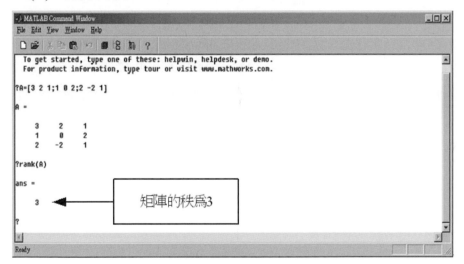

△ 圖 4.9-3　矩陣的秩

(3) 矩陣的轉置：將 $A = \begin{bmatrix} 3 & 2 & 1 \\ 1 & 0 & 2 \\ 2 & -2 & 1 \end{bmatrix}$ 轉置爲 $A^T = \begin{bmatrix} 3 & 1 & 2 \\ 2 & 0 & -2 \\ 1 & 2 & 1 \end{bmatrix}$。

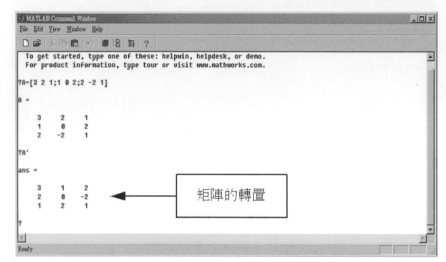

△ 圖 4.9-4　矩陣的轉置

(4) inv(A)：求逆矩陣：$A^{-1} = \begin{bmatrix} 0.2500 & -0.2500 & 0.2500 \\ 0.1875 & 0.0625 & -0.3125 \\ -0.1250 & 0.6250 & -0.1250 \end{bmatrix}$。

△ 圖 4.9-5　逆矩陣

(5) eig(A)：求 $A = \begin{bmatrix} 3 & 2 & 1 \\ 1 & 0 & 2 \\ 2 & -2 & 1 \end{bmatrix}$ 的特徵值。

$\lambda_1 = 4.1943$，$\lambda_2 = -0.0971 + 1.9507i$，$\lambda_2 = -0.0971 - 1.9507i$。

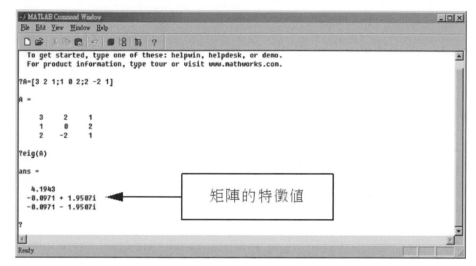

▲ 圖 4.9-6　矩陣的特徵值

(6) [v,d]=eig(A)：求 $A = \begin{bmatrix} 3 & 2 & 1 \\ 1 & 0 & 2 \\ 2 & -2 & 1 \end{bmatrix}$ 的特徵向量 P 及對角線化 D。

$P = \begin{bmatrix} 0.8751 & -0.2695 + 0.2709i & -0.2695 - 0.2709i \\ 0.3619 & -0.1817 - 0.5391i & -0.1817 + 0.5391i \\ 0.3213 & 0.6695 - 0.2865i & 0.6695 + 0.2865i \end{bmatrix}$。

$D = \begin{bmatrix} 4.1943 & 0 & 0 \\ 0 & -0.0971 + 1.9507 & 0 \\ 0 & 0 & -0.0971 - 1.9507i \end{bmatrix}$。

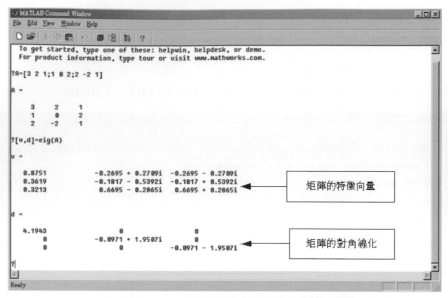

△ 圖 4.9-7　矩陣的特徵向量及對角線化

(7)　[l,u]=lu(A)：求 $A = \begin{bmatrix} 3 & 2 & 1 \\ 1 & 0 & 2 \\ 2 & -2 & 1 \end{bmatrix}$ 的下三角及上三角分解。

$$L = \begin{bmatrix} 1.0000 & 0.0000 & 0.0000 \\ 0.3333 & 0.2000 & 0.0000 \\ 0.6667 & 0.0000 & 1.0000 \end{bmatrix}, U = \begin{bmatrix} 3.0000 & 2.0000 & 1.0000 \\ 0.3333 & -3.3333 & 0.3333 \\ 0.6667 & 0.0000 & 1.6000 \end{bmatrix}。$$

△ 圖 4.9-8　矩陣的上三角及下三角分解

(8) A^30：求矩陣的 30 次方：$A^{30} = \begin{bmatrix} 3.7442 & 0.9445 & 1.7635 \\ 1.5483 & 0.3906 & 0.7293 \\ 1.3749 & 0.3468 & 0.6476 \end{bmatrix} \times 10^{18}$ 。

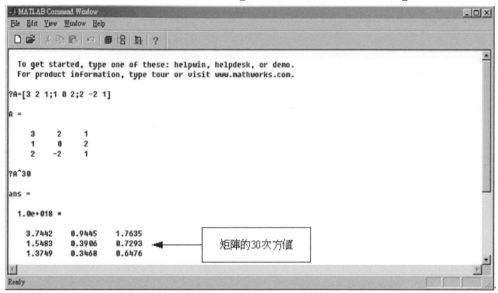

△ 圖 4.9-9　矩陣的 30 次方

(9) A^0.5：矩陣的開根號：$A^{\frac{1}{2}} = \begin{bmatrix} 1.6762 & 0.8124 & 0.0977 \\ 0.1491 & 0.9204 & 0.8638 \\ 0.7095 & -1.1209 & 1.3780 \end{bmatrix}$

△ 圖 4.9-10　矩陣的開根號

(10) det(A)：矩陣的行列式值：$\begin{vmatrix} 3 & 2 & 1 \\ 1 & 0 & 2 \\ 2 & -2 & 1 \end{vmatrix} = 16$。

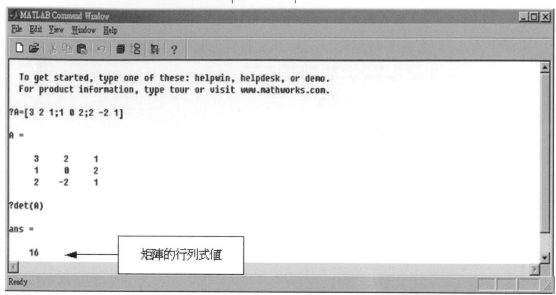

△ 圖 4.9-11　矩陣的行列式值

(11) length(A)：$m \times n$ 矩陣中 m 和 n 的最大值(本例為 3×3)。

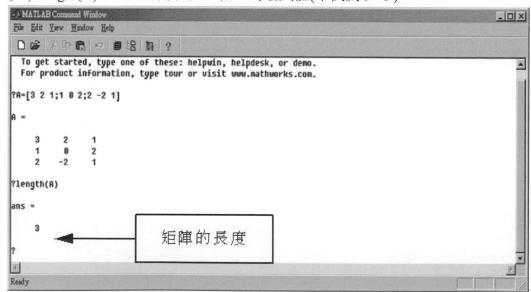

△ 圖 4.9-12　矩陣的長度

(12) sum(A)：矩陣中每一個行向量之和，$A = \begin{bmatrix} 3 & 2 & 1 \\ 1 & 0 & 2 \\ 2 & -2 & 1 \end{bmatrix}$ 中：

第一行：$3 + 1 + 2 = 6$。第二行：$2 + 0 - 2 = 0$。第三行：$1 + 2 + 1 = 4$。

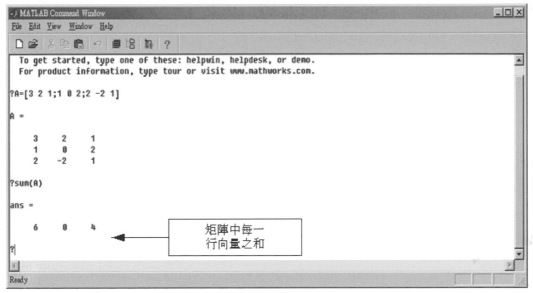

▲ 圖 4.9-13　矩陣中每一個行向量之和

(13) max(A), min(A)：矩陣中每一個列向量之最大值與最小值

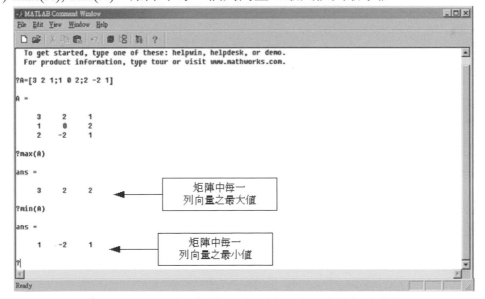

▲ 圖 4.9-14　矩陣中每一個列向量之最大值與最小值

5

傅立葉級數

5.1 週期函數及其相關性質

1. 週期函數的定義

函數 $f(x)$ 稱為 x 之週期函數，是指 x 於實數域 R 內，存在一個正數 T，使得

$$f(x+nT) = f(x)，n = 0,1,2..... \tag{5.1-1}$$

其中 T 稱為該週期函數的週期。

而週期函數的基本性質有

(1) 如果 T 為週期函數 $f(x)$ 的週期，則 $2T, 3T, ..., (n-1)T, nT$ 亦為 $f(x)$ 的週期。

(2) 如果 $f(x)$ 與 $g(x)$ 均為週期 T 之週期函數，則線性組合 $af(x) + bg(x)$ 亦為週期 T 之週期函數。

(3) 如果 $f(x)$ 之週期為 T，則 $f(nx)$ 之週期為 $\dfrac{T}{n}$。

(4) 常數函數的週期為任意數值。

(5) $f(x) = \sin x, \cos x$ T 之週期 $T = 2\pi$，則 $\sin\dfrac{n\pi x}{l}$，$\cos\dfrac{n\pi x}{l}$ 之週期為 $\dfrac{2l}{n}$。

(6) $f(x) = \sin x + \sin 2x + \sin 3x + \cdots$ 週期為各個函數週期之最小公倍數，亦即 $T = 2\pi$。

(7) $f(x) = \begin{cases} 2x+x^2 & -2 < x < 0 \\ 2x-x^2 & 0 < x < 2 \end{cases}$，$f(x+4) = f(x)$，具有基本週期 4。

2. 三角函數之正交性

函數 $\sin\dfrac{n\pi x}{l}$ 或 $\cos\dfrac{n\pi x}{l}$ 在區間 $(-l,l)$ 或 $(0,2l)$ 之間內爲正交集合，則

$$\int_{-l}^{l}\cos\frac{n\pi x}{l}dx = \begin{cases} 0 & n \neq 0 \\ 2l & n = 0 \end{cases} \tag{5.1-2}$$

證明：如果 $n \neq 0$，則 $\int_{-l}^{l}\cos\dfrac{n\pi x}{l}dx = \dfrac{l}{n\pi}\sin\dfrac{n\pi x}{l}\Big|_{-l}^{l} = 0$

如果 $n = 0$，則 $\int_{-l}^{l}\cos 0\,dx = \int_{-l}^{l}dx = 2l$

$$\int_{-l}^{l}\sin\frac{n\pi x}{l}dx = 0 \tag{5.1-3}$$

證明：$\int_{-l}^{l}\sin\dfrac{n\pi x}{l}dx = \dfrac{-l}{n\pi}\left(\cos\dfrac{n\pi x}{l}\right)\Big|_{-l}^{l} = 0$

$$\int_{-l}^{l}\cos\frac{n\pi x}{l}\cos\frac{m\pi x}{l}dx = \begin{cases} 0, n \neq m \\ l, n = m \end{cases} \tag{5.1-4}$$

證明：根據三角函數積化和差公式：$\cos A\cos B = \dfrac{1}{2}(\cos(A-B) + \cos(A+B))$

所以 $\int_{-l}^{l}\cos\dfrac{n\pi x}{l}\cos\dfrac{m\pi x}{l}dx = \dfrac{1}{2}\left(\int_{-l}^{l}\cos\dfrac{(n-m)\pi x}{l}dx + \int_{-l}^{l}\cos\dfrac{(n+m)\pi x}{l}dx\right)$

代入計算得到 $\int_{-l}^{l}\cos\dfrac{n\pi x}{l}\cos\dfrac{m\pi x}{l}dx = \begin{cases} 0, n \neq m \\ l, n = m \end{cases}$

$$\int_{-l}^{l}\sin\frac{n\pi x}{l}\sin\frac{m\pi x}{l}dx = \begin{cases} 0, n \neq m \\ l, n = m \end{cases} \tag{5.1-5}$$

證明：根據三角函數積化和差公式：$\sin A\sin B = \dfrac{1}{2}(\cos(A-B) - \cos(A+B))$

如果 $m \neq n$，

$\int_{-l}^{l}\sin\dfrac{n\pi x}{l}\sin\dfrac{m\pi x}{l}dx = \dfrac{1}{2}\left(\int_{-l}^{l}\cos\dfrac{(n-m)\pi x}{l} - \cos\dfrac{(n+m)\pi x}{l}dx\right)$

$$= \frac{1}{2}\left[\frac{l}{(n-m)\pi}\sin\frac{(n-m)\pi x}{l} - \frac{l}{(n+m)\pi}\sin\frac{(n+m)\pi x}{l}\right]\Bigg|_{-l}^{l}$$

$$= 0$$

如果 $m = n$，

$$\int_{-l}^{l}\sin\frac{n\pi x}{l}\sin\frac{m\pi x}{l}dx = \int_{-l}^{l}\sin^{2}(\frac{n\pi x}{l})dx$$

$$= \int_{-l}^{l}\frac{1-\cos\frac{2n\pi x}{l}}{2}dx = \frac{1}{2}\left[x - \frac{l}{2n\pi}\sin\frac{2n\pi x}{l}\right]\Bigg|_{-l}^{l} = l$$

$$\int_{-l}^{l}\sin\frac{n\pi x}{l}\cos\frac{m\pi x}{l}dx = 0 \qquad\qquad (5.1\text{-}6)$$

證明： $\int_{-l}^{l}\sin\frac{n\pi x}{l}\cos\frac{m\pi x}{l}dx = \frac{1}{2}\left(\int_{-l}^{l}\sin\frac{(n+m)\pi x}{l}dx + \int_{-l}^{l}\sin\frac{(n-m)\pi x}{l}dx\right)$

由(5.1-3)式可以得知上式的結果為 0。

習題 5-1

判斷下列函數的週期

1. $f(x) = \sin 3x$

   解 $\dfrac{2\pi}{3}$

2. $f(x) = \tan ax, a \in R$

   解 $\dfrac{\pi}{a}$

5.2 奇函數與偶函數

1. 奇函數(odd function)

    (1) 定義：如果函數滿足 $f(-x) = -f(x)$，則稱 $f(x)$ 爲奇函數。

    (2) 圖型：對稱於原點。

    (3) 特性：$\int_{-l}^{l} f(x)dx = 0$。

2. 偶函數(even function)

    (1) 定義：如果函數滿足 $f(-x) = f(x)$，則稱 $f(x)$ 爲偶函數。

    (2) 圖型：對稱於 y 軸。

    (3) 特性：$\int_{-l}^{l} f(x)dx = 2\int_{0}^{l} f(x)dx$。

    證明：$\int_{-l}^{l} f(x)dx = \int_{-l}^{0} f(x)dx + \int_{0}^{l} f(x)dx$

    假設 $u = -x$，則原式可以改成爲

$$\int_{l}^{0} f(-u)d(-u) + \int_{0}^{l} f(x)dx = \int_{0}^{l} f(-u)du + \int_{0}^{l} f(x)dx \qquad (5.2\text{-}1)$$

    當 $f(x)$ 爲奇函數時，$f(-u) = -f(u)$，則(5.2-1)式爲

$$-\int_{0}^{l} f(u)du + \int_{0}^{l} f(x)dx = -\int_{0}^{l} f(x)dx + \int_{0}^{l} f(x)dx = 0$$

    當 $f(x)$ 爲偶函數時，$f(-u) = f(u)$，則(5.2-1)式爲

$$\int_{0}^{l} f(u)du + \int_{0}^{l} f(x)dx = \int_{0}^{l} f(x)dx + \int_{0}^{l} f(x)dx = 2\int_{0}^{l} f(x)dx$$

3. 奇函數與偶函數之性質

    (1) 奇函數與奇函數之和爲奇函數。

    (2) 偶函數與偶函數之和爲偶函數。

    (3) 奇函數與偶函數之和既非偶函數亦非奇函數。

    (4) 奇函數與偶函數之積必爲奇函數。

    (5) 偶函數與偶函數之積仍爲偶函數。

    (6) 奇函數與奇函數之積仍爲偶函數。

例 5.2-1

1. $x + \sin x$ 為奇函數。

2. $3 + x^2 + \cos x$ 為偶函數。

3. x^3 為奇函數，但 $\left| x^3 \right|$ 對稱於 y 軸，因此 $\left| x^3 \right|$ 為偶函數。

4. $\dfrac{\sin x}{x}$ 及 $x \sin 3x$ 均為偶函數。

5. $\dfrac{\sin x}{x} e^{-x^2}$ 及 $x^2 \cos 2x$ 均為偶函數。

6. $\sin x + \cos x$ 既不為偶函數亦非奇函數。

習題 5-2

判斷下列函數的奇偶性

1. $f(x) = x^2 + x$

   解 非偶函數亦非奇函數

2. $f(x) = \left| x \right|$

   解 偶函數

3. $f(x) = \sqrt{x}$

   解 非偶函數亦非奇函數

4. $f(x) = 2^x + 2^{-x}$

   解 偶函數

5. $f(x) = \dfrac{x^2}{4}$

   解 偶函數

5.3 傅立葉級數(Fourier Series)

1. 傅立葉級數的標準式

   假設 $f(x)$ 為週期 $T = 2l$ 之週期函數，定義在 $(-l, l)$ 或 $(0, 2l)$ 之間，而且可以表示為下列形式者，

$$f(x) = a_0 + \sum_{n=1}^{\infty} \left(a_n \cos\frac{n\pi x}{l} + b_n \sin\frac{n\pi x}{l} \right) \qquad (5.3\text{-}1)$$

   則 $f(x)$ 稱為傅立葉級數。其中 a_0，a_n 和 b_n 等項為待定常數，不同的函數所對應之係數亦不相同。

2. 各項待定係數的求法

   (1) a_0 的求法

   已知 $f(x) = a_0 + \sum_{n=1}^{\infty} \left(a_n \cos\frac{n\pi x}{l} + b_n \sin\frac{n\pi x}{l} \right)$

   將上式等號兩邊積分由 $-l$ 至 l，可以得到

   $$\int_{-l}^{l} f(x)dx = \int_{-l}^{l} a_0 dx + \sum_{n=1}^{\infty} \left(a_n \int_{-l}^{l} \cos\frac{n\pi x}{l} dx + b_n \int_{-l}^{l} \sin\frac{n\pi x}{l} dx \right)$$

   由積分的結果得知，當 $n \neq 0$ 時，上式中的兩項積分結果為

   $\int_{-l}^{l} \cos\frac{n\pi x}{l} dx = 0$，$\int_{-l}^{l} \sin\frac{n\pi x}{l} dx = 0$

   因此上式可以簡化為 $\int_{-l}^{l} f(x)dx = \int_{-l}^{l} a_0 dx = a_0 \cdot 2l$

   由此可以求得計算 a_0 之計算公式為

   $$a_0 = \frac{1}{2l} \int_{-l}^{l} f(x)dx \qquad (5.3\text{-}2)$$

   (2) a_n 的求法

   同理，如果先將 5.3-1 式的等號兩邊乘上 $\cos\frac{m\pi x}{l}$，$m = 1, 2, 3, \ldots$，再將等號兩邊積分由 $-l$ 至 l，可以得到

$$\int_{-l}^{l} f(x)\cos\frac{m\pi x}{l}dx = a_0\int_{-l}^{l}\cos\frac{m\pi x}{l}dx$$
$$+ \sum_{n=1}^{\infty}\left(a_n\int_{-l}^{l}\cos\frac{n\pi x}{l}\cos\frac{m\pi x}{l}dx + b_n\int_{-l}^{l}\sin\frac{n\pi x}{l}\cos\frac{m\pi x}{l}dx\right)$$

由積分式的結果得知當 $m \neq 0$ 時，上式中的兩項積分結果爲

$\int_{-l}^{l}\cos\frac{m\pi x}{l}dx = 0$ ， $\int_{-l}^{l}\sin\frac{n\pi x}{l}\cos\frac{m\pi x}{l}dx = 0$ ，因此化簡後可以得到

$$\int_{-l}^{l} f(x)\cos\frac{m\pi x}{l}dx = \sum_{n=1}^{\infty} a_n\int_{-l}^{l}\cos\frac{n\pi x}{l}\cos\frac{m\pi x}{l}dx$$

由 5.1-4 式中，可知上式等號右邊展開後的各項積分只有 $m = n$ 的項積分值不

爲 0，上式變爲 $\int_{-l}^{l} f(x)\cos\frac{n\pi x}{l}dx = a_n\int_{-l}^{l}\cos\frac{n\pi x}{l}\cos\frac{m\pi x}{l}dx = a_n \cdot l$ ，

因此可以得到 a_n 之計算公式如下

$$a_n = \frac{1}{l}\int_{-l}^{l} f(x)\cos\frac{n\pi x}{l}dx \ , n = 1,2,3,... \tag{5.3-3}$$

(3) b_n 的求法

同樣的方法，先將(5.3-1)式的等號兩邊乘上 $\sin\frac{m\pi x}{l}$ ， $m = 1$, 2, 3, ...，再對等

號兩邊積分由 $-l$ 至 l ，可以得到

$$\int_{-l}^{l} f(x)\sin\frac{m\pi x}{l}dx = a_0\int_{-l}^{l}\sin\frac{m\pi x}{l}dx$$
$$+ \sum_{n=1}^{\infty}\left(a_n\int_{-l}^{l}\cos\frac{n\pi x}{l}\sin\frac{m\pi x}{l}dx + b_n\int_{-l}^{l}\sin\frac{n\pi x}{l}\sin\frac{m\pi x}{l}dx\right)$$

由(5.1-3)及(5.1-6)式，當 $m \neq 0$ 時，上式中的兩項積分結果爲

$\int_{-l}^{l}\sin\frac{m\pi x}{l}dx = 0, \int_{-l}^{l}\cos\frac{n\pi x}{l}\sin\frac{m\pi x}{l}dx = 0$ ，因此簡化後可以得

$$\int_{-l}^{l} f(x)\sin\frac{m\pi x}{l}dx = \sum_{n=1}^{\infty} b_n\int_{-l}^{l}\sin\frac{n\pi x}{l}\sin\frac{m\pi x}{l}dx$$

由(5.1-5)式可知上式等號右邊展開後的各項積分只有 $m = n$ 的項積分值不爲

0，上式變爲 $\int_{-l}^{l} f(x)\sin\frac{n\pi x}{l}dx = b_n\int_{-l}^{l}\sin\frac{n\pi x}{l}\sin\frac{n\pi x}{l}dx = b_n \cdot l$ ，

因此可以得到 b_n 之計算公式如下

$$b_n = \frac{1}{l}\int_{-l}^{l} f(x)\sin\frac{n\pi x}{l}dx \ , n=1,2,3,\ldots \tag{5.3-4}$$

經由以上的推導過程，整理之後傅立葉級數的表示式及係數計算方法如下所示

$$f(x) = a_0 + \sum_{n=1}^{\infty}\left(a_n\cos\frac{n\pi x}{l} + b_n\sin\frac{n\pi x}{l}\right) \tag{5.3-5}$$

其中：$a_0 = \dfrac{1}{2l}\displaystyle\int_{-l}^{l} f(x)dx$

$\qquad a_n = \dfrac{1}{l}\displaystyle\int_{-l}^{l} f(x)\cos\frac{n\pi x}{l}dx \ , n=1,2,3,\ldots.$

$\qquad b_n = \dfrac{1}{l}\displaystyle\int_{-l}^{l} f(x)\sin\frac{n\pi x}{l}dx \ , n=1,2,3,\ldots$

例 5.3-1

$f(x) = \begin{cases} -k & -\pi < x < 0 \\ k & 0 < x < \pi \end{cases}$ ， $f(x+2\pi) = f(x)$ ，求傅立葉級數

 解

週期 $T = 2l = 2\pi \quad \therefore l = \pi$

由 5.3-5 式可以求得傅立葉級數各項係數如下：

$a_0 = \dfrac{1}{2l}\displaystyle\int_{-l}^{l} f(x)dx = \dfrac{1}{2\pi}\left(\int_{-\pi}^{0}(-k)dx + \int_{0}^{\pi} kdx\right)$

$\quad = \dfrac{1}{2\pi}\left[-kx\,\Big|_{-\pi}^{0} + kx\,\Big|_{0}^{\pi}\right] = \dfrac{1}{2\pi}\left(0 - k\pi + k\pi - 0\right) = 0$

$a_n = \dfrac{1}{l}\displaystyle\int_{-l}^{l} f(x)\cos\frac{n\pi x}{l}dx = \dfrac{1}{\pi}\left[\int_{-\pi}^{0} -k\cos nx\,dx + \int_{0}^{\pi} k\cos nx\,dx\right]$

$\quad = \dfrac{k}{\pi}\left[-\int_{-\pi}^{0}\cos nx\,dx + \int_{0}^{\pi}\cos nx\,dx\right] = 0$

$b_n = \dfrac{1}{l}\displaystyle\int_{-l}^{l} f(x)\sin\frac{n\pi x}{l}dx = \dfrac{1}{\pi}\left[-\int_{-\pi}^{0} k\sin nx\,dx + \int_{0}^{\pi} k\sin nx\,dx\right]$

$\quad = \dfrac{k}{\pi}\left[\dfrac{\cos nx}{n}\Big|_{-\pi}^{0} - \dfrac{\cos nx}{n}\Big|_{0}^{\pi}\right] = \dfrac{2k}{n\pi}(1 - \cos n\pi) = \begin{cases} 0, n=2,4,6,\ldots \\ \dfrac{4k}{n\pi}, n=1,3,5,\ldots \end{cases}$

將 a_0, a_n, b_n，代入 $f(x) = a_{0+} \sum_{n=1}^{\infty} \left(a_n \cos \frac{n\pi x}{l} + b_n \sin \frac{n\pi x}{l} \right)$，可以求得傅立葉級數為

$$f(x) = \sum_{n=1}^{\infty} b_n \sin \frac{n\pi x}{l} = \sum_{n=1,3,5,\ldots}^{\infty} \frac{4k}{n\pi} \sin nx = \frac{4k}{\pi} \left(\sin x + \frac{\sin 3x}{3} + \frac{\sin 5x}{5} + \ldots \right)$$

例 5.3-2

$f(x) = \begin{cases} 0 & -\pi \le x < 0 \\ \sin x & 0 < x \le \pi \end{cases}$，並且 $f(x + 2\pi) = f(x)$，求傅立葉級數

週期 $T = 2l = 2\pi$ $\therefore l = \pi$

1. 求 a_0：

$$a_0 = \frac{1}{2l} \int_{-l}^{l} f(x)dx = \frac{1}{2\pi} \int_0^{\pi} \sin x dx = \frac{1}{2\pi} (-\cos x) \Big|_0^{\pi}$$

$$= \frac{1}{2\pi} (-\cos \pi + \cos 0) = \frac{1}{2\pi}(1 + 1) = \frac{1}{\pi}$$

2. 求 $a_n : (n \ne 1)$

$$a_n = \frac{1}{l} \int_{-l}^{l} f(x) \cos \frac{n\pi x}{l} dx = \frac{1}{\pi} \int_0^{\pi} \sin x \cos nx dx$$

$$= \frac{l}{2\pi} \int_0^{\pi} \left(\sin(1+n)x + \sin(1-n)x \right) dx$$

$$= \frac{1}{2\pi} \left[\frac{-\cos(1+n)x}{1+n} + \frac{-\cos(1-n)x}{1-n} \right] \Big|_0^{\pi}$$

$$= \frac{1}{2\pi} \left[\frac{-\cos(1+n)\pi + \cos 0}{1+n} + \frac{-\cos(1-n)\pi + \cos 0}{1-n} \right]$$

$$= \frac{1}{2\pi} \left[\frac{1}{1+n} + \frac{1}{1-n} - \frac{\cos(1+n)\pi}{1+n} - \frac{\cos(1-n)\pi}{1-n} \right]$$

$$= \frac{1}{2\pi} \left[\frac{2}{1-n^2} - \frac{\cos \pi \cos n\pi - \sin \pi \sin n\pi}{1+n} - \frac{\cos \pi \cos n\pi + \sin \pi \sin n\pi}{1-n} \right]$$

$$= \frac{1}{2\pi} \left[\frac{2}{1-n^2} + \frac{\cos n\pi}{1+n} + \frac{\cos n\pi}{1-n} \right] = \frac{1}{\pi} \left[\frac{1}{1-n^2} + \frac{\cos n\pi}{1-n^2} \right]$$

$$= \frac{1}{\pi(1-n^2)} (1 + \cos n\pi) = \begin{cases} 0 & n = 3,5,7,\ldots \\ \dfrac{2}{\pi(1-n^2)} & n = 2,4,6,\ldots \end{cases}$$

3. 求 b_n : $(n \neq 1)$

$$b_n = \frac{1}{l} \int_{-l}^{l} f(x) \sin \frac{n\pi x}{l} dx = \frac{1}{\pi} \int_0^{\pi} \sin x \sin nx\, dx$$

$$= \frac{1}{2\pi} \int_0^{\pi} \left(\cos(1-n)x - \cos(1+n)x \right) dx$$

$$= \frac{1}{2\pi} \left[\frac{\sin(1-n)\pi - \sin 0}{1-n} - \frac{\sin(1+n)\pi}{1+n} \right] = 0$$

4. 求 a_1 及 b_1

由上述所求出之結果，可以看出 a_n 及 b_n 的分母所含有 $(1-n)$ 的項，造成 $n=1$ 時均為無意義的值，這就是為何在開始求解 a_0 ， a_n 及 b_n 時必須在 $n \neq 1$ 的情況下求解，至於 $n=1$ 的時候必須再另外求解。

當 $n=1$ 時：

$$a_1 = \frac{1}{\pi} \int_0^{\pi} \sin x \cos x\, dx = \frac{1}{2\pi} \int_0^{\pi} \sin 2x\, dx = -\frac{1}{4\pi} \cos 2x \Big|_0^{\pi} = 0$$

$$b_1 = \frac{1}{\pi} \int_0^{\pi} \sin x \sin x\, dx = \frac{1}{2\pi} \int_0^{\pi} \left(\cos 0 - \cos 2x \right) = \frac{1}{2\pi} \left[x - \frac{\sin 2x}{2} \right] \Big|_0^{\pi} = \frac{1}{2}$$

綜合以上的結果

$$f(x) = a_0 + a_1 \cos x + b_1 \sin x + \sum_{n=2}^{\infty} \left(a_n \cos \frac{n\pi x}{l} + b_n \sin \frac{n\pi x}{l} \right)，所以$$

$$f(x) = \frac{1}{\pi} + \frac{1}{2} \sin x + \sum_{n=2,4,\ldots}^{\infty} \frac{2}{\pi(1-n^2)} \cos nx$$

例 5.3-3

$f(t) = e^{-t}$，$-1 < t < 1$，求傅立葉級數

解

$T = 2l = 2$，所以 $l = 1$

$a_0 = \dfrac{1}{2}\displaystyle\int_{-1}^{1} e^{-t}dt = -\dfrac{1}{2}e^{-t}\Big|_{-1}^{1} = \sinh 1$

$a_n = \dfrac{1}{1}\displaystyle\int_{-1}^{1} e^{-t}\cos n\pi t\, dt = \dfrac{e^{-t}}{1+n^2\pi^2}\left(-\cos n\pi t + n\pi \sin n\pi t\right)\Big|_{-1}^{1}$

$\quad = \dfrac{2\cdot(-1)^n}{1+n^2\pi^2}\cdot\dfrac{e-e^{-1}}{2} = \dfrac{2\cdot(-1)^n}{1+n^2\pi^2}\sinh 1$

$b_n = \dfrac{1}{1}\displaystyle\int_{-1}^{1} e^{-t}\sin n\pi t\, dt = \dfrac{e^{-t}}{1+n^2\pi^2}\left(-\sin n\pi t - n\pi \cos n\pi t\right)\Big|_{-1}^{1}$

$\quad = \dfrac{2n\pi\cdot(-1)^n}{1+n^2\pi^2}\cdot\dfrac{e-e^{-1}}{2} = \dfrac{2n\pi\cdot(-1)^n}{1+n^2\pi^2}\sinh 1$

求得傅立葉級數為

$f(t) = \sinh 1 + 2\displaystyle\sum_{n=1}^{\infty}\left(\dfrac{(-1)^n \sinh 1}{1+n^2\pi^2}\cos n\pi t + \dfrac{(-1)^n \sinh 1}{1+n^2\pi^2}\sin n\pi t\right)$

3. 奇函數與偶函數之傅立葉級數展開

    (1) 傅立葉正弦級數(Fourier Sine Series)

        如果 $f(x)$ 為一奇函數，則 $\displaystyle\int_{-l}^{l} f(x)dx = 0$，根據奇偶函數之性質可以得知，

        $f(x)\cos\dfrac{n\pi x}{l}$ 為奇函數與偶函數之積，所以為奇函數；而 $f(x)\sin\dfrac{n\pi x}{l}$ 為奇函

        數與奇函數之積，所以為偶函數，因此可知此奇函數之傅立葉級數各項係數

        為

        $a_0 = \dfrac{1}{2l}\displaystyle\int_{-l}^{l} f(x)dx = 0$

        $a_n = \dfrac{1}{l}\displaystyle\int_{-l}^{l} f(x)\cos\dfrac{n\pi x}{l}dx = 0$

$$b_n = \frac{1}{l}\int_{-l}^{l} f(x)\sin\frac{n\pi x}{l}dx = \frac{2}{l}\int_{o}^{l} f(x)\sin\frac{n\pi x}{l}dx$$

因此傅立葉級數可以簡化爲

$$f(x) = \sum_{n=1}^{\infty} b_n \sin\frac{n\pi x}{l} \tag{5.3-6}$$

其中：$b_n = \dfrac{2}{l}\int_0^l f(x)\sin\dfrac{n\pi x}{l}dx$

簡化後的傅立葉級數僅僅包含了正弦的成分，因此又稱爲傅立葉正弦級數。

(2) 傅立葉餘弦級數(Fourier Cosine Series)

如果 $f(x)$ 爲一偶函數，則根據偶函數的特性 $\int_{-l}^{l} f(x)dx = 2\int_0^l f(x)dx$ 及奇偶函

數之性質可以得知，$f(x)\cos\dfrac{n\pi x}{l}$ 爲偶函數與偶函數之積，所以爲偶函數；而

$f(x)\sin\dfrac{n\pi x}{l}$ 爲偶函數與奇函數之積，所以爲奇函數，所以此偶函數之傅立葉

級數各項係數爲

$$a_0 = \frac{1}{2l}\int_{-l}^{l} f(x)dx = \frac{1}{l}\int_0^l f(x)dx$$

$$a_n = \frac{1}{l}\int_{-l}^{l} f(x)\cos\frac{n\pi x}{l}dx = \frac{2}{l}\int_0^l f(x)\cos\frac{n\pi x}{l}dx$$

$$b_n = \frac{1}{l}\int_{-l}^{l} f(x)\sin\frac{n\pi x}{l}dx = 0$$

因此偶函數之傅立葉級數可簡化爲

$$f(x) = a_0 + \sum_{n=1}^{\infty} a_n \cos\frac{n\pi x}{l} \tag{5.3-7}$$

其中：$a_0 = \dfrac{1}{l}\int_0^l f(x)dx$ ，$a_n = \dfrac{2}{l}\int_0^l f(x)\cos\dfrac{n\pi x}{l}dx$

同理，簡化後的傅立葉級數中僅僅包含了餘弦的成分，因此稱爲傅立葉餘弦
級數。

例 5.3-4

將函數 $f(x)=x$ 於區間 $(-l,l)$ 內展開成傅立葉級數

解

因為函數 $f(x)=x$ 於區間 $(-l,l)$ 內的圖形對稱於原點，為奇函數，由 5.3-6 式可以將函數展成傅立葉級數

$$a_0=0 \text{，} a_n=0 \text{ 及 } b_n=-\frac{2l}{\pi n}\cos n\pi = \begin{cases} \dfrac{2l}{n\pi} & n=1,3,5,... \\ \dfrac{-2l}{n\pi} & n=2,4,6,... \end{cases}$$

所以：$f(x)=\displaystyle\sum_{n=1}^{\infty} b_n \sin\frac{n\pi x}{l} = \frac{2l}{\pi}\left(\sin\frac{\pi x}{l} - \frac{1}{2}\sin\frac{2\pi x}{l} + \frac{1}{3}\sin\frac{3\pi x}{l} - \cdots\right)$

例 5.3-5

$$f(x)=\begin{cases} x & 0<x<\pi \\ -x & -\pi<x<0 \end{cases} \quad f(x+2\pi)=f(x) \text{ 之傅立葉級數}$$

並且證明：$1+\dfrac{1}{3^2}+\dfrac{1}{5^2}+\cdots = \dfrac{\pi^2}{8}$

解

函數 $f(x)$ 為偶函數，因此

$$a_0=\frac{1}{\pi}\int_0^\pi x\,dx = \frac{\pi}{2}$$

$$a_n=\frac{2}{\pi}\int_0^\pi x\cos nx\,dx = \frac{2}{\pi n^2}(\cos n\pi -1)=\begin{cases} \dfrac{-4}{n^2\pi} & n=1,3,5,... \\ 0 & n=2,4,6,... \end{cases}$$

所以 $f(x)=\dfrac{\pi}{2}-\dfrac{4}{\pi}\displaystyle\sum_{n=1,3,5,...}^{\infty}\dfrac{1}{n^2}\cos nx = \dfrac{\pi}{2}-\dfrac{4}{\pi}\left(\cos x + \dfrac{1}{3^2}\cos 3x + \dfrac{1}{5^2}\cos 5x + \cdots\right)$

取 $x=0$ 代入，

$$f(0)=\frac{\pi}{2}-\frac{4}{\pi}\left(\cos 0 + \frac{1}{3^2}\cos 0 + \frac{1}{5^2}\cos 0 + \cdots\right)=0$$

得到：$1+\dfrac{1}{3^2}+\dfrac{1}{5^2}+\cdots = \dfrac{\pi^2}{8}$ ，得證

例 5.3-6

將函數 $f(x) = 3x + x^2$ 於區間 $(-l, l)$ 內展開傅立葉級數

 解

函數 $f(x)$ 既非奇函數亦非偶函數，因此使用傅立葉正弦及餘弦級數來求解，就必須利用到前所提過的線性組合特性。將 $f(x)$ 分成兩個奇數或偶數的線性組合進行求解。

假設 $f(x) = 3f_1(x) + f_2(x)$，其中 $f_1(x) = x$ 為奇函數，$f_2(x) = x^2$ 為偶函數。

由前面的例題得知 $f_1(x)$ 傅立葉級數為

$$f_1(x) = \sum_{n=1}^{\infty} b_n \sin\frac{n\pi x}{l} = \frac{2l}{\pi}\left(\sin\frac{\pi x}{l} - \frac{1}{2}\sin\frac{2\pi x}{l} + \frac{1}{3}\sin\frac{3\pi x}{l} - .... \right)$$

$f_2(x) = x^2$ 的部分，可由式(5.3-7)式展開為傅立葉餘弦級數為

$$a_0 = 2 \cdot \frac{1}{2l}\int_0^l f(x)dx = \frac{1}{l}\int_0^l x^2 dx = \frac{l^2}{3}$$

$$a_n = \frac{2}{l}\int_0^l x^2 \cos\frac{n\pi x}{l}dx = \frac{2}{l}\left[x^2\left(\frac{l}{n\pi}\right)\sin\frac{n\pi x}{l}\Big|_0^l - \int_0^l 2x\cdot\frac{l}{n\pi}\sin\frac{n\pi x}{l}dx \right]$$

$$= -\frac{4}{l}\left[x\cdot\left(-\frac{l^2}{n^2\pi^2}\right)\cos\frac{n\pi x}{l}\Big|_0^l + \int_0^l \left(\frac{l}{n\pi}\right)^2 \cos\frac{n\pi x}{l}dx \right]$$

$$= -\frac{4}{l}\left[l\cdot\left(-\frac{l^2}{n^2\pi^2}\right)\cos n\pi + \left(\frac{l}{n\pi}\right)^3 \sin\frac{n\pi x}{l}\Big|_0^l \right]$$

$$= \frac{4l^2}{n^2\pi^2}\cos n\pi = \begin{cases} \dfrac{-4l^2}{n^2\pi^2} & n = 1,3,5,... \\[2mm] \dfrac{4l^2}{n^2\pi^2} & n = 2,4,6,... \end{cases}$$

可以得到

$$f_2(x) = a_0 + \sum_{n=1}^{\infty} a_n \cos\frac{n\pi x}{l} = \frac{l^2}{3} - \frac{4l^2}{\pi^2}\left(\cos\frac{\pi x}{l} - \frac{1}{2^2}\cos\frac{2\pi x}{l} + \frac{1}{3^2}\cos\frac{3\pi x}{l} - .... \right)$$

因此 $f(x) = 3f_1(x) + f_2(x)$

$$= \frac{6l}{\pi}\left(\sin\frac{\pi x}{l} - \frac{1}{2}\sin\frac{2\pi x}{l} + ...\right) + \frac{l^2}{3} - \frac{4l^2}{\pi^2}\left(\cos\frac{\pi x}{l} - \frac{1}{2^2}\cos\frac{2\pi}{l} + ...\right)$$

由以上的例題可以得知

(i)函數和之傅立葉級數為對應於 $f_1(x)$ 與 $f_2(x)$ 之傅立葉級數之和。

(ii)函數 $cf(x)$ 之傅立葉級數為對應於 $f(x)$ 之傅立葉級數乘上此常數 c。

此兩項特性即為本章開始時所提到的線性組合特性。

例 5.3-7

如果函數 $f(x) = \begin{cases} -1 & -2 < x < 0 \\ 1 & 0 < x < 2 \end{cases}$ 於區間 $(-2,2)$ 內展開之傅立葉級數為

$f(x) = \frac{4}{\pi}\left(\sin\frac{\pi x}{2} + \frac{1}{3}\sin\frac{3\pi x}{2} + \frac{1}{5}\sin\frac{5\pi x}{2} + ...\right)$，則函數 $g(x) = \begin{cases} 4 & -2 < x < 0 \\ 6 & 0 < x < 2 \end{cases}$ 於區間

$(-2,2)$ 內展開之傅立葉級數

 解

利用 5.3-6 之線性組合特性，可以得到

$g(x) = 5 + f(x) = 5 + \frac{4}{\pi}\left(\sin\frac{\pi x}{2} + \frac{1}{3}\sin\frac{3\pi x}{2} + \frac{1}{5}\sin\frac{5\pi x}{2} + ...\right)$

---

4. 狄里區收斂定理(Dirichlet theorem)

   如果函數 $f(x)$ 滿足

   (1) $f(x)$ 為週期 $2l$ 之週期函數。

   (2) $f(x)$ 在 $-l < x < l$ 範圍內為分段平滑函數。

   (3) $f(x)$ 與 $f'(x)$ 為分段連續函數。

   則 $f(x)$ 之傅立葉級數收斂存在，並且收斂性如下所示：

   x 為一連續點，傅立葉級數會收斂至該點之平均值。當

$$f(x) = a_0 + \sum_{n=1}^{\infty} \left(a_n \cos\frac{n\pi x}{l} + b_n \sin\frac{n\pi x}{l} \right) 時$$

亦即

$$f(x) = a_0 + \sum_{n=1}^{\infty} \left(a_n \cos\frac{n\pi x}{l} + b_n \sin\frac{n\pi x}{l} \right) = \frac{f(x^+) + f(x^-)}{2} \tag{5.3-8}$$

習題 5-3

求下列函數的傅立葉級數

1. $f(x) = \begin{cases} -x+1 & 0 \le x < 1 \\ x+1 & -1 \le x < 0 \end{cases}$, $f(x+2) = f(x)$

   解 $f(x) = \dfrac{1}{2} + \displaystyle\sum_{n=1,3,5,\ldots}^{\infty} \left[\dfrac{4}{n^2\pi^2} \cos(n\pi x) \right]$

2. $f(x) = \begin{cases} x & 0 \le x < \dfrac{\pi}{2} \\ -x & -\dfrac{\pi}{2} \le x < 0 \end{cases}$, $f(x+\pi) = f(x)$

   解 $f(x) = \dfrac{\pi}{4} + \displaystyle\sum_{n=1,3,5,\ldots}^{\infty} \left[\dfrac{-2}{n^2\pi} \cos(2nx) \right]$

3. $f(x) = \begin{cases} -1 & 0 \le x < 1 \\ 1 & -1 \le x < 0 \end{cases}$, $f(x+2) = f(x)$

   解 $f(x) = \displaystyle\sum_{n=1,3,5,\ldots}^{\infty} \left[\dfrac{-4}{n\pi} \sin(n\pi x) \right]$

4. $f(x) = \begin{cases} -1 & -2 \le x < -1 \\ 1 & -1 \le x < 0 \\ 1 & 0 \le x < 1 \\ -1 & 1 \le x < 2 \end{cases}$, $f(x+4) = f(x)$

   解 $f(x) = \displaystyle\sum_{n=1}^{\infty} \dfrac{4}{n\pi} \sin(\dfrac{n\pi}{2}) \cos(\dfrac{n\pi x}{2})$

5. $f(x) = x$，$-1 \le x < 1$，$f(x+2) = f(x)$

解 $f(x) = \sum_{n=1}^{\infty} \dfrac{-2}{n\pi} \cos(n\pi) \sin(n\pi x)$

6. $f(x) = \begin{cases} -x+1 & 0 \le x < 1 \\ 0 & 1 \le x < 2 \\ x-2 & 2 \le x < 3 \\ 1 & 3 \le x < 5 \end{cases}$，$f(x+5) = f(x)$

解 $f(x) = \dfrac{3}{5} + \sum_{n=1}^{\infty} \left\{ \dfrac{5}{2n^2\pi^2} [1 - \cos\dfrac{2n\pi}{5} - \cos\dfrac{4n\pi}{5} + \cos\dfrac{6n\pi}{5}] \cos\dfrac{2n\pi x}{5} \right\}$

$\qquad + \sum_{n=1}^{\infty} \left\{ \dfrac{-5}{2n\pi} - \dfrac{5}{2n^2\pi^2} [\sin\dfrac{2n\pi}{5} + \sin\dfrac{4n\pi}{5} - \sin\dfrac{6n\pi}{5}] \sin\dfrac{2n\pi x}{5} \right\}$

7. $f(x) = \dfrac{x^2}{4}$，$-\pi \le x \le \pi$

解 $f(x) = \dfrac{1}{12}\pi^2 + \sum_{n=1}^{\infty} \dfrac{1}{n^2} \cos(n\pi) \cos(nx)$

5.4 全幅及半幅展開式

如果一個非週期函數 $f(x)$ 定義於 $(0, L)$ 之區間內，如圖 5.4-1 所示，要求此非週期函數之傅立葉級數展開式，有以下三種方法。

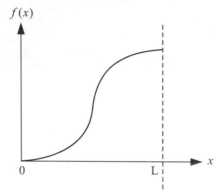

△ 圖 5.4-1 在 $(0, L)$ 中的任意函數

1. 全幅展開(Full-Range Expansion)

取週期 $T = 2l = L$，所以 $l = \dfrac{L}{2}$，亦即將 $(-L, 0)$ 視為一整個週期，求其傅立葉級數展開式。由(5.4-1)式中

$$f(x) = a_0 + \sum_{n=1}^{\infty}\left(a_n \cos\frac{n\pi x}{l} + b_n \sin\frac{n\pi x}{l}\right) \tag{5.4-1}$$

其中：$a_0 = \dfrac{1}{2l}\displaystyle\int_0^{2l} f(x)dx$

$\quad\quad a_n = \dfrac{1}{l}\displaystyle\int_0^{2l} f(x)\cos\frac{n\pi x}{l}dx, \quad n = 1, 2, 3, \cdots$

$\quad\quad b_n = \dfrac{1}{l}\displaystyle\int_0^{2l} f(x)\sin\frac{n\pi x}{l}dx, \quad n = 1, 2, 3, \cdots$.

將 $l = \dfrac{L}{2}$ 代入，可以得到此非週期函數之傅立葉全幅展開式為

$$f(x) = a_0 + \sum_{n=1}^{\infty}\left(a_n \cos\frac{2n\pi x}{L} + b_n \sin\frac{2n\pi x}{L}\right) \tag{5.4-2}$$

其中：$a_0 = \dfrac{1}{L}\displaystyle\int_0^L f(x)dx$

$\qquad a_n = \dfrac{2}{L}\displaystyle\int_0^L f(x)\cos\dfrac{n\pi x}{L}dx, \ \ n=1,2,3,\cdots$

$\qquad b_n = \dfrac{2}{L}\displaystyle\int_0^L f(x)\sin\dfrac{n\pi x}{L}dx, \ \ n=1,2,3,\cdots$

因此傅立葉全幅展開圖形如圖 5.4-2 所示。

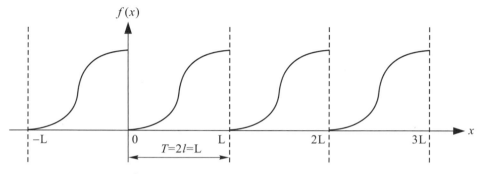

△ 圖 5.4-2 在 $(0,L)$ 中的全幅展開圖

2. 半幅餘弦展開

將 $(0,L)$ 視為傅立葉級數之半週期區間，並且將另一半週期區間 $(-L,0)$，擴充為偶函數，如圖 5.4-3 所示。

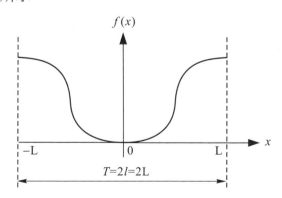

△ 圖 5.4-3 半幅餘弦展開圖

設定 $T=2l=2L$，$l=L$。將 $l=L$ 代入偶函數之傅立葉級數展開，可以得到此非週期函數之傅立葉半幅餘弦展開式。

$$f(x) = a_0 + \sum_{n=1}^{\infty} a_n \cos\frac{n\pi x}{L} \qquad 0<x<L \qquad\qquad (5.4\text{-}3)$$

其中：$a_0 = \dfrac{2}{L} \displaystyle\int_0^L f(x)dx$

$a_n = \dfrac{2}{L} \displaystyle\int_0^L f(x)\cos\dfrac{n\pi x}{L}dx, \;\; n = 1, 2, 3, \cdots$

(5.4-3)式所得之傅立葉級數，只有在半週期 $(0, L)$ 中，才可以收斂到原函數 $f(x)$，稱為半幅展開式，又因為另外半週期擴充為偶函數，將傅立葉級數表示為餘弦展開式，因此又稱為半幅餘弦展開式。

3. 半幅正弦展開

將 $(0, L)$ 視為傅立葉級數之半週期區間，並且將另一半週期區間 $(-L, 0)$，擴充為奇函數，如圖 5.4-4 所示。

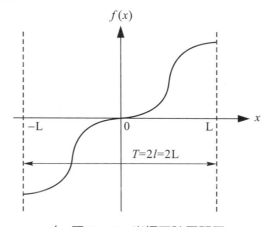

△ 圖 5.4-4　半幅正弦展開圖

設定 $T = 2l = 2L$，$l = L$。將 $l = L$ 代入奇函數之傅立葉級數展開，可以得到此一非週期函數之傅立葉半幅正弦展開式。

$$f(x) = \sum_{n=1}^{\infty} b_n \sin\dfrac{n\pi x}{L}, \;\; 0 < x < L \qquad\qquad (5.4\text{-}4)$$

其中：$b_n = \dfrac{2}{L} \displaystyle\int_0^L f(x)\sin\dfrac{n\pi x}{L}dx, \;\; n = 1, 2, 3, \cdots$

(5.4-4)式所得之傅立葉級數，只有在半週期 $(0, L)$ 中，才可以收斂至原函數 $f(x)$，又因為另外半週期擴充為奇函數，將傅立葉級數表示為正弦展開式，因此又稱為半幅正弦展開式。

例 5.4-1

將函數 $f(x) = x - x^2$ 於區間$(0,1)$內，以上述三種方法展開成傅立葉級數。

解

1. 全幅展開式：取週期 $T = 2l = 1$，$l = \dfrac{1}{2}$， 由(5.4-1)可以得到

$$f(x) = a_0 + \sum_{n=1}^{\infty} \left(a_n \cos 2n\pi x + b_n \sin 2n\pi x\right)$$

其中各項係數分別為

$$a_0 = \frac{1}{1}\int_0^1 (x - x^2)dx = \frac{1}{2}x^2 - \frac{1}{3}x^3 \bigg|_0^1 = \frac{1}{2} - \frac{1}{3} = \frac{1}{6}$$

$$a_n = 2\int_0^1 (x - x^2)\cos(2n\pi x)dx = 2\int_0^1 (x\cos(2n\pi x)dx - 2\int_0^1 x^2\cos(2n\pi x)dx$$

$$= \frac{2}{(2n\pi)^2}\left[\cos(2n\pi x) + 2n\pi x \sin(2n\pi x)\right]\bigg|_0^1$$

$$\quad - \frac{2}{(2n\pi)^3}\left[4n\pi x\cos(2n\pi x) + (4n^2\pi^2 x^2 - 2)\sin(2n\pi x)\right]\bigg|_0^1$$

$$= \frac{-1}{(n\pi)^2}, \ \ n \neq 0$$

$$b_n = 2\int_0^1 (x - x^2)\sin(2n\pi x)dx = 0$$

所以得到原函數之傅立葉全幅展開式為

$$f(x) = x - x^2 = \frac{1}{6} - \frac{1}{\pi^2}\sum_{n=1}^{\infty}\frac{1}{n^2}\cos(2n\pi x), \ \ 0 < x < 1$$

展開成為 $f(x) = \dfrac{1}{6} - \dfrac{1}{\pi^2}\left(\cos 2\pi x + \dfrac{1}{4}\cos 4\pi x + \dfrac{1}{9}\cos 6\pi x + \cdots\right)$

2. 半幅餘弦展開式：取週期 $T = 2l = 2$，$l = 1$，由(5.4-3)式可以得到

$$f(x) = a_0 + \sum_{n=1}^{\infty} a_n \cos(n\pi x)$$

其中各項係數

$$a_0 = \frac{1}{2}\int_{-1}^{1}(x - x^2)dx = \frac{2}{2}\int_{0}^{1}(x - x^2)dx = \frac{1}{2}x^2 - \frac{1}{3}x^3 \Big|_0^1 = \frac{1}{6}$$

$$a_n = 2\int_{0}^{1}(x - x^2)\cos(n\pi x)dx = \frac{-2}{(n\pi)^2}(1 + \cos n\pi),\ \ n \neq 0$$

所以得到原函數之傅立葉半幅餘弦展開式為

$$f(x) = x - x^2 = a_0 + \sum_{n=1}^{\infty} a_n \cos\frac{n\pi x}{L} = \frac{1}{6} - \frac{2}{\pi^2}\sum_{n=1}^{\infty}\frac{1 + \cos n\pi}{n^2}\cos(n\pi x),\ \ 0 < x < 1$$

展開成為 $f(x) = \frac{1}{6} - \frac{1}{\pi^2}(\cos 2\pi x + \frac{1}{4}\cos 4\pi x + \frac{1}{9}\cos 6\pi x + \cdots)$

3. 半幅正弦展開式：取週期 $T = 2l = 2$，$l = 1$，由(5.4-4)式可以得到

$$f(x) = \sum_{n=1}^{\infty} b_n \sin(n\pi x)$$

其中各項係數

$$b_n = 2\int_{0}^{1}(x - x^2)\sin(n\pi x)dx = \frac{4}{(n\pi)^3}(1 - \cos n\pi)$$

所以得到原函數之傅立葉半幅正弦展開式為

$$f(x) = x - x^2 = \sum_{n=1}^{\infty} b_n \sin\frac{n\pi x}{L} = \sum_{n=1}^{\infty}\frac{4}{(n\pi)^3}(1 - \cos n\pi)\sin(n\pi x)$$

展開成為 $f(x) = \frac{8}{\pi^3}(\sin \pi x + \frac{1}{27}\sin 3\pi x + \frac{1}{125}\sin 5\pi x + \cdots)$

例 5.4-2

將函數 $f(x) = \cos x, \ 0 < x < 2\pi$ ，展開成傅立葉半幅正弦級數

將 $(0,2\pi)$ 視為傅立葉級數之半週期區間， 並且將另一半週期區間 $(-2\pi,0)$ 擴充為奇函數。 取週期 $T = 2l = 4\pi$ ， $l = 2\pi$ ，由(5.4-4)式可以得到

$$f(x) = \sum_{n=1}^{\infty} b_n \sin \frac{nx}{2}$$

其中各項係數為

$$b_n = \frac{2}{2\pi} \int_0^{2\pi} \cos x \sin(\frac{nx}{2}) dx = \frac{1}{2\pi} \int_0^{2\pi} \left[\sin(\frac{n+2}{2})x + \sin(\frac{n-2}{2})x \right] dx$$

$$= \frac{-1}{2\pi} \left[\frac{2}{n+2} \cos(\frac{n+2}{2})x + \frac{2}{n-2} \cos(\frac{n-2}{2})x \right]_0^{2\pi}$$

$$= \frac{-1}{\pi} \left[\frac{\cos(n+2)\pi - 1}{n+2} + \frac{\cos(n-2)\pi - 1}{n-2} \right]$$

$$= \frac{-1}{\pi} \left[\frac{\cos n\pi - 1}{n+2} + \frac{\cos n\pi - 1}{n-2} \right]$$

$$= \begin{cases} \frac{1}{\pi} \left[\frac{2}{n+2} + \frac{2}{n-2} \right] = \frac{4n}{\pi(n^2-4)} & n = 1,3,5\cdots \\ \frac{1}{\pi} \left[\frac{0}{n+2} + \frac{0}{n-2} \right] = 0 & n = 2,4,6,\cdots \end{cases}$$

所以得到原函數之傅立葉半幅正弦展開式為

$$f(x) = \sum_{n=1,3,5,\ldots}^{\infty} b_n \sin \frac{nx}{2} = \sum_{n=1,3,5,\ldots}^{\infty} \left(\frac{4n}{\pi(n^2-4)} \right) \sin \frac{nx}{2}$$

展開成為 $f(x) = \frac{4}{\pi} (\frac{-1}{3} \sin \frac{x}{2} + \frac{3}{5} \sin \frac{3x}{2} + \frac{5}{21} \sin \frac{5x}{2} + \cdots)$

習題 5-4

求下列函數的半幅正弦展開及半幅餘弦展開

1. $f(x) = x,\ 0 \le x \le 1$

    解 (餘弦) $f(x) = \displaystyle\sum_{n=1}^{\infty} \left(\frac{-2(-1)^n}{n\pi} \right) \sin n\pi x$

    (正弦) $f(x) = \dfrac{1}{2} + \displaystyle\sum_{n=1}^{\infty} \left(\frac{-2(1-(-1)^n)}{n^2\pi^2} \right) \cos n\pi x$

2. $f(x) = \sin x,\ 0 \le x \le \dfrac{\pi}{2}$

    解 $f(x) = \displaystyle\sum_{n=1}^{\infty} \left(\frac{-8n}{\pi(1-4n^2)} \right) \sin(2nx)$

3. $f(x) = -x + 1,\ 0 \le x \le 1$

    解 $f(x) = \displaystyle\sum_{n=1}^{\infty} \left(\frac{-2}{n\pi} \right) \sin(n\pi x)$

4. $f(x) = 1,\ 0 \le x \le 1$

    解 $f(x) = \displaystyle\sum_{n=1,3,5,\cdots}^{\infty} \left(\frac{4}{n\pi} \right) \sin(n\pi x)$

5.5 傅立葉複係數級數

如果一週期函數 $f(x+2l) = f(x)$ ， $f(x)$ 在 $(-l,l)$ 之區間內有意義，則

$$f(x) = a_0 + \sum_{n=1}^{\infty}\left(a_n \cos\frac{n\pi x}{l} + b_n \sin\frac{n\pi x}{l} \right) \tag{5.5-1}$$

其中： $a_0 = \dfrac{1}{2l}\displaystyle\int_d^{d+2l} f(x)dx$

$a_n = \dfrac{1}{l}\displaystyle\int_d^{d+2l} f(x)\cos\frac{n\pi x}{l}dx$ ， $n = 1,2,3,....$

$b_n = \dfrac{1}{l}\displaystyle\int_d^{d+2l} f(x)\sin\frac{n\pi x}{l}dx$ ， $n = 1,2,3,....$

根據尤拉公式(Eular's formula)： $\cos x = \dfrac{1}{2}(e^{ix} + e^{-ix})$ 與 $\sin x = \dfrac{1}{2i}(e^{ix} - e^{-ix})$

所以(5.5-1)式可以改寫成為

$$f(x) = a_0 + \sum_{n=1}^{\infty}\left[a_n \frac{e^{i\frac{n\pi x}{l}} + e^{-i\frac{n\pi x}{l}}}{2} + b_n \frac{e^{i\frac{n\pi x}{l}} - e^{-i\frac{n\pi x}{l}}}{2i} \right]$$

$$= a_0 + \sum_{n=1}^{\infty}\left[\frac{a_n - ib_n}{2} \right]e^{i\frac{n\pi x}{l}} + \sum_{n=1}^{\infty}\left[\frac{a_n + ib_n}{2} \right]e^{-i\frac{n\pi x}{l}} \tag{5.5-2}$$

假設 $c_n = \dfrac{a_n - ib_n}{2}$ ， $c_{-n} = \dfrac{a_n + ib_n}{2}$ ，代入(5.5-2)式中，可以轉化成

$$c_n = \frac{a_n - ib_n}{2} = \frac{1}{2l}\left[\int_d^{d+2l} f(x)\cos\frac{n\pi x}{l}dx - i\int_d^{d+2l} f(x)\sin\frac{n\pi x}{l}dx \right]$$

$$= \frac{1}{2l}\int_d^{d+2l} f(x)\left[\cos\frac{n\pi x}{l} - i\sin\frac{n\pi x}{l} \right]dx$$

$$= \frac{1}{2l}\int_d^{d+2l} f(x)e^{-i\frac{n\pi x}{l}}dx \tag{5.5-3}$$

同理可以得到

$$c_{-n} = \frac{a_n + ib_n}{2} = \frac{1}{2l}\left[\int_d^{d+2l} f(x)\cos\frac{n\pi x}{l}dx + i\int_d^{d+2l} f(x)\sin\frac{n\pi x}{l}dx\right]$$

$$= \frac{1}{2l}\int_d^{d+2l} f(x)\left[\cos\frac{n\pi x}{l} + i\sin\frac{n\pi x}{l}\right]dx = \frac{1}{2l}\int_d^{d+2l} f(x)e^{i\frac{n\pi x}{l}}dx \qquad (5.5\text{-}4)$$

將(5.5-3)式及(5.5-4)式代入(5.5-2)式中加以整理，可以得到

$$f(x) = a_0 + \sum_{n=1}^{\infty} c_n e^{i\frac{n\pi x}{l}} + \sum_{n=1}^{\infty} c_{-n} e^{-i\frac{n\pi x}{l}} = a_0 + \sum_{n=1}^{\infty} c_n e^{i\frac{n\pi x}{l}} + \sum_{n=-1}^{-\infty} c_n e^{i\frac{n\pi x}{l}}$$

$$= a_0 + \sum_{n=-\infty, n\neq 0}^{\infty} c_n e^{i\frac{n\pi x}{l}} \qquad (5.5\text{-}5)$$

如果 $c_0 = \frac{1}{2l}\int_d^{d+2l} f(x)dx = a_0$ ，代入(5.5-5)式，經由以上的推導，可以得到傅立葉

複係數級數之公式為

$$f(x) = \sum_{n=-\infty}^{\infty} c_n e^{i\frac{n\pi x}{l}} \qquad (5.5\text{-}6)$$

其中： $c_n = \frac{1}{2l}\int_d^{d+2l} f(x)e^{-i\frac{n\pi x}{l}}dx$

例 5.5-1

將函數 $f(x) = x, -\pi < x < \pi$ 展開成傅立葉複係數級數

 解

由(5.5-6)式得知，傅立葉複係數級數為

$$f(x) = \sum_{n=-\infty}^{\infty} c_n e^{inx}$$

$$c_n = \frac{1}{2\pi}\int_{-\pi}^{\pi} f(x)e^{-inx}dx = \frac{1}{2\pi}\int_{-\pi}^{\pi} xe^{-inx}dx$$

$$= \frac{1}{2\pi}\left[-\frac{1}{in}xe^{-inx}\Big|_{-\pi}^{\pi} + \frac{1}{in}\int_{-\pi}^{\pi} e^{-inx}dx\right]$$

$$= \frac{1}{2\pi}\left[-\frac{x}{in}e^{-inx} + \frac{1}{n^2}e^{-inx} \right]\Big|_{-\pi}^{\pi}$$

$$= \frac{1}{2\pi}\left[\frac{i\pi}{n}e^{-in\pi} + \frac{1}{n^2}e^{-in\pi} - \frac{i\pi}{n}e^{in\pi} - \frac{1}{n^2}e^{in\pi} \right]$$

$$= \frac{1}{2\pi}\left[\frac{2i\pi}{n}\cos n\pi \right] = \frac{i}{n}\cos n\pi = (-1)^n\frac{i}{n}, n \neq 0$$

$$c_0 = \frac{1}{2l}\int_{-l}^{l} f(x)dx = \frac{1}{2\pi}\int_{-\pi}^{\pi} xdx = 0$$

所以原函數之傅立葉複數係數級數為

$$f(x) = \sum_{\substack{n \neq 0 \\ n=-\infty}}^{\infty} c_n e^{i\frac{n\pi x}{l}} = \sum_{\substack{n \neq 0 \\ n=-\infty}}^{\infty} (-1)^n\frac{i}{n}e^{inx}$$

例 5.5-2

將函數 $f(x) = \begin{cases} -1 & -2\pi < x < 0 \\ 0 & 0 < x < 2\pi \end{cases}$ 展開成傅立葉複係數級數

 解

週期 $T = 2l = 4\pi$，所以 $l = 2\pi$。

由(5.5-6)式得知傅立葉複係數級數為 $f(x) = \sum_{n=-\infty}^{\infty} c_n e^{i\frac{nx}{2}}$

$$c_n = \frac{1}{2l}\int_{d}^{d+2l} f(x)e^{-i\frac{n\pi x}{l}}dx = \frac{1}{2\cdot 2\pi}\int_{-2\pi}^{2\pi} f(x)e^{-i\frac{nx}{2}}dx$$

$$= \frac{1}{4\pi}\left[\int_{-2\pi}^{0} -e^{-i\frac{nx}{2}}dx + \int_{0}^{2\pi} e^{-i\frac{nx}{2}}dx \right] = \frac{1}{4\pi}\left[\frac{2}{in}e^{-i\frac{nx}{2}}\Big|_{-2\pi}^{0} - \frac{2}{in}e^{-i\frac{nx}{2}}\Big|_{0}^{2\pi} \right]$$

$$= \frac{1}{4\pi}\left[\frac{2}{in}(1-e^{in\pi}) - \frac{2}{in}(e^{-in\pi}-1) \right] = \frac{1}{4\pi}\left[\frac{4}{in} - \frac{2}{in}(e^{in\pi}+e^{-in\pi}) \right]$$

$$= \frac{1}{4\pi}\left[\frac{4}{in} - \frac{2}{in}(2\cos n\pi) \right] = \frac{1}{in\pi}(1-\cos n\pi) = -\frac{i}{n\pi}(1-\cos n\pi)$$

$$= \begin{cases} \dfrac{-2i}{n\pi}, & n=1,3,5,\cdots \quad n \neq 0 \\ 0, & n=2,4,6,\cdots \quad c_0 = 0 \end{cases}$$

所求之級數為： $f(x) = \sum_{n=-\infty}^{\infty} c_n e^{i\frac{n\pi x}{l}} = \sum_{n=-\infty}^{\infty} (-\frac{2i}{n\pi})e^{i\frac{nx}{2}}$ ， $n = 1,3,5,...$

習題 5-5

求下列函數的複係數傅立葉級數

1. $f(x) = |x|$, $-1 \leq x \leq 1$

   解 $f(x) = \displaystyle\sum_{n=-\infty.}^{\infty} \frac{\cos(n\pi)-1}{n^2\pi^2} e^{in\pi x}$

2. $f(x) = \cos x$, $0 \leq x \leq \pi$

   解 $f(x) = \displaystyle\sum_{n=-\infty.}^{\infty} \frac{-i(4n)}{\pi(4n^2-1)} e^{i(2nx)}$

3. $f(x) = -x$, $-1 \leq x \leq 1$

   解 $f(x) = \displaystyle\sum_{\substack{n=-\infty \\ n\neq 0.}}^{\infty} \frac{-i}{n\pi} \cos n\pi \cdot e^{in\pi x}$

4. $f(x) = \begin{cases} x & 0 \leq x \leq 1 \\ -x+2 & 1 \leq x \leq 3 \end{cases}$

   解 $f(x) = \displaystyle\sum_{\substack{n=-\infty \\ n\neq 0.}}^{\infty} \frac{i}{n\pi} \cos n\pi\, e^{in\pi x}$

5.6 傅立葉積分式

如果 $f(x)$ 為週期 $2l$ 之週期函數，可以展開成傅立葉複係數級數為

$$f(x) = \sum_{n=-\infty}^{\infty} c_n e^{i\frac{n\pi x}{l}}$$

$$其中：c_n = \frac{1}{2l}\int_d^{d+2l} f(x) e^{-i\frac{n\pi x}{l}} dx \qquad (5.6\text{-}1)$$

但是 $f(x)$ 在區間 $(-\infty,\infty)$ 內如果沒有週期，亦即 $f(x)$ 之週期為無限大，此時 $l \to \infty$，(5.6-1)式就無法使用，必須經過適當的修改以符合新的週期條件。

1. 傅立葉複數積分式

假設 $\omega_n = \dfrac{n\pi}{l}$ 以及 $\Delta\omega_n = \omega_n - \omega_{n-1} = \dfrac{\pi}{l}$；代入得到

$$f(x) = \sum_{n=-\infty}^{\infty}\left[\frac{1}{2l}\int_{-l}^{l} f(s) e^{-i\omega_n s} ds\right] e^{i\omega_n x} = \sum_{n=-\infty}^{\infty}\left[\frac{2l}{2\pi}\cdot\frac{1}{2l}\int_{-l}^{l} f(s) e^{-i\omega_n s} ds\right] e^{i\omega_n x}\cdot\frac{2\pi}{2l}$$

$$= \sum_{n=-\infty}^{\infty}\left[\frac{1}{2\pi}\int_{-l}^{l} f(s) e^{-i\omega_n s} ds\right] e^{i\omega_n x}\Delta\omega_n$$

當 $l \to \infty$，$\omega_n \to \omega$，$\Delta\omega_n \to d\omega$ 時，代入上式中，可以得到

$$f(x) = \int_{-\infty}^{\infty}\left[\frac{1}{2\pi}\int_{-\infty}^{\infty} f(s) e^{-i\omega s} ds\right] e^{i\omega x} d\omega$$

$$= \frac{1}{2\pi}\int_{-\infty}^{\infty}\left[\int_{-\infty}^{\infty} f(s) e^{-i\omega(s-x)} ds\right] d\omega \qquad (5.6\text{-}2)$$

(5.6-2)式稱為傅立葉複數積分式(Complex Fourier Integral)

2. 傅立葉全三角積分式

將(5.6-2)式中的指數函數項，以 $e^{-i\omega(s-x)} = \cos\omega(s-x) - i\sin\omega(s-x)$ 代入，可以得到

$$f(x) = \frac{1}{2\pi}\int_{-\infty}^{\infty}\int_{-\infty}^{\infty} f(s)(\cos\omega(s-x) - i\sin\omega(s-x))ds\,d\omega \qquad (5.6\text{-}3)$$

對 ω 而言，$\sin\omega(s-x)$ 為 ω 之奇函數，所以

$$\int_{-\infty}^{\infty} f(s)\sin\omega(s-x)d\omega = 0$$

並且 $\cos\omega(s-x)$ 為 ω 之偶函數，所以化簡成為

$$\int_{-\infty}^{\infty} f(s)\cos\omega(s-x)d\omega = 2\int_{0}^{\infty} f(s)\cos\omega(s-x)d\omega$$

代入(5.6-3)之中，可以得到

$$f(x) = \frac{1}{\pi}\int_{0}^{\infty}\int_{-\infty}^{\infty} f(s)\cos\omega(s-x)dsd\omega \tag{5.6-4}$$

(5.6-4)式即稱之為傅立葉全三角積分式

3. 傅立葉餘弦積分式及正弦積分式

經由三角公式中的和差化積公式，$\cos\omega(s-x) = \cos\omega s\cos\omega x + \sin\omega s\sin\omega x$ 代入

(5.6-4)式中，可以得到

$$\begin{aligned}
f(x) &= \frac{1}{\pi}\int_{0}^{\infty}\int_{-\infty}^{\infty} f(s)\big(\cos\omega s\cos\omega x + \sin\omega s\sin\omega x\big)dsd\omega \\
&= \frac{1}{\pi}\int_{0}^{\infty}\int_{-\infty}^{\infty} f(s)\cos\omega s\cos\omega x\,dsd\omega + \frac{1}{\pi}\int_{0}^{\infty}\int_{-\infty}^{\infty} f(s)\sin\omega s\sin\omega x\,dsd\omega \\
&= \frac{1}{\pi}\int_{0}^{\infty} A(\omega)\cos\omega x\,d\omega + \frac{1}{\pi}\int_{0}^{\infty} B(\omega)\sin\omega x\,d\omega
\end{aligned} \tag{5.6-5}$$

其中 $A(\omega) = \int_{-\infty}^{\infty} f(s)\cos\omega s\,ds$，$B(\omega) = \int_{-\infty}^{\infty} f(s)\sin\omega s\,ds$

(1) 如果 $f(x)$ 為偶函數

則 $f(s)\cos\omega s$ 為偶函數，$f(s)\sin\omega s$ 為奇函數

$$A(\omega) = \int_{-\infty}^{\infty} f(s)\cos\omega s\,ds = 2\int_{0}^{\infty} f(s)\cos\omega s\,ds$$

$$B(\omega) = \int_{-\infty}^{\infty} f(s)\sin\omega s\,ds = 0$$

將 $A(\omega)$ 及 $B(\omega)$ 代入(5.6-5)式中，可以得到

$$f(x) = \frac{2}{\pi}\int_{0}^{\infty} f(s)\cos\omega s\cos\omega x\,dsd\omega \tag{5.6-6}$$

(5.6-6)式稱為傅立葉餘弦積分式

(2) 如果 $f(x)$ 為奇函數

則 $f(s) = \cos \omega s$ 為奇函數， $f(s) = \sin \omega s$ 為偶函數

$A(\omega) = \int_{-\infty}^{\infty} f(s) \cos \omega s \, ds = 0$

$B(\omega) = \int_{-\infty}^{\infty} f(s) \sin \omega s \, ds = 2 \int_{0}^{\infty} f(s) \sin \omega s \, ds$

將 $A(\omega)$ 及 $B(\omega)$ 代入(5.6-5)式中，可以得到

$$f(x) = \frac{2}{\pi} \int_{0}^{\infty} f(s) \sin \omega s \sin \omega x \, ds \, d\omega \tag{5.6-7}$$

(5.6-7)式稱為傅立葉正弦積分式。

例 5.6-1

將非週期函數 $f(x) = \begin{cases} 1 & |x| < 1 \\ 0 & |x| > 1 \end{cases}$ 展開成傅立葉積分式

 解

$f(x) = \begin{cases} 1 & |x| < 1 \\ 0 & |x| > 1 \end{cases}$ 為偶函數，因此利用傅立葉餘弦積分式，得到

$f(x) = \frac{2}{\pi} \int_{0}^{\infty} f(s) \cos \omega s \cos \omega x \, ds \, d\omega$ ，所以

$\int_{0}^{\infty} f(s) = \int_{0}^{1} \cos \omega s \, ds = \frac{1}{\omega} \int_{0}^{1} 1 \times \cos \omega s \, ds = \frac{1}{\omega} = \sin \omega s \int_{0}^{1} \frac{\sin \omega}{\omega}$

例 5.6-2

利用傅立葉積分式證明：$\int_{0}^{\infty} \frac{\cos \omega x + \omega \sin \omega x}{1 + \omega^2} dx = \begin{cases} 0 & x < 0 \\ \dfrac{\pi}{2} & x = 0 \\ \pi e^{-x} & x > 0 \end{cases}$

 解

由於 $f(x) = \begin{cases} 0 & x < 0 \\ \dfrac{\pi}{2} & x = 0 \\ \pi e^{-x} & x > 0 \end{cases}$，利用傅立葉全三角積分式

$$f(x) = \frac{1}{\pi} \int_0^\infty \int_{-\infty}^\infty f(s)\cos\omega(s-x)\,ds\,d\omega$$

$$= \frac{1}{\pi} \int_0^\infty \left[\int_{-\infty}^\infty f(s)\cos\omega s\cos\omega x\,ds + \int_{-\infty}^\infty f(s)\sin\omega s\sin\omega x\,ds \right] d\omega$$

其中：

$$\frac{1}{\pi} \int_{-\infty}^\infty f(s)\cos\omega s\,ds = \frac{1}{\pi} \int_{-\infty}^\infty f(x)\cos\omega x\,dx = \frac{1}{\pi} \int_{-\infty}^\infty 0 \times \cos\omega s\,ds + \frac{1}{\pi} \int_0^\infty \pi e^{-x}\cos\omega x\,dx$$

$$= 0 + \frac{1}{\pi} \int_0^\infty \pi e^{-x}\cos\omega x\,dx = \int_0^\infty e^{-x}\cos\omega x\,dx = L[\cos\omega x]\big|_{s=1} = \frac{s}{s^2+\omega^2}\big|_{s=1} = \frac{1}{1+\omega^2}$$

$$\frac{1}{\pi} \int_{-\infty}^\infty f(s)\sin\omega s\,ds = \frac{1}{\pi} \int_{-\infty}^\infty f(x)\sin\omega x\,dx = \frac{1}{\pi} \int_{-\infty}^\infty 0 \times \sin\omega s\,ds + \frac{1}{\pi} \int_0^\infty \pi e^{-x}\sin\omega x\,dx$$

$$= 0 + \frac{1}{\pi} \int_0^\infty \pi e^{-x}\sin\omega x\,dx = \int_0^\infty e^{-x}\sin\omega x\,dx = L[\sin\omega x]\big|_{s=1} = \frac{\omega}{s^2+\omega^2}\big|_{s=1} = \frac{\omega}{1+\omega^2}$$ ，所以

所以 $\displaystyle \int_{-\infty}^\infty \frac{\cos\omega x + \sin\omega x}{1+\omega^2}\,d\omega = \int_{-\infty}^\infty \left[\frac{1}{1+\omega^2}\cos\omega x + \frac{\omega}{1+\omega^2}\sin\omega x \right] d\omega$

$$= \begin{cases} 0 & x < 0 \\ \pi e^{-x} & x > 0 \end{cases}$$

使用 $x = 0$ 代入，得到 $\displaystyle \int_0^\infty \frac{\cos\omega x + \sin\omega x}{1+\omega^2}\,dx = \begin{cases} 0 & x < 0 \\ \dfrac{\pi}{2} & x = 0 \\ \pi e^{-x} & x > 0 \end{cases}$ ，得證

習題 5-6

求下列函數之傅立葉積分式

1. $f(x) = e^{-x} + e^{-2x}$

    解 $\dfrac{2}{\pi}\displaystyle\int_0^\infty (\dfrac{3(2+\omega)}{\omega^4 + 5\omega^2 + 4})\cos\omega x d\omega$

2. $f(x) = \begin{cases} x & 0 < x < a \\ 0 & x > a \end{cases}$

    解 $\dfrac{2}{\pi}\displaystyle\int_0^\infty (\dfrac{a\sin a\omega}{\omega} + \dfrac{\cos a\omega - 1}{\omega})\cos\omega x d\omega$

3. $f(x) = e^{-kx}, \ x > 0, k > 0$

    解 $\dfrac{2}{\pi}\displaystyle\int_0^\infty (\dfrac{\cos ax}{k^2 + \omega^2})d\omega$

5.7 傅立葉轉換(Fourier transform)

經由上一節所說明的傅立葉積分公式，可以推導出下面三種轉換以求解微分方程式。

1. 傅立葉複數轉換

已知傅立葉積分公式為

$f(x) = \dfrac{1}{2\pi}\int_{-\infty}^{\infty}\int_{-\infty}^{\infty} f(s)e^{-i\omega s}e^{i\omega x}dsd\omega = \dfrac{1}{2\pi}\int_{-\infty}^{\infty}[\int_{-\infty}^{\infty} f(s)e^{-i\omega s}ds]e^{i\omega x}d\omega$，可以改寫成為

$$F(\omega) = \frac{1}{\sqrt{2\pi}}\int_{-\infty}^{\infty} f(x)e^{i\omega x}dx \qquad (5.7\text{-}1)$$

及

$$f(x) = \frac{1}{\sqrt{2\pi}}\int_{-\infty}^{\infty} F(\omega)e^{-i\omega x}dx \qquad (5.7\text{-}2)$$

2. 傅立葉餘弦轉換

當 $f(x)$ 為偶函數時，傅立葉餘弦積分為 $f(x) = \dfrac{2}{\pi}\int_{0}^{\infty}[\int_{0}^{\infty} f(s)\cos\omega x ds]\cos\omega x d\omega$

可以改寫成為

$$F_c(\omega) = \int_{0}^{\infty} f(x)\cos\omega x dx \qquad (5.7\text{-}3)$$

$$f(x) = \frac{2}{\pi}\int_{0}^{\infty} F_c(\omega)\cos\omega x d\omega \qquad (5.7\text{-}4)$$

3. 傅立葉正弦轉換

當 $f(x)$ 為奇函數時，傅立葉餘弦積分為 $f(x) = \dfrac{2}{\pi}\int_{0}^{\infty}[\int_{0}^{\infty} f(s)\sin\omega x ds]\sin\omega x d\omega$

可以改寫成為

$$F_s(\omega) = \int_{0}^{\infty} f(x)\sin\omega x dx \qquad (5.7\text{-}5)$$

$$f(x) = \frac{2}{\pi}\int_{0}^{\infty} F_c(\omega)\sin\omega x d\omega \qquad (5.7\text{-}6)$$

例 5.7-1

$f(x) = e^{-kx}$, $k > 0$，求傅立葉餘弦變換及傅立葉正弦變換

解

利用公式 $F_c(\omega) = \int_0^\infty f(x) \cos \omega x\, dx = \int_0^\infty e^{-kx} \cos \omega x\, dx = \dfrac{s}{s^2 + \omega^2}\bigg|_{s=k} = \dfrac{k}{k^2 + \omega^2}$

$F_s(\omega) = \int_0^\infty f(x) \sin \omega x\, dx = \int_0^\infty e^{-kx} \sin \omega x\, dx = \dfrac{\omega}{s^2 + \omega^2}\bigg|_{s=k} = \dfrac{\omega}{k^2 + \omega^2}$

例 5.7-2

積分方程式為 $\int_0^\infty f(x) \cos \omega x\, dx = e^{-\omega}$，求 $f(x)$

解

利用公式 $f(x) = \dfrac{2}{\pi} \int_0^\infty F_c(\omega) \cos \omega x\, d\omega$，

所以 $f(x) = \dfrac{2}{\pi} \int_0^\infty e^{-\omega} \cos \omega x\, d\omega = \dfrac{2}{\pi} \dfrac{s}{s^2 + x^2}\bigg|_{s=1} = \dfrac{2}{\pi(1 + x^2)}$

例 5.7-3

求解積分方程 $\int_0^\infty \dfrac{\cos \omega x}{1 + x^2}\, dx$

解

利用 $F_c(\omega) = \int_0^\infty f(x) \cos \omega x\, dx$ 及 $f(x) = \dfrac{2}{\pi} \int_0^\infty F_c(\omega) \cos \omega x\, d\omega$

假設 $f(x) = e^{-x}$ 代入得到 $F_c(\omega) = \int_0^\infty e^{-x} \cos \omega x\, dx = \dfrac{1}{1 + \omega^2}$，因此

$f(x) = \dfrac{2}{\pi} \int_0^\infty \dfrac{1}{1 + \omega^2} \cos \omega x\, d\omega = e^{-x}$，整理成為 $\int_0^\infty \dfrac{\cos \omega x}{1 + x^2}\, dx = f(x) = \dfrac{\pi e^{-x}}{2}$

習題 **5-7**

求下列函數之傅立葉轉換

1. $f(x) = \begin{cases} k & 0 < x < a \\ 0 & x > a \end{cases}$

   解 $F_c(\omega) = \sqrt{\dfrac{2}{\pi}} \dfrac{k \sin a\omega}{\omega}$ ， $F_s(\omega) = \sqrt{\dfrac{2}{\pi}} \dfrac{k(1 - \cos a\omega)}{\omega}$

2. $f(x) = e - x, \ x \geq 0$

   解 $F_c(\omega) = \sqrt{\dfrac{2}{\pi}} \dfrac{1}{1 + \omega^2}$ ， $F_s(\omega) = \sqrt{\dfrac{2}{\pi}} \dfrac{\omega}{1 + \omega}$

3. $f(x) = x^{-|x|}, \ x \in R$

   解 $F(\omega) = \dfrac{-4i\omega}{1 + \omega^2}$

4. $f(x) = \begin{cases} 1 - x & |x| < 1 \\ 0 & |x| > 1 \end{cases}$

   解 $F(\omega) = \dfrac{2e^{i\omega}}{i\omega} + \dfrac{e^{i\omega} - e^{-iw}}{\omega^2}$

5.8 傅立葉轉換推導出拉普拉斯(Laplace)轉換

如果 $f(x)$ 是定義於區間中的函數，經由上一節的推導及定義可以寫成

$f(x) = \dfrac{1}{2\pi} \displaystyle\int_{-\infty}^{\infty} \int_{-\infty}^{\infty} f(s)e^{-i\omega s} e^{i\omega x} ds d\omega$，或者寫成

$F(\omega) = \displaystyle\int_{-\infty}^{\infty} f(x)e^{-i\omega x} dx$ 及 $f(x) = \dfrac{1}{2\pi} \displaystyle\int_{-\infty}^{\infty} F(\omega)e^{i\omega x} dx$ 傅立葉轉換對。

如果存在一函數 $F(t)$ 爲

$$F(t)\begin{cases} 0 & t > 0 \\ e^{-at}f(t) & t < 0 \end{cases} \tag{5.8-1}$$

此時將(5.8-1)式代入傅立葉轉換對，可以得到

$$F(\omega) = \int_0^{\infty} e^{-at} f(t)e^{-i\omega t} dt = \int_0^{\infty} f(t)e^{-(a+i\omega)t} dt \tag{5.8-2}$$

而逆轉換爲

$$f(t) = \frac{1}{2\pi} e^{-at} \int_{-\infty}^{\infty} F(\omega)e^{i\omega t} d\omega = \frac{1}{2\pi} \int_{-\infty}^{\infty} F(\omega)e^{(a+i\omega)t} d\omega \tag{5.8-3}$$

令 $s = a + i\omega$，$ds = id\omega$，當 $\omega \to -\infty$ 時，$s = a - i\infty$。當 $\omega \to \infty$ 時，$s = a + i\infty$。代入(5.8-2) 式及(5.8-3)式中，可以得到

$$F(s) = \int_0^{\infty} f(t)e^{-st} dt \tag{5.8-4}$$

$$f(t) = \frac{1}{2\pi i} \int_{a-i\omega}^{a+i\omega} F(s)e^{st} ds \tag{5.8-5}$$

(5.8-4)式及(5.8-5)式即稱爲拉普拉斯轉換對。

拉氏轉換

　　解微分方程式的初始值問題，除了使用前面章節所介紹的方式，還可以運用本章介紹的**拉普拉斯轉換**(Laplace Transform)法，簡稱**拉氏轉換法**。解一個微分方程式(時域)可以使用拉氏轉換將其轉變成代數方程式(頻域)，經過代數運算化簡後，再運用逆轉換求得時域解。

　　解微分方程式只是拉氏轉換眾多運用當中的一項，除此之外，拉氏轉換還被廣泛運用於力學、電路學與自動控制等學科，是應用科學領域中一個重要的數學工具。

6.1　拉氏轉換的定義

　　如果 $f(t)$ 為定義於 $t \geq 0$ 之函數，則 $f(t)$ 之拉氏轉換為

$$F(s) = L\{f(t)\} = \int_0^\infty f(t)e^{-st}dt \qquad (6.1\text{-}1)$$

　　其中 $f(t)$ 稱為 $F(s)$ 之**拉氏逆轉換**(Inverse Laplace Transform)或反拉氏轉換，通常表示為

$$f(t) = L^{-1}\{F(s)\} = \frac{1}{2\pi j}\int_{c-j\infty}^{c+j\infty} F(s)e^{st}ds \qquad (6.1\text{-}2)$$

　　其中 c 是一個使 $F(s)$ 的積分路徑在收斂域內的實數。

拉氏轉換 $L\{\ \}$ 與逆轉換 $L^{-1}\{\ \}$ 只是一個運算符號或者稱爲運算子(Operator)，沒有倒數的意義。兩者是在將時域(Time Domain)與頻域(Frequency Domain)之間做轉換而已。

並非所有的函數都存在拉氏轉換，函數 $f(t)$ 如果滿足下列二條件，則拉氏轉換存在：

1. **分段連續**(Piecewise Continuity)：函數 $f(t)$ 在某區間具有有限個不連續點，並且 $f(t)$ 在這些不連續點的左極限及右極限均存在，則稱 $f(t)$ 在此區間爲分段連續。

2. **指數階**(Exponential Order)：如果存在常數 $\alpha > 0, M > 0$，使得函數 $f(t)$ 恆有

$$|f(t)| \leq Me^{\alpha t} \tag{6.1-3}$$

則稱函數 $f(t)$ 具有指數階 α。

註 1：指數階可以使用 $\lim\limits_{t \to \infty} e^{-\alpha t} |f(t)| = 0$ 加以檢驗。

例 6.1-1

判斷下列函數的拉氏轉換是否存在

(1) $f(t) = t^2$，(2) $f(t) = e^{2t}$，(3) $f(t) = \sin 3t$，(4) $f(t) = e^{t^2}$

 解

(1) $f(t) = t^2$ 爲連續函數，則

$$\lim_{t \to \infty} e^{-\alpha t} |f(t)| = \lim_{t \to \infty} e^{-\alpha t} |t^2| = \lim_{t \to \infty} e^{-\alpha t} t^2 = \lim_{t \to \infty} \frac{t^2}{e^{\alpha t}} = \lim_{t \to \infty} \frac{2t}{\alpha e^{\alpha t}} = \lim_{t \to \infty} \frac{2}{\alpha^2 e^{\alpha t}} = 0 \ (\alpha > 0)$$

函數 $f(t) = t^2$ 滿足指數階，因此拉氏轉換存在。

(2) $f(t) = e^{2t}$ 爲連續函數，則

$$\lim_{t \to \infty} e^{-\alpha t} |f(t)| = \lim_{t \to \infty} e^{-\alpha t} |e^{2t}| = \lim_{t \to \infty} e^{(2-\alpha)t} = 0 \quad (\alpha > 2)$$

函數 $f(t) = e^{2t}$ 滿足指數階，因此拉氏轉換存在。

(3) $f(t) = \sin 3t$ 爲連續函數，則

$$\lim_{t \to \infty} e^{-\alpha t} |f(t)| = \lim_{t \to \infty} e^{-\alpha t} |\sin 3t| = 0 \quad (\alpha > 0)$$

函數 $f(t) = \sin 3t$ 滿足指數階，因此拉氏轉換存在。

(4) $f(t) = e^{t^2}$ 為連續函數，則

$$\lim_{t \to \infty} e^{-\alpha t} \left| f(t) \right| = \lim_{t \to \infty} e^{-\alpha t} e^{t^2} = \lim_{t \to \infty} e^{t^2 - \alpha t} = \infty$$

函數 $f(t) = e^{t^2}$ 不滿足指數階，因此拉氏轉換不存在。

註 2：多項式函數 $f(t) = a_n t^n + a_{n-1} t^{n-1} + \cdots + a_0$ $(n \in N)$、指數函數 $f(t) = e^{at}$ $(a \in R)$、正弦與餘弦函數 $\sin at, \cos at$ 的拉氏轉換均存在。

註 3：上述三類函數的線性組合、乘積也都存在著拉氏轉換。

習題 6-1

1. 判斷下列函數的拉氏轉換是否存在

　　(1) $f(t) = t^3$，(2) $f(t) = e^{-3t}$，(3) $f(t) = \cos 2t$，(4) $f(t) = e^{t^3}$

　　解 (1)、(2)、(3)存在，(4)不存在

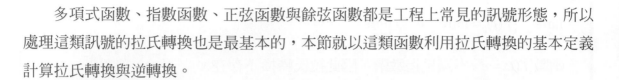

6.2 基本函數的拉氏轉換

多項式函數、指數函數、正弦函數與餘弦函數都是工程上常見的訊號形態，所以處理這類訊號的拉氏轉換也是最基本的，本節就以這類函數利用拉氏轉換的基本定義計算拉氏轉換與逆轉換。

例 6.2-1

求常數函數 $f(t)=1$ 的拉氏轉換

 解

$$L\{1\} = \int_0^\infty 1 \cdot e^{-st} dt = \frac{1}{-s} e^{-st} \Big|_0^\infty = -\frac{1}{s}(e^{-\infty} - e^0) = -\frac{1}{s}(0-1) = \frac{1}{s} \quad (s > 0)$$

單位步階函數(Unit Step Function)也是工程上常見的函數，定義為

$$u(t) = \begin{cases} 1, & t \geq 0 \\ 0, & t < 0 \end{cases} \tag{6.2-1}$$

拉氏轉換與常數函數 $f(t)=1$ 的拉氏轉換是相等的，即 $L\{u(t)\} = L\{1\} = \dfrac{1}{s}$。

在進行下個例題之前，必須先介紹一個特殊函數：**Γ 函數**(Γ Function)

$$\Gamma(\alpha) = \int_0^\infty t^{\alpha-1} e^{-t} dt \tag{6.2-2}$$

上式的 α 不一定要是正整數，但是為了推導下個例題，所以特別令 α 為正整數，於是 (6.2-2)式寫成

$$\Gamma(n) = \int_0^\infty t^{n-1} e^{-t} dt, \quad n = 1, 2, \cdots \tag{6.2-3}$$

當 n 分別代入 $1, 2, 3, \cdots$ 時，

$$\Gamma(1) = \int_0^\infty 1 \cdot e^{-t} dt = -e^{-t} \Big|_0^\infty = 1 = 0! \tag{6.2-4a}$$

$$\Gamma(2) = \int_0^\infty te^{-t}dt = \left(-te^{-t} - e^{-t}\right)\Big|_0^\infty = 1 = 1! \tag{6.2-4b}$$

$$\Gamma(3) = \int_0^\infty t^2 e^{-t}dt = \left(-t^2 e^{-t} - 2te^{-t} - 2e^{-t}\right)\Big|_0^\infty = 2 = 2! \tag{6.2-4c}$$

$$\Gamma(4) = \int_0^\infty t^3 e^{-t}dt = \left(-t^3 e^{-t} - 3t^2 e^{-t} - 6te^{-t} - 6e^{-t}\right)\Big|_0^\infty = 6 = 3! \tag{6.2-4d}$$

$$\vdots$$

$$\Gamma(n) = \int_0^\infty t^{n-1} e^{-t}dt = \left[-t^{n-1}e^{-t} - (n-1)t^{n-2}e^{-t} - \cdots - (n-1)!\,e^{-t}\right]\Big|_0^\infty = (n-1)! \tag{6.2-4e}$$

$$\Gamma(n+1) = \int_0^\infty t^n e^{-t}dt = \left[-t^n e^{-t} - nt^{n-1}e^{-t} - \cdots - n!\,e^{-t}\right]\Big|_0^\infty = n! \tag{6.2-4f}$$

從(6.2-4a)～(6.2-4f)式也可看出下列關係：

$$\Gamma(n+1) = n\Gamma(n), \quad n = 1, 2, 3, \cdots \tag{6.2-5}$$

例 6.2-2

求函數 $f(t) = t^n, \quad n = 0, 1, 2, \cdots$ 的拉氏轉換

 解

當 $n=0$ 時，$L\{1\} = \dfrac{1}{s}$ 已如上例所示。當 $n = 1, 2, 3, \cdots$，根據定義

$$L\{t^n\} = \int_0^\infty t^n e^{-st}dt$$

令 $x = st$，則 $t = \dfrac{x}{s}$，$dt = \dfrac{dx}{s}$，代入上式，可以得到

$$L\{t^n\} = \int_0^\infty \left(\frac{x}{s}\right)^n e^{-x}\frac{dx}{s} = \frac{1}{s^{n+1}}\int_0^\infty x^n e^{-x}dx = \frac{\Gamma(n+1)}{s^{n+1}} = \frac{n!}{s^{n+1}}$$

如果再加上 $n=0$ 時，$L\{t^0\} = L\{1\} = \dfrac{1}{s} = \dfrac{0!}{s^{0+1}}$，則得到

$$L\{t^n\} = \frac{n!}{s^{n+1}}, \quad n = 0, 1, 2, \cdots \tag{6.2-6}$$

例 6.2-3

求指數函數 $f(t) = e^{at}, a \in R$ 的拉氏轉換

 解

根據定義

$$L\left\{e^{at}\right\} = \int_0^\infty e^{at} e^{-st} dt = \int_0^\infty e^{(a-s)t} dt = \frac{1}{a-s} e^{(a-s)t} \bigg|_0^\infty = \frac{1}{a-s}(0-1) = \frac{1}{s-a} \quad (s > a) \quad (6.2\text{-}7)$$

例 6.2-4

求正弦與餘弦函數 $\sin bt, \quad \cos bt$ 的拉氏轉換

 解

根據定義

$$L\left\{\sin bt\right\} = \int_0^\infty e^{-st} \sin bt\, dt = \frac{e^{-st}}{s^2 + b^2}\left(-s \sin bt - b \cos bt\right)\bigg|_0^\infty = \frac{b}{s^2 + b^2} \quad (s > 0) \quad (6.2\text{-}8)$$

$$L\left\{\cos bt\right\} = \int_0^\infty e^{-st} \cos bt\, dt = \frac{e^{-st}}{s^2 + b^2}\left(-s \cos bt + b \sin bt\right)\bigg|_0^\infty = \frac{s}{s^2 + b^2} \quad (s > 0) \quad (6.2\text{-}9)$$

∏ 表 6-1　基本函數的拉氏轉換

項目	$f(t)=L^{-1}\{F(s)\}$	$L\{f(t)\}=F(s)$	項目	$f(t)=L^{-1}\{F(s)\}$	$L\{f(t)\}=F(s)$
1.	1	$\dfrac{1}{s}$	5.	$\sin bt$	$\dfrac{b}{s^2+b^2}$
2.	t	$\dfrac{1}{s^2}$	6.	$\cos bt$	$\dfrac{s}{s^2+b^2}$
3.	$t^n,\, n=0,1,2,\cdots$	$\dfrac{n!}{s^{n+1}}$	7.	$\sinh bt$	$\dfrac{b}{s^2-b^2}$
4.	e^{at}	$\dfrac{1}{s-a}$	8.	$\cosh bt$	$\dfrac{s}{s^2-b^2}$

　　上表除了表示拉氏轉換 $L\{f(t)\}=F(s)$ 的關係以外，也有逆拉氏轉換 $L^{-1}\{F(s)\}=f(t)$ 的對應關係在裡面，例如：$L\{1\}=\dfrac{1}{s}$，$L^{-1}\left\{\dfrac{1}{s}\right\}=1$。

習題 6-2

1. 寫出下列函數的拉氏轉換

   $(1)\, t^{10}$，$(2)\, e^{-2t}$，$(3)\, \cos 3t$，$(4)\, \sin 2t$，$(5)\, \cosh 3t$

   解 $(1)\,\dfrac{10!}{s^{11}}$，$(2)\,\dfrac{1}{s+2}$，$(3)\,\dfrac{s}{s^2+9}$，$(4)\,\dfrac{2}{s^2+4}$，$(5)\,\dfrac{s}{s^2-9}$

2. 寫出下列函數的反拉氏轉換

   $(1)\,\dfrac{3!}{s^4}$，$(2)\,\dfrac{1}{s-5}$，$(3)\,\dfrac{s}{s^2+4}$，$(4)\,\dfrac{3}{s^2+9}$，$(5)\,\dfrac{4}{s^2-16}$

   解 $(1)\, t^3$，$(2)\, e^{5t}$，$(3)\, \cos 2t$，$(4)\, \sin 3t$，$(5)\, \sinh 4t$

3. 使用拉氏轉換的定義，計算下列拉氏轉換

   $(1)\,(t+1)^2$，$(2)\, e^{-(t-2)}$，$(3)\, \cos 2(t-1)$，$(4)\, e^{-t}\sin t$

   解 $(1)\,\dfrac{2}{s^3}+\dfrac{2}{s^2}+\dfrac{1}{s}$，$(2)\,\dfrac{e^2}{s+1}$，$(3)\,\dfrac{s\cos 2+2\sin 2}{s^2+4}$，$(4)\,\dfrac{1}{(s+1)^2+1}$

6.3 拉氏轉換的性質

　　上節主要針對基本函數的拉氏轉換來做解說，因為有很多其他較複雜的函數是由這些基本函數的線性組合、相乘積、微分及積分等組成，拉氏轉換就不能僅藉由基本定義的積分完成，如此拉氏轉換也就顯不出其好處。因此，本節要探討一些拉氏轉換的性質(基本定理)，使計算拉氏轉換的工作變得簡單而且易懂。

6.3.1 線性定理(Linear Theorem)

　　如果 $f(t)$ 與 $g(t)$ 的拉氏轉換 $L\{f(t)\} = F(s)$ 與 $L\{g(t)\} = G(s)$ 均存在，並且 a 及 b 為任意常數，則

$$L\{af(t) + bg(t)\} = aF(s) + bG(s) \qquad (6.3\text{-}1)$$

證明：$L\{af(t) + bg(t)\} = \int_0^\infty [af(t) + bg(t)]e^{-st}dt = a\int_0^\infty f(t)e^{-st}dt + b\int_0^\infty g(t)e^{-st}dt$

$$= a \cdot L\{f(t)\} + b \cdot L\{g(t)\} = aF(s) + bG(s)$$

例 6.3-1

求下列函數的拉氏轉換

$(1)\, t^3 + 2t^2 + 3t + 4$ ，$(2)\, (t-1)^2$ ，$(3)\, t + 2e^{-2t} + 3\cos 2t - 2\sin 3t$

 解

$(1)\, L\{t^3 + 2t^2 + 3t + 4\} = L\{t^3\} + 2 \cdot L\{t^2\} + 3 \cdot L\{t\} + 4 \cdot L\{1\}$

$$= \frac{3!}{s^4} + 2 \cdot \frac{2!}{s^3} + 3 \cdot \frac{1!}{s^2} + 4 \cdot \frac{1}{s} = \frac{6 + 4s + 3s^2 + 4s^3}{s^4}$$

$(2)\, L\{(t-1)^2\} = L\{t^2 - 2t + 1\} = L\{t^2\} - 2 \cdot L\{t\} + L\{1\} = \frac{2!}{s^3} - 2 \cdot \frac{1!}{s^2} + \frac{1}{s} = \frac{2 - 2s + s^2}{s^3}$

$(3)\, L\{t + 2e^{-2t} + 3\cos 2t - 2\sin 3t\} = L\{t\} + 2 \cdot L\{e^{-2t}\} + 3 \cdot L\{\cos 2t\} - 2 \cdot L\{\sin 3t\}$

$$= \frac{1}{s^2} + \frac{2}{s+2} + \frac{3s}{s^2 + 2^2} - \frac{6}{s^2 + 3^2}$$

例 6.3-2

使用線性定理求 $L\{\sin bt\}$ 與 $L\{\cos bt\}$

根據尤拉公式：$\sin bt = \dfrac{e^{ibt}-e^{-ibt}}{2i}$，$\cos bt = \dfrac{e^{ibt}+e^{-ibt}}{2}$，

$$L\{\sin bt\} = \frac{1}{2i}\left(L\{e^{ibt}\} - L\{e^{-ibt}\}\right) = \frac{1}{2i}\left(\frac{1}{s-ib} - \frac{1}{s+ib}\right) = \frac{1}{2i}\frac{(s+ib)-(s-ib)}{(s-ib)(s+ib)}$$

$$= \frac{1}{2i}\frac{2ib}{s^2-(ib)^2} = \frac{b}{s^2+b^2}$$

$$L\{\cos bt\} = \frac{1}{2}\left(L\{e^{ibt}\} + L\{e^{-ibt}\}\right) = \frac{1}{2}\left(\frac{1}{s-ib} + \frac{1}{s+ib}\right) = \frac{1}{2}\frac{(s+ib)+(s-ib)}{(s-ib)(s+ib)}$$

$$= \frac{1}{2}\frac{2s}{s^2-(ib)^2} = \frac{s}{s^2+b^2}$$

例 6.3-3

使用線性定理求 $L\{\sinh bt\}$ 與 $L\{\cosh bt\}$

雙曲線函數(Hyperbolic Function) $\sinh bt = \dfrac{e^{bt}-e^{-bt}}{2}$ 及 $\cosh bt = \dfrac{e^{bt}+e^{-bt}}{2}$，

$$L\{\sinh bt\} = \frac{1}{2}\left(L\{e^{bt}\} - L\{e^{-bt}\}\right) = \frac{1}{2}\left(\frac{1}{s-b} - \frac{1}{s+b}\right) = \frac{1}{2}\frac{(s+b)-(s-b)}{(s-b)(s+b)}$$

$$= \frac{1}{2}\frac{2b}{s^2-b^2} = \frac{b}{s^2-b^2}$$

$$L\{\cosh bt\} = \frac{1}{2}\left(L\{e^{bt}\} + L\{e^{-bt}\}\right) = \frac{1}{2}\left(\frac{1}{s-b} + \frac{1}{s+b}\right) = \frac{1}{2}\frac{(s+b)+(s-b)}{(s-b)(s+b)}$$

$$= \frac{1}{2}\frac{2s}{s^2-b^2} = \frac{s}{s^2-b^2}$$

線性定理也可以使用於逆拉氏轉換

$$L^{-1}\{aF(s)+bG(s)\} = a \cdot L^{-1}\{F(s)\} + b \cdot L^{-1}\{G(s)\} \qquad (6.3\text{-}2)$$

 例 6.3-4

使用線性定理求下列函數的反拉氏轉換

(1) $\dfrac{1+s^3+s^5}{s^6}$ ，(2) $\dfrac{3s+6}{s^2+4}$ ，(3) $\dfrac{1}{s}+\dfrac{3}{s-2}-\dfrac{6}{s^2+9}$

解

(1) $L^{-1}\left\{\dfrac{1+s^3+s^5}{s^6}\right\}=L^{-1}\left\{\dfrac{1}{s^6}+\dfrac{1}{s^3}+\dfrac{1}{s}\right\}=L^{-1}\left\{\dfrac{1}{s^6}\right\}+L^{-1}\left\{\dfrac{1}{s^3}\right\}+L^{-1}\left\{\dfrac{1}{s}\right\}$

$\qquad =\dfrac{1}{5!}L^{-1}\left\{\dfrac{5!}{s^6}\right\}+\dfrac{1}{2!}L^{-1}\left\{\dfrac{2!}{s^3}\right\}+L^{-1}\left\{\dfrac{1}{s}\right\}=\dfrac{1}{120}t^5+\dfrac{1}{2}t^2+1$

(2) $L^{-1}\left\{\dfrac{3s+6}{s^2+4}\right\}=3\cdot L^{-1}\left\{\dfrac{s}{s^2+2^2}\right\}+3\cdot L^{-1}\left\{\dfrac{2}{s^2+2^2}\right\}=3\cos 2t+3\sin 2t$

(3) $L^{-1}\left\{\dfrac{1}{s}+\dfrac{3}{s-2}-\dfrac{6}{s^2+9}\right\}=L^{-1}\left\{\dfrac{1}{s}\right\}+3\cdot L^{-1}\left\{\dfrac{1}{s-2}\right\}-2\cdot L^{-1}\left\{\dfrac{3}{s^2+3^2}\right\}$

$\qquad\qquad =1+3e^{2t}-2\sin 3t$

6.3.2 第一平移定理(First Shift Theorem)

如果函數 $f(t)$ 的拉氏轉換 $L\{f(t)\}=F(s)$ 存在，並且 a 為任意常數，則

$$L\{e^{at}f(t)\}=F(s-a)\quad(s>a) \tag{6.3-3}$$

逆拉氏轉換關係也成立

$$L^{-1}\{F(s-a)\}=e^{at}\cdot L^{-1}\{F(s)\}=e^{at}f(t) \tag{6.3-4}$$

證明：根據定義 $L\{f(t)\}=F(s)=\displaystyle\int_0^\infty f(t)e^{-st}dt$ ，則

$\qquad L\{e^{at}f(t)\}=\displaystyle\int_0^\infty e^{at}f(t)e^{-st}dt=\int_0^\infty f(t)e^{-(s-a)t}dt=F(s-a)\quad(s>a)$

例 6.3-5

求下列函數的拉氏轉換

$(1)\, t^2 e^{-2t}$ ，$(2)\, e^{2t}\cos 3t$ ，$(3)\, e^{-t}\sin 2t$

$(1)\, L\left\{t^2 e^{-2t}\right\} = L\left\{t^2\right\}\Big|_{s\to s+2} = \dfrac{2!}{s^3}\Big|_{s\to s+2} = \dfrac{2}{(s+2)^3}$

$(2)\, L\left\{e^{2t}\cos 3t\right\} = L\left\{\cos 3t\right\}\Big|_{s\to s-2} = \dfrac{s}{s^2+3^2}\Big|_{s\to s-2} = \dfrac{s-2}{(s-2)^2+9}$

$(3)\, L\left\{e^{-t}\sin 2t\right\} = L\left\{\sin 2t\right\}\Big|_{s\to s+1} = \dfrac{2}{s^2+2^2}\Big|_{s\to s+1} = \dfrac{2}{(s+1)^2+4}$

例 6.3-6

求下列函數的逆拉氏轉換

$(1)\, \dfrac{2}{(s+3)^2}$ ，$(2)\, \dfrac{s}{s^2+4s+5}$ ，$(3)\, \dfrac{4}{s^2-6s+5}$

$(1)\, L^{-1}\left\{\dfrac{2}{(s+3)^2}\right\} = L^{-1}\left\{\dfrac{2}{s^2}\Big|_{s\to s+3}\right\} = e^{-3t}\cdot 2\cdot L^{-1}\left\{\dfrac{1}{s^2}\right\} = 2te^{-3t}$

$(2)\, L^{-1}\left\{\dfrac{s}{s^2+4s+5}\right\} = L^{-1}\left\{\dfrac{(s+2)-2}{(s+2)^2+1}\right\} = L^{-1}\left\{\dfrac{s-2}{s^2+1}\Big|_{s\to s+2}\right\}$

$\qquad = e^{-2t}\cdot L^{-1}\left\{\dfrac{s}{s^2+1}-2\dfrac{1}{s^2+1}\right\} = e^{-2t}\left(L^{-1}\left\{\dfrac{s}{s^2+1}\right\}-2\cdot L^{-1}\left\{\dfrac{1}{s^2+1}\right\}\right)$

$\qquad = e^{-2t}\left(\cos t - 2\sin t\right)$

$(3)\, L^{-1}\left\{\dfrac{4}{s^2-6s+5}\right\} = L^{-1}\left\{\dfrac{4}{(s-3)^2-2^2}\right\} = L^{-1}\left\{\dfrac{4}{s^2-2^2}\Big|_{s\to s-3}\right\} = 2e^{3t}\cdot L^{-1}\left\{\dfrac{2}{s^2-2^2}\right\}$

$\qquad = 2e^{3t}\sinh 2t$

6.3.3　第二平移定理(Second Shift Theorem)

如果函數 $f(t)$ 的拉氏轉換 $L\{f(t)\} = F(s)$ 存在，並且 a 為任意常數，則

$$L\{f(t-a)u(t-a)\} = e^{-as}F(s) \tag{6.3-5}$$

逆拉氏轉換關係也成立

$$L^{-1}\{F(s)e^{-as}\} = f(t-a)u(t-a) \tag{6.3-6}$$

證明：$L\{f(t-a)u(t-a)\} = \int_0^\infty f(t-a)u(t-a)e^{-st}dt = \int_a^\infty f(t-a)e^{-st}dt$

令 $t = z+a$，則 $z = t-a, \quad dz = dt$，代入上式，可得

$$L\{f(t-a)u(t-a)\} = \int_0^\infty f(z)e^{-s(z+a)}dz = e^{-as}\int_0^\infty f(z)e^{-sz}dz = e^{-as}F(s)$$

例 6.3-7

求下列函數的拉氏轉換

(a)步階函數，(b)脈波函數，(c)脈衝函數

解

(a)步階函數(Step Function)或稱為階梯函數

$$f(t) = h \cdot u(t) = \begin{cases} h, & t \geq 0 \\ 0, & t < 0 \end{cases} \tag{6.3-7}$$

將(6.3-7)式的函數平移後變成

$$f(t) = h \cdot u(t-a) = \begin{cases} h, & t \geq a \\ 0, & t < a \end{cases} \tag{6.3-8}$$

兩式的函數圖形如圖 6.3-1 所示，圖 6.3-1(a)為(6.3-7)式，圖 6.3-1(b)為(6.3-8)式。

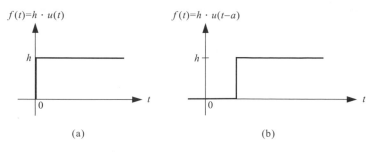

△ 圖 6.3-1　步階函數圖形

使用第二平移定理可分別求得拉氏轉換：

$$L\{h \cdot u(t)\} = \frac{h}{s} \tag{6.3-9}$$

$$L\{h \cdot u(t-a)\} = \frac{h}{s} e^{-as} \tag{6.3-10}$$

(b)脈波函數(Pulse Function)，其函數表示為

$$f(t) = h \cdot u(t-a) - h \cdot u(t-b) = \begin{cases} h, & a \le t \le b \\ 0, & t < a, t > b \end{cases} \tag{6.3-11}$$

函數圖形如圖 6.3-2 所示。

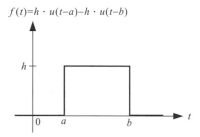

△ 圖 6.3-2　脈波函數圖形

使用第二平移定理可求得拉氏轉換：

$$L\{h \cdot u(t-a) - h \cdot u(t-b)\} = \frac{h}{s} e^{-as} - \frac{h}{s} e^{-bs} \tag{6.3-12}$$

(c)脈衝函數(Impulse Function)，可由脈波函數來定義。如圖 6.3-3 所示函數圖為面積等於 1 的脈波函數，可表示為

$$f(t) = \frac{1}{\varepsilon} \cdot u(t) - \frac{1}{\varepsilon} \cdot u(t-\varepsilon) = \begin{cases} \dfrac{1}{\varepsilon}, & 0 \le t \le \varepsilon \\ 0, & t < 0, t > \varepsilon \end{cases} \tag{6.3-13}$$

$$f(t) = \frac{1}{\varepsilon} \cdot u(t) - \frac{1}{\varepsilon} \cdot u(t-\varepsilon)$$

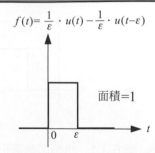

面積=1

△ 圖 6.3-3　脈衝函數圖形

當寬度 $\varepsilon \to 0$ 時，高度 $\frac{1}{\varepsilon} \to \infty$ 時，面積仍維持等於 1，此時使用圖 6.3-4(a)左表示，

則稱此一函數為單位脈衝函數(Unit Impulse Function)，可以極限表示為

$$\delta(t) = \lim_{\varepsilon \to 0} \frac{u(t) - u(t-\varepsilon)}{\varepsilon} = \begin{cases} \infty, & t = 0 \\ 0, & t \neq 0 \end{cases} \tag{6.3-14}$$

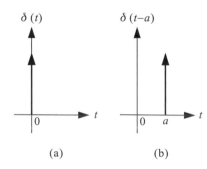

(a)　　　　　　(b)

△ 圖 6.3-4　單位脈衝圖形

拉氏轉換為

$$L\{\delta(t)\} = \lim_{\varepsilon \to 0} L\left\{ \frac{u(t) - u(t-\varepsilon)}{\varepsilon} \right\} = \lim_{\varepsilon \to 0} \frac{1}{\varepsilon} \left(\frac{1}{s} - \frac{1}{s} e^{-\varepsilon s} \right)$$
$$= \lim_{\varepsilon \to 0} \frac{1 - e^{-\varepsilon s}}{\varepsilon s} = \lim_{\varepsilon \to 0} \frac{se^{-\varepsilon s}}{s} = \lim_{\varepsilon \to 0} e^{-\varepsilon s} = 1 \tag{6.3-15}$$

單位脈衝函數平移後的圖形如圖 6.3-4(b)所示，函數可表示為 $\delta(t-a)$，拉氏轉換

可以根據第二平移定理，求得為

$$L\{\delta(t-a)\} = e^{-as} \cdot L\{\delta(t)\} = e^{-as} \tag{6.3-16}$$

第二平移定理的也可以寫成

$$L\{f(t)u(t-a)\} = e^{-as} L\{f(t+a)\} \tag{6.3-17}$$

例 6.3-8

求下列函數的拉氏轉換

(1) $L\{t \cdot u(t-2)\}$ ，(2) $L\{e^{-3t}u(t-2)\}$ ，(3) $L\{\cos t \cdot u(t-\pi)\}$

(1) $L\{t \cdot u(t-2)\} = e^{-2s}L\{t+2\} = e^{-2s}\left(\dfrac{1}{s^2} + \dfrac{2}{s}\right)$

(2) $L\{e^{-3t}u(t-2)\} = e^{-2s}L\{e^{-3(t+2)}\} = e^{-2s}L\{e^{-3t}e^{-6}\} = e^{-2(s+3)}\dfrac{1}{s+3}$

本題也可使用第一平移定理求解：

$L\{e^{-3t}u(t-2)\} = L\{u(t-2)\}\Big|_{s\to s+3} = \dfrac{1}{s}e^{-2s}\Big|_{s\to s+3} = \dfrac{1}{s+3}e^{-2(s+3)}$

(3) $L\{\cos t \cdot u(t-\pi)\} = e^{-\pi s}L\{\cos(t+\pi)\} = e^{-\pi s}L\{-\cos t\} = -e^{-\pi s}\dfrac{s}{s^2+1}$

例 6.3-9

求下列函數的逆拉氏轉換

(1) $L^{-1}\left\{\dfrac{e^{-2s}}{s^3}\right\}$ ，(2) $L^{-1}\left\{\dfrac{e^{-3s}}{(s-1)^2+4}\right\}$

(1) $L^{-1}\left\{\dfrac{e^{-2s}}{s^3}\right\} = L^{-1}\left\{\dfrac{1}{s^3}\right\}\Big|_{t\to t-2} = \dfrac{1}{2}t^2 u(t)\Big|_{t\to t-2} = \dfrac{1}{2}(t-2)^2 u(t-2)$

(2) $L^{-1}\left\{\dfrac{e^{-3s}}{(s-1)^2+4}\right\} = L^{-1}\left\{\dfrac{1}{(s-1)^2+4}\right\}\Big|_{t\to t-3} = \dfrac{1}{2}e^t \sin 2t u(t)\Big|_{t\to t-3}$

$\qquad\qquad = \dfrac{1}{2}e^{t-3}\sin 2(t-3)u(t-3)$

6.3.4 導數的拉氏轉換

如果函數 $f(t)$ 及 $f'(t)$ 均存在，並且拉氏轉換 $L\{f(t)\} = F(s)$ 及 $L\{f'(t)\}$ 也存在，則

$$L\{f'(t)\} = sF(s) - f(0) \tag{6.3-18}$$

證明：根據拉氏轉換的定義及分部積分法

$$L\{f'(t)\} = \int_0^\infty f'(t)e^{-st}dt = f(t)e^{-st}\Big|_0^\infty - \int_0^\infty f(t)\left(-se^{-st}\right)dt$$

$$= 0 - f(0) + s\int_0^\infty f(t)e^{-st}dt = sF(s) - f(0)$$

當 $f(t)$ 及其各階導函數 $f'(t), f''(t), \cdots, f^{(n)}(t)$ 均存在，並且拉氏轉換也都存在時，(6.3-18)式可以推廣到各階導函數的拉氏轉換關係：

$$L\{f''(t)\} = sL\{f'(t)\} - f'(0) = s[sF(s) - f(0)] - f'(0)$$

$$= s^2F(s) - sf(0) - f'(0) \tag{6.3-19}$$

$$L\{f'''(t)\} = sL\{f''(t)\} - f''(0) = s\left[s^2F(s) - sf(0) - f'(0)\right] - f''(0)$$

$$= s^3F(s) - s^2f(0) - sf'(0) - f''(0) \tag{6.3-20}$$

$$\vdots$$

$$L\{f^{(n)}(t)\} = s^nF(s) - s^{n-1}f(0) - s^{n-2}f'(0) - \cdots - sf^{(n-2)}(0) - f^{(n-1)}(0)$$

$$\tag{6.3-21}$$

例 6.3-10

$f(t) = t\sin t$，求拉氏轉換 $L\{f(t)\}$

 解

$f(t) = t\sin t, \quad f(0) = 0$

$f'(t) = \sin t + t\cos t, \quad f'(0) = 0$

$f''(t) = 2\cos t - t\sin t = 2\cos t - f(t)$

兩邊取拉氏轉換，並代入初始值，可以得到

$L\{f''(t)\} = 2 \cdot L\{\cos t\} - L\{f(t)\}$

$\Rightarrow \quad s^2 L\{f(t)\} - sf(0) - f'(0) = 2\dfrac{s}{s^2+1} - L\{f(t)\}$

$\Rightarrow \quad \left(s^2+1\right)L\{f(t)\} = \dfrac{2s}{s^2+1}$

$\Rightarrow \quad L\{f(t)\} = \dfrac{2s}{\left(s^2+1\right)^2}$

例 6.3-11

$f(t) = \sin^2 t$，求拉氏轉換 $L\{f(t)\}$

 解

$f(t) = \sin^2 t, \quad f(0) = 0$

$f'(t) = 2\sin t\cos t = \sin 2t, \quad f'(0) = 0$

兩邊取拉氏轉換，並代入初始值，可以得到

$L\{f'(t)\} = L\{\sin 2t\}$

$\Rightarrow \quad s \cdot L\{f(t)\} - f(0) = \dfrac{2}{s^2+2^2}$

$\Rightarrow \quad L\{f(t)\} = \dfrac{2}{s\left(s^2+4\right)}$

(另解) $f(t) = \sin^2 t = \dfrac{1-\cos 2t}{2}$

兩邊取拉氏轉換，並使用線性定理，可以得到

$L\{f(t)\} = \dfrac{1}{2}\left[\dfrac{1}{s} - \dfrac{s}{s^2+2^2}\right] = \dfrac{1}{2}\dfrac{s^2+4-s^2}{s(s^2+4)} = \dfrac{2}{s(s^2+4)}$

例 6.3-12

使用拉氏轉換解微分方程式 $y'' + 4y' + 4y = 0$, $y(0) = 1$, $y'(0) = 0$。

 解

兩邊取拉氏轉換，並代入初始值，可以得到

$s^2 Y(s) - sy(0) - y'(0) + 4[sY(s) - y(0)] + 4Y(s) = 0$, $L\{y(t)\} = Y(s)$

$\Rightarrow (s^2 + 4s + 4)Y(s) - s - 4 = 0$

$\Rightarrow Y(s) = \dfrac{s+4}{(s+2)^2} = \dfrac{(s+2)+2}{(s+2)^2} = \dfrac{1}{s+2} + \dfrac{2}{(s+2)^2}$

取逆拉氏轉換，可以得到

$y(t) = L^{-1}\{Y(s)\} = e^{-2t} + 2te^{-2t}$, $t \geq 0$

6.3.5 積分的拉氏轉換

如果函數 $f(t)$ 及 $\int_0^t f(\tau)d\tau$ 均存在，並且拉氏轉換 $L\{f(t)\} = F(s)$ 及 $L\left\{\int_0^t f(\tau)d\tau\right\}$ 也存在，則

$$L\left\{\int_0^t f(\tau)d\tau\right\} = \frac{F(s)}{s} \tag{6.3-22}$$

及逆拉氏轉換關係也成立

$$L^{-1}\left\{\frac{F(s)}{s}\right\} = \int_0^t f(\tau)d\tau \tag{6.3-23}$$

證明：令 $g(t) = \int_0^t f(\tau)d\tau$，則 $g'(t) = f(t)$，且 $g(0) = \int_0^0 f(\tau)d\tau = 0$，所以

$L\{f(t)\} = L\{g'(t)\} = s \cdot L\{g(t)\} - g(0) = s \cdot L\{g(t)\}$

$\Rightarrow L\left\{\int_0^t f(\tau)d\tau\right\} = L\{g(t)\} = \dfrac{L\{f(t)\}}{s} = \dfrac{F(s)}{s}$

當函數 $f(t)$ 及其各階積分與拉氏轉換均存在時，此一關係式也可延伸到任意階的積分關係

$$L\left\{\int_0^t\int_0^{t_1}\cdots\int_0^{t_{n-1}}f(\tau_n)d\tau_n\cdots d\tau_2 d\tau_1\right\}=\frac{F(s)}{s^n} \qquad (6.3\text{-}24)$$

$$L^{-1}\left\{\frac{F(s)}{s^n}\right\}=\int_0^t\int_0^{t_1}\cdots\int_0^{t_{n-1}}f(\tau_n)d\tau_n\cdots d\tau_2 d\tau_1 \qquad (6.3\text{-}25)$$

例 6.3-13

求下列函數的拉氏轉換

(1) $\int_0^t e^{-\tau}\sin 2\tau d\tau$ ，(2) $\int_0^t \left(\tau+\tau^2+\cos 2\tau\right)d\tau$ ，(3) $\int_0^t \tau\sin\tau d\tau$

 解

(1) $L\left\{\int_0^t e^{-\tau}\sin 2\tau d\tau\right\}=\frac{1}{s}\cdot L\left\{e^{-t}\sin 2t\right\}=\frac{1}{s}\cdot\left[L\left\{\sin 2t\right\}\right]\Big|_{s\to s+1}=\frac{1}{s}\cdot\left[\frac{2}{s^2+2^2}\right]\Big|_{s\to s+1}$

$$=\frac{1}{s}\frac{2}{(s+1)^2+4}=\frac{2}{s(s^2+2s+5)}$$

(2) $L\left\{\int_0^t\left(\tau+\tau^2+\cos 2\tau\right)d\tau\right\}=\frac{1}{s}\cdot L\left\{t+t^2+\cos 2t\right\}=\frac{1}{s}\left(\frac{1}{s^2}+\frac{2}{s^3}+\frac{s}{s^2+4}\right)$

(3) $L\left\{\int_0^t \tau\sin\tau d\tau\right\}=\frac{1}{s}\cdot L\left\{t\sin t\right\}=\frac{1}{s}\frac{2s}{(s^2+1)^2}=\frac{2}{(s^2+1)^2}$

其中利用到例 6.3-10 的結果 $L\left\{t\sin t\right\}=\frac{2s}{(s^2+1)^2}$ 。

例 6.3-14

求下列函數的逆拉氏轉換

(1) $\frac{1}{s(s+2)}$ ，(2) $\frac{1}{s(s^2+1)}$ ，(3) $\frac{1}{s^2(s^2+1)}$

 解

(1) $L^{-1}\left\{\frac{1}{s(s+2)}\right\}=\int_0^t e^{-2\tau}d\tau=-\frac{1}{2}e^{-2\tau}\Big|_0^t=-\frac{1}{2}\left(e^{-2t}-e^0\right)=\frac{1}{2}\left(1-e^{-2t}\right)$

$(2)\ L^{-1}\left\{\dfrac{1}{s(s^2+1)}\right\}=\displaystyle\int_0^t \sin\tau\,d\tau=-\cos\tau\Big|_0^t=-(\cos t-\cos 0)=1-\cos t$

$(3)\ L^{-1}\left\{\dfrac{1}{s^2(s^2+1)}\right\}=L^{-1}\left\{\dfrac{1}{s}\dfrac{1}{s(s^2+1)}\right\}=\displaystyle\int_0^t (1-\cos\tau)\,d\tau=(\tau-\sin\tau)\Big|_0^t$

$\qquad\qquad =t-\sin t-0+\sin 0=t-\sin t$

6.3.6　拉氏轉換的微分

如果函數 $f(t)$ 存在，並且拉氏轉換 $L\{f(t)\}=F(s)$ 也存在，則

$$L\{tf(t)\}=-\dfrac{d}{ds}F(s) \qquad\qquad (6.3\text{-}26)$$

逆拉氏轉換關係也成立

$$L^{-1}\left\{\dfrac{d}{ds}F(s)\right\}=-tf(t) \qquad\qquad (6.3\text{-}27)$$

證明：根據定義 $F(s)=\displaystyle\int_0^\infty f(t)e^{-st}dt$，所以

$\qquad \dfrac{d}{ds}F(s)=\dfrac{d}{ds}\displaystyle\int_0^\infty f(t)e^{-st}dt=-\int_0^\infty tf(t)e^{-st}dt=-L\{tf(t)\}$

$\qquad \Rightarrow\quad L\{tf(t)\}=-\dfrac{d}{ds}F(s)$

此一關係式也可延伸到任意階的微分關係

$$L\{t^2 f(t)\}=\dfrac{d^2}{ds^2}F(s) \qquad\qquad (6.3\text{-}28a)$$

$$L\{t^3 f(t)\}=-\dfrac{d^3}{ds^3}F(s) \qquad\qquad (6.3\text{-}28b)$$

$\qquad\qquad\vdots$

$$L\{t^n f(t)\}=(-1)^n\dfrac{d^n}{ds^n}F(s) \qquad\qquad (6.3\text{-}28c)$$

例 6.3-15

求下列函數的拉氏轉換

$(1)\, te^{-2t}$，$(2)\, t\sin 2t$，$(3)\, t^2\sin 2t$

$(1)\, L\{te^{-2t}\} = -\dfrac{d}{ds}L\{e^{-2t}\} = -\dfrac{d}{ds}\left(\dfrac{1}{s+2}\right) = -\dfrac{-1}{(s+2)^2} = \dfrac{1}{(s+2)^2}$

$(2)\, L\{t\sin 2t\} = -\dfrac{d}{ds}L\{\sin 2t\} = -\dfrac{d}{ds}\left(\dfrac{2}{s^2+4}\right) = -\dfrac{2(-2s)}{(s^2+4)^2} = \dfrac{4s}{(s^2+4)^2}$

$(3)\, L\{t^2\sin 2t\} = \dfrac{d^2}{ds^2}\left(\dfrac{2}{s^2+4}\right) = \dfrac{d}{ds}\left(\dfrac{-4s}{(s^2+4)^2}\right) = -\dfrac{4(s^2+4)^2 - 4s\cdot 2(s^2+4)(2s)}{(s^2+4)^4}$

$\qquad\qquad = -\dfrac{4(s^2+4) - 16s^2}{(s^2+4)^3} = \dfrac{12s^2-16}{(s^2+4)^3}$

例 6.3-16

求下列函數的逆拉氏轉換

$(1)\, \dfrac{s}{(s^2+4)^2}$，$(2)\, \ln\dfrac{s+1}{s-1}$

(1)令 $F(s) = \dfrac{1}{s^2+4}$，則 $f(t) = L^{-1}\{F(s)\} = \dfrac{1}{2}\sin 2t$

且 $\dfrac{d}{ds}F(s) = \dfrac{-2s}{(s^2+4)^2}$，兩邊取逆拉氏轉換，可以得到

$-tf(t) = -2\cdot L^{-1}\left\{\dfrac{s}{(s^2+4)^2}\right\}$

$\Rightarrow\quad L^{-1}\left\{\dfrac{s}{(s^2+4)^2}\right\} = \dfrac{t}{2}f(t) = \dfrac{t}{2}\cdot\dfrac{1}{2}\sin 2t = \dfrac{t}{4}\sin 2t$

(2)令 $F(s) = \ln\dfrac{s+1}{s-1}$，則

$$\frac{d}{ds}F(s) = \frac{s-1}{s+1}\frac{(s-1)-(s+1)}{(s-1)^2} = \frac{-2}{(s+1)(s-1)} = \frac{-2}{s^2-1}$$

兩邊取逆拉氏轉換，可以得到

$$-tf(t) = -2 \cdot L^{-1}\left\{\frac{1}{s^2-1}\right\} = -2\sinh t$$

$$\Rightarrow \quad L^{-1}\left\{\ln\frac{s+1}{s-1}\right\} = f(t) = \frac{2}{t}\sinh t$$

6.3.7 拉氏轉換的積分

如果函數 $f(t)$ 及拉氏轉換 $L\{f(t)\} = F(s)$ 均存在，並且 $\lim\limits_{t\to 0^+}\dfrac{f(t)}{t}$ 存在，則

$$L\left\{\frac{f(t)}{t}\right\} = \int_s^\infty F(\lambda)d\lambda \tag{6.3-29}$$

逆拉氏轉換關係也成立

$$L^{-1}\left\{\int_s^\infty F(\lambda)d\lambda\right\} = \frac{f(t)}{t} \tag{6.3-30}$$

證明：根據定義 $F(s) = \int_0^\infty f(t)e^{-st}dt$，則

$$\int_s^\infty F(\lambda)d\lambda = \int_s^\infty\left[\int_0^\infty f(t)e^{-\lambda t}dt\right]d\lambda = \int_0^\infty f(t)\left[\int_s^\infty e^{-\lambda t}d\lambda\right]dt$$

其中 $\displaystyle\int_s^\infty e^{-\lambda t}d\lambda = -\frac{1}{t}e^{-\lambda t}\Big|_s^\infty = -\frac{1}{t}(e^{-\infty} - e^{-st}) = \frac{e^{-st}}{t}$

所以 $\displaystyle\int_s^\infty F(\lambda)d\lambda = \int_0^\infty f(t)\frac{e^{-st}}{t}dt = L\left\{\frac{f(t)}{t}\right\}$

 例 6.3-17

求下列函數的拉氏轉換

(1) $\dfrac{e^{2t} - e^{-t}}{t}$ ，(2) $\dfrac{\sin t}{t}$

解

(1) $L\left\{\dfrac{e^{2t} - e^{-t}}{t}\right\} = \int_s^\infty \left(\dfrac{1}{\lambda - 2} - \dfrac{1}{\lambda + 1}\right)d\lambda = \left(\ln|\lambda - 2| - \ln|\lambda + 1|\right)\Big|_s^\infty = \ln\left|\dfrac{\lambda - 2}{\lambda + 1}\right|\Big|_s^\infty$

$\qquad\qquad = \ln 1 - \ln\dfrac{s - 2}{s + 1} = \ln\dfrac{s + 1}{s - 2}$

(2) $L\left\{\dfrac{\sin t}{t}\right\} = \int_s^\infty \dfrac{1}{\lambda^2 + 1}d\lambda = \tan^{-1}\lambda\Big|_s^\infty = \dfrac{\pi}{2} - \tan^{-1}s$

6.3.8　迴旋積分定理(Convolution Theorem)

如果 $L\{f(t)\} = F(s),\quad L\{g(t)\} = G(s)$ ，則

$$L\{f(t) * g(t)\} = F(s)G(s) \tag{6.3-31}$$

其中

$$f(t) * g(t) = \int_0^t f(t - \tau)g(\tau)d\tau = \int_0^t g(t - \tau)f(\tau)d\tau = g(t) * f(t) \tag{6.3-32}$$

稱為**迴旋積分**(Convolution)或**褶積**。

證明：根據定義

$$L\{f(t) * g(t)\} = \int_0^\infty \left[\int_0^t f(t - \tau)g(\tau)d\tau\right]e^{-st}dt = \int_0^\infty \int_0^t f(t - \tau)g(\tau)e^{-st}d\tau dt$$

$$= \int_0^\infty \int_\tau^\infty f(t - \tau)g(\tau)e^{-st}dt d\tau = \int_0^\infty \left[\int_\tau^\infty f(t - \tau)e^{-st}dt\right]g(\tau)d\tau$$

令 $u = t - \tau$ ，則 $t = u + \tau$ ， $dt = du$ ，代入上式，可得

$$L\{f(t)*g(t)\} = \int_0^\infty \left[\int_0^\infty f(u)e^{-s(u+\tau)}du \right] g(\tau)d\tau$$

$$= \int_0^\infty \left[\int_0^\infty f(u)e^{-su}du \right] g(\tau)e^{-s\tau}d\tau$$

$$= \left(\int_0^\infty f(u)e^{-su}du \right) \left(\int_0^\infty g(\tau)e^{-s\tau}d\tau \right) = F(s)G(s)$$

本定理的逆拉氏轉換關係也成立

$$L^{-1}\{F(s)G(s)\} = f(t)*g(t) \tag{6.3-33}$$

例 6.3-18

求下列函數的拉氏轉換

(1) $\int_0^t (t-\tau)e^{-\tau}d\tau$ ，(2) $\int_0^t \tau\sin(t-\tau)d\tau$ ，(3) $\int_0^t e^{-(t-\tau)}\cos\tau d\tau$

 解

(1) $L\left\{ \int_0^t (t-\tau)e^{-\tau}d\tau \right\} = L\{t*e^{-t}\} = L\{t\}\cdot L\{e^{-t}\} = \dfrac{1}{s^2}\dfrac{1}{s+1} = \dfrac{1}{s^2(s+1)}$

(2) $L\left\{ \int_0^t \tau\sin(t-\tau)d\tau \right\} = L\{t*\sin t\} = L\{t\}\cdot L\{\sin t\} = \dfrac{1}{s^2}\dfrac{1}{s^2+1} = \dfrac{1}{s^2(s^2+1)}$

(3) $L\left\{ \int_0^t e^{-(t-\tau)}\cos\tau d\tau \right\} = L\{e^{-t}*\cos t\} = L\{e^{-t}\}\cdot L\{\cos t\} = \dfrac{1}{s+1}\dfrac{s}{s^2+1} = \dfrac{s}{(s+1)(s^2+1)}$

例 6.3-19

求下列函數的逆拉氏轉換

(1) $\dfrac{1}{(s+1)(s+2)}$ ，(2) $\dfrac{1}{s^2(s+1)^2}$ ，(3) $\dfrac{1}{(s-1)(s^2+1)}$

 解

(1) $L^{-1}\left\{ \dfrac{1}{(s+1)(s+2)} \right\} = e^{-t}*e^{-2t} = \int_0^t e^{-(t-\tau)}e^{-2\tau}d\tau = e^{-t}\int_0^t e^{-\tau}d\tau = e^{-t}\left(-e^{-\tau}\right)\Big|_0^t$

$$= e^{-t}\left(-e^{-t}+e^0\right) = e^{-t}-e^{-2t}$$

(2) $L^{-1}\left\{\dfrac{1}{s^2(s+1)^2}\right\} = t*te^{-t} = \displaystyle\int_0^t (t-\tau)\tau e^{-\tau}d\tau = \int_0^t (t\tau-\tau^2)e^{-\tau}d\tau$

$\qquad\qquad = \left[(t\tau-\tau^2)(-e^{-\tau})-(t-2\tau)(e^{-\tau})+(-2)(-e^{-\tau})\right]_0^t = te^{-t}+2e^{-t}+t-2$

(3) $L^{-1}\left\{\dfrac{1}{(s-1)(s^2+1)}\right\} = e^t * \sin t = \displaystyle\int_0^t e^{(t-\tau)}\sin\tau\, d\tau = e^t\int_0^t e^{-\tau}\sin\tau\, d\tau$

$\qquad\qquad = e^t \cdot \dfrac{1}{2}e^{-\tau}(-\sin\tau-\cos\tau)\Big|_0^t = \dfrac{1}{2}(-\sin t-\cos t)-\dfrac{1}{2}e^t(-1)$

$\qquad\qquad = -\dfrac{1}{2}(\sin t+\cos t)+\dfrac{1}{2}e^t$

習題 6-3

1. 求下列函數的拉氏轉換：

$(1)\, 2t+5\cos 4t-3e^t$ ， $(2)\, t^2 e^{2t}$ ， $(3)\, e^{-3t}\cos 2t$ ， $(4)\, e^t u(t-1)$ ， $(5)\, t^2 u(t-2)$ ，

$(6)\, \sin t\cdot u(t-\pi)$ ， $(7)\, \cos^2 t$ ， $(8)\, t\cos t$ ， $(9)\, \displaystyle\int_0^t e^{2\tau}\tau\, d\tau$ ， $(10)\, t^2\cos t$ ， $(11)\, \dfrac{1-e^t}{t}$ ，

$(12)\, \dfrac{1-\cos t}{t}$ ， $(13)\, te^{5t}\sin t$ ， $(14)\, f(t)=\begin{cases}1, & 0\le t<2 \\ -3, & 2\le t<3 \\ t^2, & t\ge 3\end{cases}$

解 $(1)\, \dfrac{2}{s^2}+\dfrac{5s}{s^2+16}-\dfrac{3}{s-1}$ ， $(2)\, \dfrac{2}{(s-2)^3}$ ， $(3)\, \dfrac{s+3}{(s+3)^2+4}$ ， $(4)\, \dfrac{e^{-(s-1)}}{s-1}$ ，

$(5)\, \left(\dfrac{2}{s^3}+\dfrac{4}{s^2}+\dfrac{4}{s}\right)e^{-2s}$ ， $(6)\, -\dfrac{1}{s^2+1}e^{-\pi s}$ ， $(7)\, \dfrac{s^2+2}{s(s^2+4)}$ ， $(8)\, \dfrac{s^2-1}{(s^2+1)^2}$ ， $(9)\, \dfrac{1}{s(s-2)^2}$ ，

$(10)\, \dfrac{2s(s^2-3)}{(s^2+1)^3}$ ， $(11)\, \ln\dfrac{s-1}{s}$ ， $(12)\, \ln\dfrac{\sqrt{s^2+1}}{s}$ ， $(13)\, \dfrac{2s-10}{(s^2-10s+26)^2}$ ，

$(14)\, \dfrac{1}{s}-\dfrac{4}{s}e^{-2s}+\dfrac{12s^2+6s+2}{s^3}e^{-3s}$

2. 求下列函數的逆拉氏轉換：

(1) $\dfrac{3}{s^2+3}+\dfrac{1}{s^4}$ ，(2) $\dfrac{3s+8}{s^2+4}$ ，(3) $\dfrac{1}{(s-2)^4}$ ，(4) $\dfrac{s+3}{(s+2)^2+1}$ ，(5) $\dfrac{s}{(s+1)^2}$ ，(6) $\dfrac{se^{-\pi s}}{s^2+9}$ ，(7) $\dfrac{e^{-s}}{s^3}$ ，

(8) $\dfrac{1}{s(s^2+16)}$ ，(9) $\ln(4s+1)$ ，(10) $\dfrac{2s+1}{4s^2+4s+5}$ ，(11) $\dfrac{1}{(s^2+1)^2}$

解 (1) $\sqrt{3}\sin\sqrt{3}t+\dfrac{1}{6}t^3$ ，(2) $3\cos 2t+4\sin 2t$ ，(3) $\dfrac{1}{6}t^3e^{2t}$ ，(4) $e^{-2t}(\cos t+\sin t)$ ，

(5) $e^{-t}-te^{-t}$ ，(6) $\cos 3(t-\pi)u(t-\pi)$ ，(7) $\dfrac{1}{2}(t-1)^2u(t-1)$ ，(8) $\dfrac{1}{16}-\dfrac{1}{16}\cos 4t$ ，

(9) $-\dfrac{1}{t}e^{-t/4}$ ，(10) $\dfrac{1}{2}e^{-1/2t}\cos t$ ，(11) $\dfrac{1}{2}(\sin t-t\cos t)$

3. 使用拉氏轉換解微分方程式：

(1) $y''+2y'+5y=0$, $y(0)=2$, $y'(0)=-4$

(2) $y''+y=1$, $y(0)=0$, $y'(0)=0$

解 (1) $y(t)=2e^{-t}\cos 2t-e^{-t}\sin 2t$ ，(2) $y(t)=1-\cos t$

6.4 使用部分分式法求逆拉氏轉換

在求解逆拉氏轉換的過程中，常常碰到求一個分母均為多項式的分式，雖然有些情況可以用上一節所介紹的性質來計算，但是計算過程通常是很繁複的，因此，本節將介紹一種部分分式法，將一個複雜的分式分解成幾個簡單的分式的和，如此將可使求解逆拉氏轉換變得簡單，本節的部分分式展開法將分成三種形式來討論。

6.4.1 分母含一次因式

一個真分式含有相異的一次因式，亦即 $a_1 \neq a_2 \neq \cdots \neq a_n$，可以展開成

$$
\begin{aligned}
F(s) &= \frac{Q(s)}{P(s)(s-a_1)(s-a_2)\cdots(s-a_n)} \\
&= \frac{c_1}{s-a_1} + \frac{c_2}{s-a_2} + \cdots + \frac{c_n}{s-a_n} + R(s)
\end{aligned} \tag{6.4-1}
$$

其中 $R(s)$ 為除了相異的一次因式以外的部份，不在此部份討論範圍。

將 $(s-a_1)$ 乘到(6.4-1)式兩邊，可以得到

$$
(s-a_1)F(s) = c_1 + (s-a_1)\left[\frac{c_2}{s-a_2} + \cdots + \frac{c_n}{s-a_n} + R(s)\right] \tag{6.4-2}
$$

令 $s = a_1$ 代入，可求得

$$
c_1 = (s-a_1)F(s)\big|_{s=a_1} \tag{6.4-3}
$$

同理，求 $c_2, c_3, \cdots, c_n$ 可由相同步驟求得。因此，可以寫成一個通式

$$
c_k = (s-a_k)F(s)\big|_{s=a_k}, \quad k = 1, 2, 3, \cdots, n \tag{6.4-4}
$$

例 6.4-1

使用部分分式法求逆拉氏轉換：$F(s) = \dfrac{1}{(s+1)(s+2)(s+3)}$

解

$$F(s) = \frac{1}{(s+1)(s+2)(s+3)} = \frac{c_1}{s+1} + \frac{c_2}{s+2} + \frac{c_3}{s+3}$$

$$c_1 = \frac{1}{(s+2)(s+3)}\bigg|_{s=-1} = \frac{1}{(1)(2)} = \frac{1}{2}$$

$$c_2 = \frac{1}{(s+1)(s+3)}\bigg|_{s=-2} = \frac{1}{(-1)(1)} = -1$$

$$c_3 = \frac{1}{(s+1)(s+2)}\bigg|_{s=-3} = \frac{1}{(-2)(-1)} = \frac{1}{2}$$

所以 $F(s) = \dfrac{\frac{1}{2}}{s+1} + \dfrac{-1}{s+2} + \dfrac{\frac{1}{2}}{s+3}$，取逆拉氏轉換，可以得到

$$f(t) = L^{-1}\{F(s)\} = \frac{1}{2}e^{-t} - e^{-2t} + \frac{1}{2}e^{-3t}$$

6.4.2 分母含一次因式的 n 次方

一個眞分式含有相同的一次因式，可以展開成

$$F(s) = \frac{Q(s)}{P(s)(s-a)^n} = \frac{c_1}{s-a} + \frac{c_2}{(s-a)^2} + \cdots + \frac{c_n}{(s-a)^n} + R(s) \qquad (6.4\text{-}5)$$

其中 $R(s)$ 爲除了相同的一次因式以外的部份，不在此部份討論範圍。

將 $(s-a)^n$ 乘到(6.4-5)式兩邊，可以得到

$$(s-a)^n F(s) = c_1(s-a)^{n-1} + c_2(s-a)^{n-2} + \cdots + c_{n-1}(s-a) + c_n + (s-a)^n R(s) \qquad (6.4\text{-}6)$$

令 $s = a$ 代入，可以求得

$$c_n = (s-a)^n F(s)\Big|_{s=a} \tag{6.4-7}$$

微分(6.4-7)式，可以得到

$$\frac{d}{ds}\Big[(s-a)^n F(s)\Big] = (n-1)c_1(s-a)^{n-2} + (n-2)c_2(s-a)^{n-3} + \cdots$$
$$+2 \cdot c_{n-2}(s-a) + 1 \cdot c_{n-1} + R_1(s) \tag{6.4-8}$$

其中 $R_1(s)$ 含有 $(s-a)$ 的因式。令 $s=a$ 代入，可求得

$$c_{n-1} = \frac{d}{ds}\Big[(s-a)^n F(s)\Big]\Big|_{s=a} \tag{6.4-9}$$

微分(6.4-8)式，可以得到

$$\frac{d^2}{ds^2}\Big[(s-a)^n F(s)\Big] = (n-1)(n-2)c_1(s-a)^{n-3}$$
$$+(n-2)(n-3)c_2(s-a)^{n-4} + \cdots + 2 \cdot 1 \cdot c_{n-2} + R_2(s) \tag{6.4-10}$$

其中 $R_2(s)$ 含有 $(s-a)$ 的因式。令 $s=a$ 代入，可求得

$$c_{n-2} = \frac{1}{2!}\frac{d^2}{ds^2}\Big[(s-a)^n F(s)\Big]\Big|_{s=a} \tag{6.4-11}$$

依此類推，可以得到一個通式

$$c_{n-k} = \frac{1}{k!}\frac{d^k}{ds^k}\Big[(s-a)^n F(s)\Big]\Big|_{s=a}, \quad k=0,1,2,\cdots,n-1 \tag{6.4-12}$$

例 6.4-2

使用部分分式法求逆拉氏轉換：$F(s) = \dfrac{1}{(s+1)^3(s+2)(s+3)}$

 解

$$F(s) = \frac{1}{(s+1)^3(s+2)(s+3)} = \frac{c_1}{s+1} + \frac{c_2}{(s+1)^2} + \frac{c_3}{(s+1)^3} + \frac{c_4}{s+2} + \frac{c_5}{s+3}$$

$$\frac{d}{ds}\left[\frac{1}{(s+2)(s+3)}\right] = \frac{-(s+3)-(s+2)}{(s+2)^2(s+3)^2} = \frac{-2s-5}{(s+2)^2(s+3)^2}$$

$$\frac{d^2}{ds^2}\left[\frac{1}{(s+2)(s+3)}\right] = \frac{d}{ds}\left[\frac{-2s-5}{(s+2)^2(s+3)^2}\right]$$

$$= \frac{-2(s+2)^2(s+3)^2 - (-2s-5)\left[2(s+2)(s+3)^2 + 2(s+2)^2(s+3)\right]}{(s+2)^4(s+3)^4}$$

$$= \frac{-2(s+2)(s+3) + (2s+5)\left[2(s+3) + 2(s+2)\right]}{(s+2)^3(s+3)^3} = \frac{6s^2 + 30s + 38}{(s+2)^3(s+3)^3}$$

$$c_3 = \left.\frac{1}{(s+2)(s+3)}\right|_{s=-1} = \frac{1}{(1)(2)} = \frac{1}{2}$$

$$c_2 = \left.\frac{d}{ds}\left[\frac{1}{(s+2)(s+3)}\right]\right|_{s=-1} = \left.\frac{-2s-5}{(s+2)^2(s+3)^2}\right|_{s=-1} = \frac{-3}{(1)(4)} = -\frac{3}{4}$$

$$c_1 = \left.\frac{1}{2!}\frac{d^2}{ds^2}\left[\frac{1}{(s+2)(s+3)}\right]\right|_{s=-1} = \left.\frac{1}{2}\frac{6s^2+30s+38}{(s+2)^3(s+3)^3}\right|_{s=-1} = \frac{1}{2}\frac{14}{(1)(8)} = \frac{7}{8}$$

$$c_4 = \left.\frac{1}{(s+1)^3(s+3)}\right|_{s=-2} = \frac{1}{(-1)(1)} = -1$$

$$c_5 = \left.\frac{1}{(s+1)^3(s+2)}\right|_{s=-3} = \frac{1}{(-8)(-1)} = \frac{1}{8}$$

所以 $F(s) = \dfrac{\frac{7}{8}}{s+1} + \dfrac{-\frac{3}{4}}{(s+1)^2} + \dfrac{\frac{1}{2}}{(s+1)^3} + \dfrac{-1}{s+2} + \dfrac{\frac{1}{8}}{s+3}$，取逆拉氏轉換，可以得到

$$f(t) = L^{-1}\{F(s)\} = \frac{7}{8}e^{-t} - \frac{3}{4}te^{-t} + \frac{1}{4}t^2e^{-t} - e^{-2t} + \frac{1}{8}e^{-3t}$$

另解：$F(s) = \dfrac{1}{(s+1)^3(s+2)(s+3)} = \dfrac{c_1}{s+1} + \dfrac{c_2}{(s+1)^2} + \dfrac{c_3}{(s+1)^3} + \dfrac{c_4}{s+2} + \dfrac{c_5}{s+3}$

c_3, c_4, c_5 的求法仍如上述，

$c_3 = \dfrac{1}{(s+2)(s+3)}\bigg|_{s=-1} = \dfrac{1}{(1)(2)} = \dfrac{1}{2}$

$c_4 = \dfrac{1}{(s+1)^3(s+3)}\bigg|_{s=-2} = \dfrac{1}{(-1)(1)} = -1$

$c_5 = \dfrac{1}{(s+1)^3(s+2)}\bigg|_{s=-3} = \dfrac{1}{(-8)(-1)} = \dfrac{1}{8}$

所以 $F(s) = \dfrac{1}{(s+1)^3(s+2)(s+3)} = \dfrac{c_1}{s+1} + \dfrac{c_2}{(s+1)^2} + \dfrac{\frac{1}{2}}{(s+1)^3} + \dfrac{-1}{s+2} + \dfrac{\frac{1}{8}}{s+3}$ ，

令 $s = 0, 1$ 代入上式，可以得到

$\dfrac{1}{6} = c_1 + c_2 + \dfrac{1}{2} - \dfrac{1}{2} + \dfrac{1}{24}$ ， $\dfrac{1}{96} = \dfrac{c_1}{2} + \dfrac{c_2}{4} + \dfrac{1}{16} - \dfrac{1}{3} + \dfrac{1}{32}$

整理得

$\begin{cases} c_1 + c_2 = \dfrac{1}{8} \\ 2c_1 + c_2 = 1 \end{cases}$

解聯立方程式，可得 $c_1 = \dfrac{7}{8}, c_2 = -\dfrac{3}{4}$ ，所以

$F(s) = \dfrac{\frac{7}{8}}{s+1} + \dfrac{-\frac{3}{4}}{(s+1)^2} + \dfrac{\frac{1}{2}}{(s+1)^3} + \dfrac{-1}{s+2} + \dfrac{\frac{1}{8}}{s+3}$ ，

取逆拉氏轉換，可以得到

$f(t) = L^{-1}\{F(s)\} = \dfrac{7}{8}e^{-t} - \dfrac{3}{4}te^{-t} + \dfrac{1}{4}t^2e^{-t} - e^{-2t} + \dfrac{1}{8}e^{-3t}$

6.4.3 分母含二次因式

一個真分式含有二次因式，可以展開成

$$F(s) = \frac{Q(s)}{P(s)(s^2 + as + b)} = \frac{c_1 s + c_2}{s^2 + as + b} + R(s) \qquad (6.4\text{-}13)$$

其中 $R(s)$ 為除了二次因式以外的部份，不在此部份討論範圍。c_1, c_2 的求解可代入任意兩個 s 值，解聯立方程式即可求得。

例 6.4-3

使用部分分式法求逆拉氏轉換： $F(s) = \dfrac{3s+5}{(s+1)(s^2+2s+5)}$

 解

$$F(s) = \frac{3s+5}{(s+1)(s^2+2s+5)} = \frac{c_1}{s+1} + \frac{c_2 s + c_3}{s^2+2s+5}$$

$$c_1 = \left.\frac{3s+5}{s^2+2s+5}\right|_{s=-1} = \frac{2}{4} = \frac{1}{2}$$

代入 $s = 0, 1$，可得

$$1 = \frac{1}{2} + \frac{c_3}{5} \quad \Rightarrow c_3 = \frac{5}{2}$$

$$\frac{1}{2} = \frac{1}{4} + \frac{c_2 + c_3}{8} \quad \Rightarrow c_2 = 2 - c_3 = 2 - \frac{5}{2} = -\frac{1}{2}$$

所以 $F(s) = \dfrac{\frac{1}{2}}{s+1} + \dfrac{-\frac{1}{2}s + \frac{5}{2}}{s^2+2s+5} = \dfrac{1}{2}\dfrac{1}{s+1} - \dfrac{1}{2}\dfrac{(s+1)-6}{(s+1)^2+2^2}$

取逆拉氏轉換，可以得到

$$f(t) = L^{-1}\{F(s)\} = \frac{1}{2}e^{-t} - \frac{1}{2}e^{-t}(\cos 2t - 3\sin 2t)$$

例 6.4-4

使用拉氏轉換解微分方程式：$y'' + 3y' + 2y = e^t$, $\quad y(0) = 0$, $\quad y'(0) = 0$

取拉氏轉換，並代入初始條件，可以得到

$$s^2 Y(s) - sy(0) - y'(0) + 3\left[sY(s) - y(0)\right] + 2Y(s) = \frac{1}{s-1}$$

$$\Rightarrow \quad (s^2 + 3s + 2)Y(s) = \frac{1}{s-1}$$

$$\Rightarrow \quad Y(s) = \frac{1}{(s-1)(s+1)(s+2)} = \frac{\frac{1}{6}}{s-1} + \frac{-\frac{1}{2}}{s+1} + \frac{\frac{1}{3}}{s+2}$$

取逆拉氏轉換，可以得到

$$y(t) = L^{-1}\left\{Y(s)\right\} = \frac{1}{6}e^t - \frac{1}{2}e^{-t} + \frac{1}{3}e^{-2t}, \quad t \geq 0$$

例 6.4-5

使用拉氏轉換解聯立微分方程式：

$$\begin{cases} x'(t) = 2x - 3y \\ y'(t) = -2x + y \end{cases}, \quad x(0) = 2, \quad y(0) = 1$$

取拉氏轉換，並代入初始條件，可以得到

$$\begin{cases} sX(s) - x(0) = 2X(s) - 3Y(s) \\ sY(s) - y(0) = -2X(s) + Y(s) \end{cases} \Rightarrow \begin{cases} (s-2)X(s) + 3Y(s) = 2 \\ 2X(s) + (s-1)Y(s) = 1 \end{cases}$$

使用克拉瑪法則(Cramer's Rule)解立方程式

$$X(s) = \frac{\begin{vmatrix} 2 & 3 \\ 1 & s-1 \end{vmatrix}}{\begin{vmatrix} s-2 & 3 \\ 2 & s-1 \end{vmatrix}} = \frac{2(s-1) - 3}{(s-1)(s-2) - 6} = \frac{2s-5}{s^2 - 3s - 4} = \frac{2s-5}{(s+1)(s-4)} = \frac{\frac{7}{5}}{s+1} + \frac{\frac{3}{5}}{s-4}$$

$$Y(s) = \frac{\begin{vmatrix} s-2 & 2 \\ 2 & 1 \end{vmatrix}}{\begin{vmatrix} s-2 & 3 \\ 2 & s-1 \end{vmatrix}} = \frac{(s-2)-4}{(s-1)(s-2)-6} = \frac{s-6}{s^2-3s-4} = \frac{s-6}{(s+1)(s-4)} = \frac{\frac{7}{5}}{s+1} + \frac{-\frac{2}{5}}{s-4}$$

取逆拉氏轉換，可以得到

$$x(t) = L^{-1}\{X(s)\} = \frac{7}{5}e^{-t} + \frac{3}{5}e^{4t}, \quad t \geq 0$$

$$y(t) = L^{-1}\{Y(s)\} = \frac{7}{5}e^{-t} - \frac{2}{5}e^{4t}, \quad t \geq 0$$

例 6.4-6

使用拉氏轉換解微積分方程式：$y' = y(t) + 4\int_0^t e^{-2(t-\tau)}y(\tau)d\tau, \quad y(0) = 1$

 解

取拉氏轉換，並且代入初始條件，可以得到

$$sY(s) - y(0) = Y(s) + 4 \cdot \frac{1}{s+2}Y(s)$$

$$\Rightarrow \quad \left(s - 1 - \frac{4}{s+2}\right)Y(s) = 1$$

$$\Rightarrow \quad Y(s) = \frac{s+2}{s^2+s-6} = \frac{s+2}{(s-2)(s+3)} = \frac{\frac{4}{5}}{s-2} + \frac{\frac{1}{5}}{s+3}$$

取逆拉氏轉換，可以得到

$$y(t) = L^{-1}\{Y(s)\} = \frac{4}{5}e^{2t} + \frac{1}{5}e^{-3t}, \quad t \geq 0$$

習題 6-4

1. 使用部分分式法求下列函數的逆拉氏轉換

   (1) $\dfrac{s+2}{s^2-2s-3}$ ，(2) $\dfrac{s^2+2s+3}{(s-1)^3}$ ，(3) $\dfrac{1}{s^3(s+1)}$ ，(4) $\dfrac{2s-4}{(s-1)(s^2+1)}$ ，

   (5) $\dfrac{1}{(s^2+2s+2)(s^2+2s+5)}$

   解 (1) $-\dfrac{1}{4}e^{-t}+\dfrac{5}{4}e^{3t}$ ，(2) $e^t+4te^t+3t^2e^t$ ，(3) $1-t+\dfrac{1}{2}t^2-e^{-t}$ ，(4) $-e^t+\cos t+3\sin t$ ，

   (5) $\dfrac{1}{3}e^{-t}\sin t-\dfrac{1}{6}e^{-t}\sin 2t$ ，

2. 使用拉氏轉換解微分方程式

   (1) $y''-3y'+2y=\sin t,\quad y(0)=0,\quad y'(0)=1$

   (2) $y''+2y'+10y=t,\quad y(0)=1,\quad y'(0)=1$

   (3) $\begin{cases} x'(t)=-x+y \\ y'(t)=-2x-4y \end{cases}$ ，$x(0)=1,\quad y(0)=0$

   解 (1) $-\dfrac{3}{2}e^t+\dfrac{6}{5}e^{2t}+\dfrac{3}{10}\cos t+\dfrac{1}{10}\sin t$ ，(2) $\dfrac{1}{10}t-\dfrac{1}{50}+\dfrac{51}{50}e^{-t}\cos 3t+\dfrac{16}{25}e^{-t}\sin 3t$ ，

   (3) $x(t)=2e^{-2t}-e^{-3t},\quad y(t)=-2e^{-2t}+2e^{-3t}$

3. 使用拉氏轉換解微積分方程式

   (1) $f(t)=3t^2-e^{-t}-\displaystyle\int_0^t f(\tau)e^{t-\tau}d\tau$

   (2) $y'+4y+3\displaystyle\int_0^t y(\tau)d\tau=e^{-t},\quad y(0)=0$

   (3) $y'=1-\displaystyle\int_0^t y(t-\tau)e^{-2\tau}d\tau,\quad y(0)=1$

   解 (1) $f(t)=1+3t^2-t^3-2e^{-t}$ ，(2) $y(t)=-2e^{-t}+1+3t^2-t^3$ ，(3) $y(t)=2-e^{-t}$

6.5 週期函數的拉氏轉換

如果 $f(t)$ 為週期 T 的**週期函數**(Periodic Function)，亦即 $f(t) = f(t + nT)$，$n = 1, 2, 3, \cdots$，

則拉氏轉換為

$$L\{f(t)\} = \frac{\int_0^T f(t)e^{-st}dt}{1 - e^{-Ts}} = \frac{F_1(s)}{1 - e^{-Ts}} \tag{6.5-1}$$

其中

$$F_1(s) = L\{f_1(t)\} = \int_0^T f(t)e^{-st}dt \tag{6.5-2}$$

$f_1(t)$ 為週期函數 $f(t)$ 在區間 $[0, T]$ 的函數。

證明：根據拉氏轉換的定義

$$L\{f(t)\} = \int_0^\infty f(t)e^{-st}dt = \int_0^T f(t)e^{-st}dt + \int_T^\infty f(t)e^{-st}dt$$

令 $t = u + T$，則 $dt = du$，代入積分式並且利用週期函數的特性 $f(t + T) = f(t)$

$$L\{f(t)\} = \int_0^T f(t)e^{-st}dt + \int_0^\infty f(u+T)e^{-s(u+T)}du = \int_0^T f(t)e^{-st}dt + e^{-Ts}\int_0^\infty f(u)e^{-su}du$$

$$= \int_0^T f(t)e^{-st}dt + e^{-Ts}L\{f(t)\}$$

$$\Rightarrow \quad \left(1 - e^{-Ts}\right)L\{f(t)\} = \int_0^T f(t)e^{-st}dt$$

$$\Rightarrow \quad L\{f(t)\} = \frac{1}{1 - e^{-Ts}}\int_0^T f(t)e^{-st}dt$$

例 6.5-1

週期函數 $f(t)$，週期 $T = 2$，一週期的函數表示為

$$f(t) = \begin{cases} t, & 0 \le t < 1 \\ 0, & 1 \le t < 2 \end{cases}, \quad T = 2$$

求拉氏轉換 $L\{f(t)\} = ?$

解

$$L\{f(t)\} = \frac{1}{1-e^{-2s}} \int_0^2 f(t)e^{-st}dt = \frac{1}{1-e^{-2s}} \int_0^1 te^{-st}dt$$

$$= \frac{1}{1-e^{-2s}} \left[t\left(\frac{1}{-s}e^{-st}\right) - 1 \cdot \left(\frac{1}{s^2}e^{-st}\right) \right]\Big|_0^1 = \frac{1}{1-e^{-2s}} \left(-\frac{1}{s}e^{-s} - \frac{1}{s^2}e^{-s} + \frac{1}{s^2} \right)$$

另解： $f_1(t) = t[u(t) - u(t-1)] = tu(t) - tu(t-1)$

$$F_1(s) = L\{f_1(t)\} = L\{t\} - L\{t+1\}e^{-s} = \frac{1}{s^2} - \left(\frac{1}{s^2} + \frac{1}{s}\right)e^{-s}$$

$$L\{f(t)\} = \frac{1}{1-e^{-2s}} F_1(s) = \frac{1}{1-e^{-2s}} \left(\frac{1}{s^2} - \frac{1}{s^2}e^{-s} - \frac{1}{s}e^{-s} \right)$$

例 6.5-2

求圖 6.5-1 週期函數 $f(t)$ 的拉氏轉換 $L\{f(t)\}$

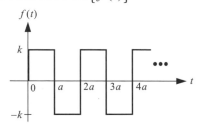

△ 圖 6.5-1 方波圖

函數可以表示為

$$f(t) = \begin{cases} k, & 0 \le t \le a \\ -k, & a < t \le 2a \end{cases} , \quad T = 2a$$

$f_1(t) = ku(t) - 2ku(t-a) + ku(t-2a)$

$$F_1(s) = L\{f_1(t)\} = L\{k\} - L\{2k\}e^{-as} + L\{k\}e^{-2as}$$

$$= \frac{k}{s} - \frac{2k}{s}e^{-as} - \frac{k}{s}e^{-2as} = \frac{k}{s}\left(1 - 2e^{-as} + e^{-2as}\right) = \frac{k\left(1-e^{-as}\right)^2}{s}$$

拉氏轉換為

$$L\{f(t)\} = \frac{1}{1-e^{-2as}}F_1(s) = \frac{1}{(1-e^{-as})(1+e^{-as})}\frac{k(1-e^{-as})^2}{s} = \frac{k(1-e^{-as})}{s(1+e^{-as})}$$

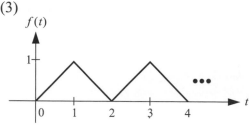

習題 6-5

1. 求下列週期函數的拉氏轉換

(1) $f(t) = \begin{cases} t, & 0 \le t < 1 \\ 1, & 1 \le t < 3 \end{cases}$, $T = 3$ ，(2) $f(t) = \begin{cases} \sin t, & 0 \le t < \pi \\ 0, & \pi \le t < 2\pi \end{cases}$, $T = 2\pi$ ，

(3)

```
     f(t)
      |
    1 |    /\      /\
      |   /  \    /  \      •••
      |  /    \  /    \
      |_/_____\/_____ t
      0   1    2   3    4
```

解 (1) $\dfrac{1}{1-e^{-3s}}\left(\dfrac{1}{s^2} - \dfrac{1}{s^2}e^{-s} - \dfrac{1}{s}e^{-3s}\right)$ ，(2) $\dfrac{1}{(1+e^{-\pi s})(s^2+1)}$ ，(3) $\dfrac{1-e^{-s}}{s^2(1+e^{-s})}$

6.6 拉氏轉換在工程上的應用

工程上的問題常常需要以微分方程式來表示一個系統的行為，例如：機械運動問題及電路問題等。而描述這些問題的通常是使用線性常微分方程式，對於解這類包含初始值的問題，拉氏轉換剛好是最簡易及最方便的方法。

例 6.6-1

一機械振盪系統由彈簧與物體組成，如圖 6.6-1 所示。彈簧常數為 $k = 1\,N/m$，物體的質量為 $m = 0.25\,kg$，當物體受一定力 $f(t) = \begin{cases} 2\,N, & t \geq 0 \\ 0, & t < 0 \end{cases}$ 作用，使彈簧伸長 1m 後釋放，做震盪運動，如果忽略摩擦力，以微分方程式描述位移 $y(t)$ 的關係式，並且以拉氏轉換法解之。

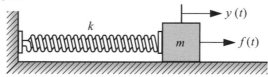

△ 圖 6.6-1 機械振盪系統

根據牛頓第二運動定律 $\sum f(t) = ma(t)$，可以得到系統的微分方程式

$$-ky(t) + f(t) = m\frac{dy^2(t)}{dt^2} \quad \Rightarrow m\frac{dy^2(t)}{dt^2} + ky(t) = f(t)$$

代入相關數據及初始條件，可以得到

$$0.25\frac{dy^2(t)}{dt^2} + y(t) = 2, \quad t \geq 0, \quad y(0) = 1, \quad y'(0) = 0$$

取拉氏轉換並且代入初條件，可以得到

$$0.25\left[s^2Y(s) - sy(0) - y'(0)\right] + Y(s) = \frac{2}{s} \quad \Rightarrow \quad s^2Y(s) - s + 4Y(s) = \frac{8}{s}$$

$$\Rightarrow \quad (s^2 + 4)Y(s) = \frac{8}{s} + s = \frac{s^2 + 8}{s} \quad \Rightarrow \quad Y(s) = \frac{s^2 + 8}{s(s^2 + 4)} = \frac{2}{s} - \frac{s}{s^2 + 4}$$

取逆拉氏轉換，可以得到

$$y(t) = L^{-1}\{Y(s)\} = 2 - \cos 2t \ (m), \quad t \geq 0$$

例 6.6-2

如圖 6.6-2 所示的 RL 電路，當 $t \geq 0$ 時開關關閉，如果 $R = 100\,\Omega$，$L = 100\,mH$，且 $E = 100\,V$，$i(0) = 0\,A$，求此電路的電流方程式，並利用拉氏轉換法求解 $i(t) = ?$

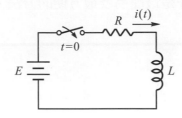

△ 圖 6.6-2　RL 電路

 解

根據 KVL 定律，電流方程式為

$$Ri(t) + L\frac{di(t)}{dt} = E \quad \Rightarrow \frac{di(t)}{dt} + \frac{R}{L}i(t) = \frac{E}{L}, \quad t \geq 0$$

代入相關數據及初始條件

$$\frac{di(t)}{dt} + \frac{100}{0.1}i(t) = \frac{100}{0.1} \quad \Rightarrow \frac{di(t)}{dt} + 1000i(t) = 1000, \quad i(0) = 0$$

取拉氏轉換，並且代入初條件

$$sI(s) - i(0) + 1000I(s) = \frac{1000}{s} \quad \Rightarrow (s + 1000)I(s) = \frac{1000}{s}$$

$$\Rightarrow I(s) = \frac{1000}{s(s+1000)} = \frac{1}{s} - \frac{1}{s+1000}$$

取逆拉氏轉換，可以得到

$$i(t) = L^{-1}\{I(s)\} = 1 - e^{-1000t} \ (A), \quad t \geq 0$$

例 6.6-3

如圖 6.6-3 所示的 RLC 串聯電路，當 $t \geq 0$ 時開關關閉，如果 $R = 2\,\Omega$ ， $L = 1\,\mathrm{H}$ ， $C = 0.2\,\mathrm{F}$ ，初始電流 $i(0) = 2\,\mathrm{A}$ ， $i'(0) = -4\,\mathrm{A}$ ，求此電路的電流方程式，並且利用拉氏轉換法求解 $i(t) = ?$

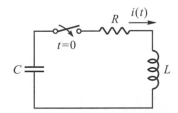

△ 圖 6.6-3　RLC 串聯電路

根據 KVL 定律，可得電流方程式為

$$Ri(t) + L\frac{di(t)}{dt} + \frac{1}{C}\int i(t)dt = 0 \quad \Rightarrow \frac{d^2i(t)}{dt^2} + \frac{R}{L}\frac{di(t)}{dt} + \frac{1}{LC}i(t) = 0, \quad t \geq 0$$

代入相關數據及初始條件，可以得到

$$\frac{d^2i(t)}{dt^2} + \frac{2}{1}\frac{di(t)}{dt} + \frac{1}{(1)(0.2)}i(t) = 0$$

$$\Rightarrow \frac{d^2i(t)}{dt^2} + 2\frac{di(t)}{dt} + 5i(t) = 0, \quad i(0) = 2, \quad i'(0) = -4$$

取拉氏轉換並代入初條件，可以得到

$$s^2I(s) - s\cdot i(0) - i'(0) + 2\big[sI(s) - i(0)\big] + 5I(s) = 0$$

$$\Rightarrow \big(s^2 + 2s + 5\big)I(s) = 2s \quad \Rightarrow I(s) = \frac{2s}{s^2 + 2s + 5} = \frac{2(s+1) - 2}{(s+1)^2 + 2^2}$$

取逆拉氏轉換，可以得到

$$i(t) = L^{-1}\big\{I(s)\big\} = e^{-t}\big(2\cos 2t - \sin 2t\big)\,(\mathrm{A}), \quad t \geq 0$$

習題 6-6

1. 一機械振盪系統由彈簧、阻尼器與物體組成，如下圖所示。彈簧常數為

   $k = 1.25\,\text{N/m}$，物體的質量為 $m = 0.25\,\text{kg}$，當物體受一定力 $f(t) = \begin{cases} 1\,N, & t \geq 0 \\ 0, & t < 0 \end{cases}$ 作用，

   使彈簧伸長 1m 後釋放，使其做震盪運動，摩擦力以阻尼器表示，此種黏性摩擦力
   與物體運動速度成正比，比例常數稱為黏性摩擦係數 $b = 0.5\,\text{N} \cdot \text{s/m}$。以微分方程式
   描述位移 $y(t)$ 的關係式，並且以拉氏轉換法解之。

   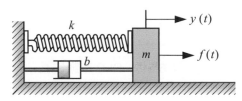

   解 $\dfrac{d^2 y(t)}{dt^2} + 2\dfrac{dy(t)}{dt} + 5y(t) = 4, \quad y(0) = 1, y'(0) = 0, \quad t \geq 0$，

   $y(t) = \dfrac{4}{5} + \dfrac{1}{5}e^{-t}\cos 2t - \dfrac{2}{5}e^{-t}\sin 2t, \, t \geq 0$

2. 如下圖所示的 RC 電路，當 $t \geq 0$ 時開關關閉，$R = 100\,\Omega$，$C = 0.01\,\text{F}$，$E = 5\,\text{V}$，

   $v(0) = 0\,\text{V}$ 求此電路的電壓方程式，並且利用拉氏轉換法求解 $v(t) = ?$

   解 $\dfrac{dv(t)}{dt} + v(t) = 5, \quad v(0) = 0, \quad t \geq 0$，$v(t) = 5 - 5e^{-t}\,\text{(V)}, \quad t \geq 0$

3. 如下圖所示的 RLC 並聯電路，當 $t \geq 0$ 時開關關閉，$R = 1\,\Omega$，$L = 0.8\,\mathrm{H}$，$C = 0.25\,\mathrm{F}$，初始電流 $v(0) = 10\,\mathrm{V}$，$v'(0) = 0\,\mathrm{V/s}$，求此電路的電流方程式，並且利用拉氏轉換法求解 $v(t) = ?$

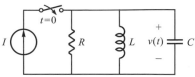

解 $\dfrac{d^2v(t)}{dt^2} + 4\dfrac{dv(t)}{dt} + 5v(t) = 0, \quad v(0) = 10, v'(0) = 0, \quad t \geq 0$，

$v(t) = 10e^{-2t}\cos t + 20e^{-2t}\sin t \,(\mathrm{V}), \quad t \geq 0$

CHAPTER

7

複變函數

7.1 複數的基本觀念

首先考慮方程式 $x^2 = -1$ 的解，根據數學實數解的定義，$\sqrt{-1}$ 在實數區域內是無意義，因此稱為虛數(imaginary number)。為了方便處理類似問題，可以將 $x^2 + 2x + 5 = 0$ 整理成 $x^2 + 2x + 1 = -4$。因此

$$(x+1)^2 = -4 \Rightarrow x+1 = \pm\sqrt{-4} = \pm(\sqrt{-1})(\sqrt{4}) = \pm 2\sqrt{-1} \qquad (7.1\text{-}1)$$

得到 $x = -1 \pm 2\sqrt{-1}$，此時定義 $i = \sqrt{-1}$，所以 $x = -1 \pm i2$。

由以上的說明，可以定義複數(complex number)的形式為

$$z = x + iy \qquad\qquad\qquad\qquad\qquad\qquad (7.1\text{-}2)$$

其中 $i = \sqrt{-1}$，x 及 y 均為實數。

例如 $z = -1 \pm 2\sqrt{-1}$，$x = -1$，$y = \pm 2$。

其次依照複數的定義，可以導出虛數 i 的冪次特性。

$$i^2 = i \cdot i = \sqrt{-1} \cdot \sqrt{-1} = -1, \ \ i^3 = i \cdot i^2 = -i, \ \ i^4 = i^2 \cdot i^2 = (-1) \cdot (-1) = 1,$$
$$i^5 = i \cdot i^4 = i \qquad\qquad\qquad\qquad\qquad\qquad (7.1\text{-}3)$$

會發現虛數 i 的冪次存在一循環特性(稱為虛數冪次循環特性)

$$i^{4n+k} = \begin{cases} i & k=1 \\ -1 & k=2 \\ -i & k=3 \\ 1 & k=0 \end{cases} \quad n \in R \text{，} k \text{為餘數} \tag{7.1-4}$$

換言之，將 i 的冪次除以 4 後，所得之餘數即可簡化虛數 i 高次的冪次計算，不論虛數 i 的冪次為多少，對應之結果一定為 i、$-i$、1 及 -1 四種數值。

例 7.1-1

求 $i^{109} = ?$

 解

$109 = 4 \times 27 + 1$，得到 $n = 27$、$k = 1$，對應虛數冪次循環特性，因此 $i^{109} = i^{4 \times 27 + 1} = i$。

---

1. 複數的表示

   由前面的章節得知 x 為複數 z 的實數部份，稱為實部，以 $\mathrm{Re}(z)$ 表示，亦即 $x = \mathrm{Re}(z)$。

   而 y 為複數 z 的虛數部份，稱為虛部，以 $\mathrm{Im}(z)$ 表示，亦即 $y = \mathrm{Im}(z)$。因此整個複數可以寫成 $z = x + iy = \mathrm{Re}(z) + i\,\mathrm{Im}(z)$。

2. 複數的直角座標表示法

   複數 z 可以用相互垂直的直角座標系統上對應的點座標加以表示，實部對應於橫座標，虛部對應於縱座標，因此此一直角座標系統亦稱為複數平面。換言之，此一平面上的點即為複數 z 在座標系統中對應的位置，如圖 7.1-1 所示。

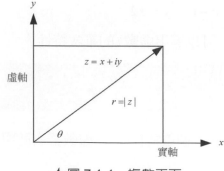

△圖 7.1-1　複數平面

複數 $z = x + iy$ 可以視為由原點指向點 (x, y) 的向量 $\vec{oz}$，在實數軸之分量大小為 x，在虛數軸之分量大小則為 y。分量大小相對於複數 z 的實部及虛部，因此複數 $z = x + iy$ 為複數平面上之一組實數序對 (x, y)。

3. 複數的極座標表示法

由圖 7.1-1 可知，複數 z 的長度(大小)為 $r = |z| = \sqrt{x^2 + y^2}$，複數 z 形成之向量與實數軸(x 軸)間之夾角為 θ。藉由長度 r 及夾角 θ，可以將複數以極座標之方式加以表示。而 r、θ 與 x、y 之關係為

$$x = r\cos\theta，y = r\sin\theta，z = x + iy = r\cos\theta + ir\sin\theta = r(\cos\theta + i\sin\theta)$$

$$(7.1\text{-}5)$$

(7.1-5)式之表示稱為複數的極式(polar form)，其中 $r = |z| = \sqrt{x^2 + y^2}$，$\theta = \tan^{-1}\dfrac{y}{x}$。

為了計算方便起見，一般以 $e^{i\theta}$ 代表 $\cos\theta + i\sin\theta$，亦即 $e^{i\theta} = \cos\theta + i\sin\theta$，因此，複數的極式可以寫成

$$z = re^{i\theta} \qquad\qquad (7.1\text{-}6)$$

其中 $e^{i\theta} = \cos\theta + i\sin\theta$，稱為尤拉公式(Euler's formula)。

4. 複數的基本運算

(1) 複數的相等：複數可以視為向量，因此任兩複數相等，充要條件為對應的實部與虛部皆相等。如果 $z_1 = x_1 + iy_1$ 及 $z_2 = x_2 + iy_2$ 時，則 $z_1 = z_2$ 之充要條件為 $x_1 = x_2$ 及 $y_1 = y_2$。

(2) 複數的加法運算：在 $z_1 = x_1 + iy_1$、$z_2 = x_2 + iy_2$ 時，$z_1 + z_2 = (x_1 + iy_1) + (x_2 + iy_2)$ $= (x_1 + x_2) + i(y_1 + y_2)$，亦即複數加法等於實部相加及虛部相加。

(3) 複數的減法運算：$z_1 = x_1 + iy_1$、$z_2 = x_2 + iy_2$ 時，則 $z_1 - z_2 = (x_1 + iy_1) - (x_2 + iy_2)$ $= (x_1 - x_2) + i(y_1 - y_2)$，亦即複數減法等於實部相減及虛部相減。

(4) 複數的乘法運算：複數的乘法可以分成直角座標系統與極座標系統兩種表示方法。

(a) 直角座標系統：$z_1 = x_1 + iy_1$ 及 $z_2 = x_2 + iy_2$ 時，則

$$z_1 \times z_2 = (x_1 + iy_1) \cdot (x_2 + iy_2) = x_1(x_2 + iy_2) + iy_1(x_2 + iy_2)$$
$$= (x_1 x_2 - y_1 y_2) + i(x_1 y_2 + x_2 y_1)$$

(b) 極座標系統：以極座標系統表示之複數在複數的乘法計算上，可以直接
利用指數運算特性計算。因此計算過程會較直角座標系統簡單。
$z_1 = r_1 e^{i\theta_1}$、$z_2 = r_2 e^{i\theta_2}$ 時，則

$$z_1 \times z_2 = r_1 e^{i\theta_1} \times r_2 e^{i\theta_2} = r_1 r_2 e^{i(\theta_1 + \theta_2)} = r_1 r_2 (\cos(\theta_1 + \theta_2) + i\sin(\theta_1 + \theta_2))$$

(5) 複數的除法運算：複數的除法可以分成直角座標系統與極座標系統兩種表示
方法。

(a) 直角座標系統：直角座標系統之複數除法，必須利用分母之共軛複數消
去分母的虛數部份，將分母變為有理式的步驟，稱之為有理化。
$z_1 = x_1 + iy_1$ 及 $z_2 = x_2 + iy_2$ 時，則

$$\frac{z_1}{z_2} = \frac{(x_1 + iy_1)}{(x_2 + iy_2)} = \frac{1}{x_2^2 + y_2^2}[(x_1 x_2 + y_1 y_2) + i(-x_1 y_2 + x_2 y_1)]$$

(b) 極座標系統：以極座標系統表示之複數在複數的除法計算上，可以直接
利用指數運算特性計算。因此計算過程會較直角座標系統簡單。
$z_1 = r_1 e^{i\theta_1}$、$z_2 = r_2 e^{i\theta_2}$ 時，則

$$\frac{z_1}{z_2} = \frac{r_1 e^{i\theta_1}}{r_2 e^{i\theta_2}} = \frac{r_1}{r_2} e^{i(\theta_1 - \theta_2)} = \frac{r_1}{r_2}[\cos(\theta_1 - \theta_2) + i\sin(\theta_1 - \theta_2)]$$

(6) 複數的大小(長度、絕對值或模數(modulus))
複數 $z = x + iy$ 的大小值定義為 $r = |z| = \sqrt{x^2 + y^2}$。亦即圖 7.1-1 中原點至點 (x, y)
的距離，或者是向量 $\overrightarrow{oz}$ 的長度。

(7) 共軛複數(conjugate complex)
如果兩個複數的實部相等，虛部正負相反，則稱此兩複數為共軛複數。例如
$z_1 = x_1 + iy_1$ 及 $z_2 = x_1 - iy_1$，稱 z_1 及 z_2 為共軛複數。複數 z 之共軛複數一般以 $\bar{z}$ 表
示。
共軛複數之運算具有下列之性質：

(a) $\overline{z_1 + z_2} = \overline{z_1} + \overline{z_2}$。　(b) $\overline{z_1 \times z_2} = \overline{z_1} \times \overline{z_2}$。　(c) $\overline{\left(\dfrac{z_1}{z_2}\right)} = \dfrac{\overline{z_1}}{\overline{z_2}}$。

(d) $z + \bar{z} = 2\operatorname{Re}(z)$ 或者 $\operatorname{Re}(z) = \dfrac{z + \bar{z}}{2}$。

(e) $z - \bar{z} = 2i\operatorname{Im}(z)$ 或者 $\operatorname{Im}(z) = \dfrac{z - \bar{z}}{2i}$。

例 7.1-2

請用圖形觀念表示下列各式的意義

(1)$|z_1 - z_0| = r$ (2)$|z_1 - z_0| < r$ (3)$|z_1 - z_0| \leq r$ (4)$|z_1 - z_0| \geq r$

解

(1)$|z_1 - z_0| = r \Rightarrow$ 表示以 z_0 為圓心，半徑為 r 的圓周之點集合。

(2)$|z_1 - z_0| < r \Rightarrow$ 表示以 z_0 為圓心，半徑為 r 的圓內部之點集合。

(3)$|z_1 - z_0| \leq r \Rightarrow$ 表示以 z_0 為圓心，半徑為 r 的圓內部及圓周之點集合。

(4)$|z_1 - z_0| \geq r \Rightarrow$ 表示以 z_0 為圓心，半徑為 r 的圓外部及圓周之點集合。

例 7.1-3

已知 $z_1 = 2 + 3i$，$z_2 = 1 + i$，求(1) $z_1 + z_2$ 及(2) $z_1 - z_2$ 的極座標表示式。

解

(1)　$z_1 + z_2 = 3 + 4i$，$|z_1 + z_2| = |3 + 4i| = 5$，$\theta = \tan^{-1}\dfrac{4}{3} = 53° = 0.294\pi$。

所以極座標表示式為 $z_1 + z_2 = 5e^{i53°} = 5e^{i0.294\pi}$。

(2)　$z_1 - z_2 = 1 + 2i$，$|z_1 - z_2| = |1 + 2i| = \sqrt{5}$，$\theta = \tan^{-1}\dfrac{2}{1} = 63.43° = 0.35\pi$。

所以極座標表示式為 $z_1 - z_2 = \sqrt{5}e^{i63.43°} = 5e^{i0.35\pi}$。

例 7.1-4

已知 $z_1 = 1 + 2i$，$z_2 = 2 + i$，證明：(1) $\overline{z_1 \times z_2} = \overline{z_1} \times \overline{z_2}$ (2) $\overline{\left(\dfrac{z_1}{z_2}\right)} = \dfrac{\overline{z_1}}{\overline{z_2}}$

(1) $\overline{z_1 \times z_2} = \overline{(1+2i)(2+i)} = -5i$，$\overline{z_1} \times \overline{z_2} = (1-2i)(2-i) = -5i = \overline{z_1 z_2}$，得證。

(2) $\overline{\left(\dfrac{z_1}{z_2}\right)} = \overline{\left(\dfrac{1+2i}{2+i}\right)} = \dfrac{4-3i}{5}$，$\dfrac{\overline{z_1}}{\overline{z_2}} = \dfrac{1-2i}{2-i} = \dfrac{4-3i}{5} = \overline{\left(\dfrac{z_1}{z_2}\right)}$，得證。

7. 複數的冪次：複數的冪次可以分成直角座標系統與極座標系統兩種表示方法。

   (a) 直角座標系統：當 $z = x + iy$，n 為整數時，z^n 為何？

     可以由複數的乘法，逐項相乘即可得到結果。

$$z^2 = (x+iy) \cdot (x+iy) = (x^2 - y^2) + 2xyi \, \circ \, z^3 = (x+iy)^3 = (x^3 - 3xy^2) + i(3x^2y - y^3)$$

   (b) 極座標系統：以極座標系統表示之複數在複數的冪次計算上，可以直接利用指數之運算。當 $z = re^{i\theta}$，n 為整數時，z^n 為何？可以由複數的指數運算特性，得到 $z^n = (re^{i\theta})^n = r^n e^{i(n\theta)} = r^n[\cos(n\theta) + i\sin(n\theta)]$。

8. 複數的方根：當複數的冪次為分數時，稱之為求根。此時無法以直角座標系統進行運算，必須將複數轉換至極座標系統，以簡化求解的過程。

$z = re^{i\theta}$，n 為整數時，$z^{1/n}$ 為何？可以由複數的指數運算特性，得到

$$z^{1/n} = (re^{i\theta})^{1/n} = (re^{i(2k\pi+\theta)})^{1/n} = r^{1/n} e^{i((2k\pi+\theta)/n)} = r^{1/n}[\cos(\frac{2k\pi+\theta}{n}) + i\sin(\frac{2k\pi+\theta}{n})]$$

$k = 0,1,2,3,4...,(n-1)$。將 $k = 0,1,2,3,4...,(n-1)$ 代入上式時，可以求得 z 的 n 個 n 次方根($z=0$ 除外)，並且所有的 n 個根在座標平面是共圓的。

例 7.1-5

求 $\left(\dfrac{1+\sqrt{3}i}{2}\right)^{10} + \left(\dfrac{1-\sqrt{3}i}{2}\right)^{10}$

解

$$\left(\dfrac{1+\sqrt{3}i}{2}\right)^{10} + \left(\dfrac{1-\sqrt{3}i}{2}\right)^{10} = [\cos\dfrac{\pi}{3} + i\sin\dfrac{\pi}{3}]^{10} + [\cos\dfrac{\pi}{3} - i\sin\dfrac{\pi}{3}]^{10} = 2\cos\dfrac{10\pi}{3} = -1 \text{。}$$

例 7.1-6

求 $\sqrt[3]{-1+i}$

解

$$\sqrt[3]{-1+i} = \left[\sqrt{2}e^{i(\frac{3}{4}\pi+2k\pi)}\right]^{\frac{1}{3}} = 2^{\frac{1}{6}}e^{i(\frac{\pi}{4}+\frac{2k\pi}{3})} \text{，} k=0 \text{，} z_1 = 2^{\frac{1}{6}}\left[\cos\dfrac{\pi}{4} + i\sin\dfrac{\pi}{4}\right] \text{，}$$

$$k=1 \text{，} z_2 = 2^{\frac{1}{6}}\left[\cos\dfrac{11\pi}{12} + i\sin\dfrac{11\pi}{12}\right] \text{，} k=2 \text{，} z_3 = 2^{\frac{1}{6}}\left[\cos\dfrac{19\pi}{12} + i\sin\dfrac{19\pi}{12}\right] \text{。}$$

例 7.1-7

求下列各方程式之根

$(1)\ (z-i)^5 = -\dfrac{1}{2}(\sqrt{3}-i)$ $(2)\ (z-1)^3 = 64$

解

$(1)\ (z-i)^5 = -\dfrac{1}{2}(\sqrt{3}-i) = \cos\dfrac{5\pi}{6} + i\sin\dfrac{5\pi}{6} = \cos(2k\pi+\dfrac{5\pi}{6}) + i\sin(2k\pi+\dfrac{5\pi}{6})$ ，

$\quad (z-i) = \cos(\dfrac{2k\pi}{5}+\dfrac{\pi}{6}) + i\sin(\dfrac{2k\pi}{5}+\dfrac{\pi}{6})$ ，所以

$\quad z = i + \cos(\dfrac{2k\pi}{5}+\dfrac{\pi}{6}) + i\sin(\dfrac{2k\pi}{5}+\dfrac{\pi}{6})$ ， $k=0,1,2,3,4$ 。

(2) $(z-1)^3 = 64 = 64(\cos 0 + i \sin 0) = 2^6(\cos 2k\pi + i \sin 2k\pi)$，

$(z-1) = 2^2(\cos(\dfrac{2k\pi}{3}) + i \sin(\dfrac{2k\pi}{3}))$，所以 $z = 1 + 4\cos(\dfrac{2k\pi}{3}) + i4\sin(\dfrac{2k\pi}{3})$，

$k = 0, 1, 2$。

習題 7-1

1. 求各複數極座標表示式：

(1) $1 + 3i$　(2) $3 + 4i$　(3) $3 - 5i$　(4) $2 - 2i$

解 (1) $\sqrt{10}e^{i\tan^{-1}3}$　(2) $5e^{i\tan^{-1}\frac{4}{3}}$　(3) $\sqrt{34}e^{-i\tan^{-1}\frac{5}{3}}$　(4) $\sqrt{8}e^{-i\frac{\pi}{4}}$

2. 求下列的數值：

(1) $\operatorname{Im}(1+3i)$　(2) $\operatorname{Re}(1+2i)$　(3) $\operatorname{Im}\left[(1+6i)^2\right]$　(4) $\operatorname{Im}\left[(1+3i)^2\right]$　(5) $\left|\dfrac{3}{4+2i}\right|$

解 (1) 3　(2) 1　(3) 12　(4) 6　(5) $\dfrac{3\sqrt{5}}{10}$

3. 畫出下列圖形，並且加以說明

(1) $|z-(1+i)| < 2$　(2) $1 < |z-(2+i)| < 2$　(3) $|z+i| < 4$　(4) $\left|z - \dfrac{1}{i}\right| < 2$

解 (1)以(1, 1)為圓心，半徑為 2 的圓內部。

(2)以(2, 1)為圓心，半徑大於 1 與小於 2 的環形。

(3)以(0, −1)為圓心，半徑為 4 的圓內部。

(4)以(0, −1)為圓心，半徑為 2 的圓內部。

4. $z = \dfrac{\sqrt{3}}{2} + \dfrac{1}{2}i$，求下列的數值：

(1) $z^2 + z^4 + z^6 + z^8$　(2) $z^1 \times z^3 \times z^5 \times z^7$　(3) z^6

解 (1) $\dfrac{-3}{2} + \dfrac{\sqrt{3}i}{2}$　(2) $\dfrac{-1}{2} + \dfrac{\sqrt{3}}{2}i$　(3) $-1 + 0i$

5. 求下列方程式的根：

$(1) z^4 = 1-i$ $\quad$ $(2) z^4 = 5+5\sqrt{3}i$ $\quad$ $(3) z^{12} = 1$ $\quad$ $(4) z^{10} = i$ $\quad$ $(5) z^6 = \dfrac{\sqrt{3}}{2}+\dfrac{1}{2}i$

解 $(1) z = \cos(\dfrac{-\pi}{16}+\dfrac{k\pi}{2}) + i\sin(\dfrac{-\pi}{16}+\dfrac{k\pi}{2}), k = 0,1,2,3$

$(2) z = \sqrt[4]{10}[\cos(-\dfrac{\pi}{12}+\dfrac{k\pi}{2}) + i\sin(-\dfrac{\pi}{12}+\dfrac{k\pi}{2}), k = 0,1,2,3$

$(3) z = \cos(\dfrac{k\pi}{6}) + i\sin(\dfrac{k\pi}{6}), k = 0,1,2,3,\cdots,11$

$(4) z = \cos(\dfrac{\pi}{20}+\dfrac{k\pi}{5}) + i\sin(\dfrac{\pi}{20}+\dfrac{k\pi}{5}), k = 0,1,2,3,\cdots,9$

$(5) z = \cos(\dfrac{\pi}{36}+\dfrac{k\pi}{3}) + i\sin(\dfrac{\pi}{36}+\dfrac{k\pi}{3}), k = 0,1,2,3,4,5$

7.2 複變函數的基本概念

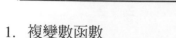

1. 複變數函數

由變數 x 及 y 所共同組成的複數 $z = x + iy$ 做為變數，此時稱 z 為複變數。而以複變數 z 做為自變數所組成的函數 $f(z) = f(x + iy)$，則稱為複變函數。例如

$f(z) = z^2 = (x + iy)^2 = (x^2 - y^2) + 2xyi = u(x, y) + iv(x, y)$

$f(z) = z + 3 = (x + iy) + 3 = (x + 3) + iy = u(x, y) + iv(x, y)$

由上式可以得知任何的複變函數經由 $z = x + iy$ 代入計算後，就可以轉換成實部函數 $u(x, y)$ 與虛部函數 $v(x, y)$ 的組合

$$f(z) = f(x, y) = u(x, y) + iv(x, y) \qquad (7.2\text{-}1)$$

例如在 $f(z) = z^2$ 時，$u(x, y) = x^2 - y^2$，$v(x, y) = 2xy$。

對於任一個複數 z，如果只存在一個函數值 $f(z)$ 與之對應，稱為單值函數。如果存在多個函數值 $f(z)$ 與之對應，則稱為多值函數。

2. 極限(limit)

如果複變函數 $f(z)$ 於 $0 < |z - z_0| < \delta$ 之範圍內為有定義之單值函數，並且對於任一正數 ε 而言，恆存在一個正數 δ，使得在 $0 < |z - z_0| < \delta$ 時，$|f(z) - w_0| < \varepsilon$ 成立，此時稱 w_0 為 $f(z)$ 在 z_0 處之極限值。

$$\lim_{z \to z_0} f(z) = w_0 \qquad (7.2\text{-}2)$$

如果 $w = f(z)$ 可表示成 $f(z) = f(x, y) = u(x, y) + iv(x, y)$，並且 $w_0 = u_0 + iv_0$，$z_0 = x_0 + iy_0$，若且唯若 $\lim_{z \to z_0} f(z) = w_0$，則

$$\lim_{(x,y) \to (x_0, y_0)} u(x, y) = u_0 \quad \text{並且} \quad \lim_{(x,y) \to (x_0, y_0)} v(x, y) = v_0 \qquad (7.2\text{-}3)$$

例 7.2-1

證明 $\lim_{z \to 0} \dfrac{\overline{z}}{z}$ 不存在

解

假設 $z = x + iy$，則 $\dfrac{\overline{z}}{z} = \dfrac{x - iy}{x + iy}$。此時 $y = mx$，m 為任意值，代入得到

$\lim_{z \to 0} \dfrac{\overline{z}}{z} = \lim_{\substack{x \to 0 \\ y \to 0}} \dfrac{x - imx}{x + imx} = \dfrac{1 - im}{1 + im}$ ，數值會隨著 m 值而改變，所以極限值不存在。

3. 連續(continuous)

如果複變函數 $f(z)$ 於 $0 < |z - z_0| < \delta$ 之範圍內為有定義之單值函數，而 $f(z)$ 滿足下列三項敘述：(1) $\lim_{z \to z_0} f(z)$ 存在。(2) $f(z_0)$ 存在。(3) $\lim_{z \to z_0} f(z) = f(z_0)$，則稱 $f(z)$ 於 $z = z_0$ 處連續。此時

(1) $f(z)$ 於 $z = z_0$ 處不連續時，稱 $z = z_0$ 為 $f(z)$ 之一斷點(discontinuity)

(2) 如果 $\lim_{z \to z_0} f(z)$ 存在，但是 $\lim_{z \to z_0} f(z) \neq f(z_0)$ 時，此稱 $z = z_0$ 為 $f(z)$ 之一可棄斷點(removable discontinuity)。因此定義函數

$$f(z) = \begin{cases} f(z) & z \neq z_0 \\ \lim_{z \to z_0} & z = z_0 \end{cases} \tag{7.2-4}$$

則 $f(z)$ 於 $z = z_0$ 處連續。

(3) 複變函數 $f(z) = u(x, y) + iv(x, y)$ 具有連續性之充分必要條件為 $u(x, y)$ 及 $v(x, y)$ 均為連續函數。

4. 複變函數的微分

$f(z)$ 於 $0 < |z - z_0| < \delta$ 之範圍內為有定義之單值函數，並且極限值

$f'(z_0) = f'(z)\big|_{z=z_0} = \lim_{z \to z_0} \dfrac{f(z) - f(z_0)}{z - z_0} = \lim_{\Delta z \to 0} \dfrac{f(z_0 + \Delta z) - f(z_0)}{\Delta z}$ 存在，則稱 $f(z)$ 於 $z = z_0$ 處可以微分。

例 7.2-2

證明 $f(z) = 2z^3$ 的導數為 $6z^2$

解

$$f'(z) = \lim_{\Delta z \to 0} \frac{f(z + \Delta z) - f(z)}{\Delta z} = \lim_{\Delta z \to 0} \frac{2(z + \Delta z)^3 - 2z^3}{\Delta z}$$

$$= \lim_{\Delta z \to 0} \frac{2(z^3 + 3z^2 \Delta z + 3z \Delta z^2 + \Delta z^3) - 2z^3}{\Delta z} = 6z^2 \text{，得證。}$$

7.3 科西-理曼(Cauchy-Rieman)方程式

1. 基本定義

如果 $f(z) = u(x,y) + iv(x,y)$ 於 $z_0 = x_0 + iy_0$ 之鄰域爲有定義之連續單值函數，並且 $f(z)$ 於 z_0 可微分，$u(x,y)$ 及 $v(x,y)$ 的一階偏導數於 z_0 處均存在，稱爲科西-理曼方程式

$$\frac{\partial u(x,y)}{\partial x} = \frac{\partial v(x,y)}{\partial y} \quad \text{、} \quad \frac{\partial v(x,y)}{\partial x} = -\frac{\partial u(x,y)}{\partial y} \qquad (7.3\text{-}1)$$

證明：因爲 $f(z)$ 於 z_0 可微分，因此 $f'(z_0)$ 存在

$$f'(z_0) = \lim_{\Delta z \to 0} \frac{f(z_0 + \Delta z) - f(z_0)}{\Delta z}$$

$$= \lim_{\Delta z \to 0} \frac{[u(x_0 + \Delta x, y_0 + \Delta y) + iv(x_0 + \Delta x, y_0 + \Delta y)] - [u(x_0, y_0) + iv(x_0, y_0)]}{\Delta x + i\Delta y}$$

對於 $f'(z_0)$ 存在，不論由任一路徑趨近，極限值皆會相等。

(1) 路徑 1：

$$f'(z_0) = \lim_{\substack{\Delta x \to 0 \\ \Delta y = 0}} \frac{[u(x_0 + \Delta x, y_0 + \Delta y) + iv(x_0 + \Delta x, y_0 + \Delta y)] - [u(x_0, y_0) + iv(x_0, y_0)]}{\Delta x + i\Delta y}$$

$$= \lim_{\Delta x \to 0} \frac{[u(x_0 + \Delta x, y_0) + iv(x_0 + \Delta x, y_0)] - [u(x_0, y_0) + iv(x_0, y_0)]}{\Delta x}$$

$$= \frac{\partial u}{\partial x}(x_0, y_0) + i\frac{\partial v}{\partial x}(x_0, y_0)$$

(2) 路徑 2：

$$f'(z_0) = \lim_{\substack{\Delta x = 0 \\ \Delta y \to 0}} \frac{[u(x_0 + \Delta x, y_0 + \Delta y) + iv(x_0 + \Delta x, y_0 + \Delta y)] - [u(x_0, y_0) + iv(x_0, y_0)]}{\Delta x + i\Delta y}$$

$$= \lim_{\Delta y \to 0} \frac{[u(x_0, y_0 + \Delta y) + iv(x_0, y_0 + \Delta y)] - [u(x_0, y_0) + iv(x_0, y_0)]}{i\Delta y}$$

$$= \frac{1}{i}\frac{\partial u}{\partial y}(x_0, y_0) + \frac{\partial v}{\partial y}(x_0, y_0) = \frac{\partial v}{\partial y}(x_0, y_0) - i\frac{\partial u}{\partial y}(x_0, y_0)$$

路徑(1)及路徑(2)兩種路徑所得之極限值相等，亦即

$$\frac{\partial u(x_0, y_0)}{\partial x} + i\frac{\partial v(x_0, y_0)}{\partial x} = \frac{\partial v(x_0, y_0)}{\partial y} - i\frac{\partial u(x_0, y_0)}{\partial y}$$，經由複數的相等，所以

$$\frac{\partial u(x_0, y_0)}{\partial x} = \frac{\partial v(x_0, y_0)}{\partial y} \text{ 、 } \frac{\partial v(x_0, y_0)}{\partial x} = -\frac{\partial u(x_0, y_0)}{\partial y} \text{ ，得證。}$$

2. 解析函數(analytic function)

　　$f(z)$ 於區域 R 內為有定義之連續單值函數，並且於內各點均為可微分，則稱 $f(z)$ 於 R 內為可解析(analytic)，或者稱 $f(z)$ 為 R 內之解析函數(analytic function)。

定理 7.3-1

　　$u(x, y)$ 及 $v(x, y)$ 於區域 R 內為實數單值函數，一階偏導數存在且連續，則 $\frac{\partial u(x, y)}{\partial x} = \frac{\partial v(x, y)}{\partial y}$ 及 $\frac{\partial v(x, y)}{\partial x} = -\frac{\partial u(x, y)}{\partial y}$ 為 $f(z) = u(x, y) + iv(x, y)$ 於 R 內解析之充分必要條件。

例 7.3-1

以科西-理曼方程式判斷下列各函數於何處可微分？何處為解析？

(1) $f(z) = z^2$　(2) $f(z) = \dfrac{1}{z+1}$　(3) $f(z) = \bar{z}$　(4) $f(z) = xy^2 + ix^2 y$

 解

(1) $z = x + iy$ ，則 $f(z) = (x + iy)^2 = x^2 - y^2 + i2xy$ ，得到 $u(x, y) = x^2 - y^2$ ，

　　$v(x, y) = 2xy$ 。

　　根據科西-理曼方程式，可以得到 $\dfrac{\partial u(x, y)}{\partial x} = 2x = \dfrac{\partial v(x, y)}{\partial y}$ 及

　　$\dfrac{\partial v(x, y)}{\partial x} = 2y = \dfrac{-\partial v(x, y)}{\partial x}$ 。

　　所以 $f(z)$ 在複數平面上每一點均滿足科西-理曼方程式，$f(z)$ 在複數平面上每一點均可微，並且均為可解析。

(2) $z = x + iy$ ，則 $f(z) = \dfrac{x + 1 - iy}{(x+1)^2 + y^2}$ ，得到 $u(x, y) = \dfrac{x+1}{(x+1)^2 + y^2}$ ，

　　$v(x, y) = \dfrac{-y}{(x+1)^2 + y^2}$ 。根據科西-理曼方程式可以得到

　　$\dfrac{\partial u(x, y)}{\partial x} = \dfrac{y^2 - (x+1)^2}{[(x+1)^2 + y^2]^2} = \dfrac{\partial v(x, y)}{\partial y}$ 及 $\dfrac{\partial u}{\partial y} = \dfrac{-2y(x+1)}{[(x+1)^2 + y^2]^2} = -\dfrac{\partial v}{\partial x}$ 。

所以 $f(z)$ 在複數平面上每一點均滿足科西-理曼方程式，$f(z)$ 在複數平面上每一點均可微，並且均為可解析。

(3) $z = x + iy$，則 $f(z) = x - iy$，得到 $u(x, y) = x$，$v(x, y) = -y$。根據科西-理曼方程式，可以得到 $\dfrac{\partial u(x, y)}{\partial x} = 1 \neq -1 = \dfrac{\partial v(x, y)}{\partial y}$ 及 $\dfrac{\partial u(x, y)}{\partial y} = 0 = -\dfrac{\partial v(x, y)}{\partial x}$，所以 $f(z)$ 在複數平面上無一點滿足科西-理曼方程式，$f(z)$ 在複數平面上沒有可微的點，無任何點為可解析。

(4) $z = x + iy$，則 $f(z) = xy^2 + ix^2 y$，得到 $u(x, y) = xy^2$，$v(x, y) = x^2 y$。根據科西-理曼方程式，可以得到 $\dfrac{\partial u(x, y)}{\partial x} = y^2 \neq x^2 = \dfrac{\partial v(x, y)}{\partial y}$ 及 $\dfrac{\partial u(x, y)}{\partial y} = 2xy \neq -2xy = -\dfrac{\partial v(x, y)}{\partial x}$。如果 $f(z)$ 要在複數平面上滿足科西-理曼方程式，則 $y^2 = x^2$、$2xy = -2xy$，亦即 $x = 0$、$y = 0$。可知 $f(z)$ 在複數平面上只有原點一點可微，但無一點為可解析。

3. 超越函數的複變函數

(1) $\sin(x + iy) = \sin x \cosh y + i \cos x \sinh y$。

(2) $\cos(x + iy) = \cos x \cosh y - i \sin x \sinh y$。

(3) $\sinh(x + iy) = \sinh x \cos y + i \cosh x \sin y$。

(4) $\cosh(x + iy) = \cosh x \cos y + i \sinh x \sin y$。

(5) $\ln(x + iy) = \ln \sqrt{x^2 + y^2} + i \tan^{-1} \dfrac{y}{x}$。

7.4 複數積分

1. 基本概念

假設 $C = \{z(t) = x(t) + iy(t); a \le t \le b\}$。表示複數平面上一分段平滑曲線，如果 $f(z) = u(x,y) + iv(x,y)$ 於曲線 C 上為連續，則可以將曲線 C 分割成 n 個子區間 Δz_k，$k = 1,2,3,...,n$，並且於每一段 z_{k-1} 與 z_k 間任取一點 δ_k，而得到級數和為

$$S_m = \sum_{k=1}^{n} f(\delta_k)\Delta z_k \ , \ \Delta z_k = z_k - z_{k-1} \tag{7.4-1}$$

如果所取的 n 趨近於 ∞，則 Δz_k 會趨近於無限小，可以將 $f(z)$ 沿著曲線 C 之線積分改成

$$\int_C f(z)dz = \lim_{\substack{n \to \infty \\ \Delta z_k \to 0}} \sum_{k=1}^{n} f(\delta_k)\Delta z_k \tag{7.4-2}$$

(1) 複數積分轉換成實數線積分

因為複數為二度空間，因此可以利用轉換方法，將複數線積分轉換成在虛數軸（y）與實數軸（x）兩個方向上之實數線積分。假設 $z = x + iy$，$f(z) = u(x,y) + iv(x,y)$，則 $\int_C f(z)dz = \int_C (udx - vdy) + i\int_C (vdx + udy)$。由上式可以得知 $\int_C (udx - vdy)$ 及 $\int_C (vdx + udy)$ 皆為 xy 平面之實數線積分，經由此種轉換可以將複數線積分化成兩個實數線積分之組合，以簡化計算。

(2) 複數積分之基本性質

如果 $f_1(z)$ 與 $f_2(z)$ 沿曲線 C 為可積分，則有以下幾個性質

(a) $\int_a^b f(z)dz = -\int_b^a f(z)dz$ (b) $\int_a^b f(z)dz = \int_a^m f(z)dz + \int_m^b f(z)dz$

(c) $\int_C [\alpha f_1(z) + \beta f_2(z)]dz = \alpha \int_C f_1(z)dz + \beta \int_C f_2(z)dz$

例 7.4-1

已知 $f(z) = \bar{z}$ 積分路徑 C 如下所示,求線積分 $\int_C \bar{z} dz$。

(1)自 $z = 0$ 至 $z = 1 + i$ 之曲線 $z = t^2 + it$。

(2)自 $z = 0$ 至 $z = i$ 之直線段,再至 $z = 1 + i$ 之直線段。

解

(1) $z = 0$ 及 $z = 1 + i$ 相當於曲線中 $t = 0$ 及 $t = 1$ 之點,所以線積分為

$$\int_0^1 \overline{(t^2 + it)} d(t^2 + it) = \int_0^1 (2t^3 - it^2 + t) dt = 1 - \frac{i}{3}$$

(2) 首先 $\int_C \bar{z} dz = \int_C (xdx + ydy) + i\int_C (-ydx + xdy)$,自 $z = 0$ 至 $z = i$ 之直線段,相當於

$x = 0$、$y = t$、$0 \le t \le 1$,因此 $\int_C \bar{z} dz = \int_0^1 t dt = \frac{1}{2}$。而自 $z = i$ 至 $z = 1 + i$ 之直線段,

相當於 $x = t$、$y = 1$、$0 \le t \le 1$。因此 $\int_C \bar{z} dz = \int_0^1 t dt + i\int_0^1 (-1) dt = \frac{1}{2} - i$,所以

$$\int_C \bar{z} dz = \frac{1}{2} + (\frac{1}{2} - i) = 1 - i$$。

可以得知複數線積分之結果與積分的路徑有關,不同的積分路徑會有不同的結果。

例 7.4-2

已知 $f(z) = z^{-5} + z^3$ 積分路徑 C 如圖所示,

求線積分 $\int_C f(z) dz$。

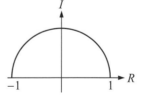

解

積分曲線為半圓(半徑為 1),此時令 $z = re^{i\theta} = e^{i\theta}$,$dz = ie^{i\theta} d\theta$,可以得到

$z^{-5} = e^{-5\theta i}$,$z^3 = e^{3\theta i}$,因此 $z^{-5} + z^3 = e^{-5\theta i} + e^{3\theta i}$,代入積分內,得到

$$\int_C f(z) dz = \int_0^{-\pi} (e^{-5\theta i} + e^{3\theta i}) ie^{i\theta} d\theta = 0$$

2. 科西積分定理 (Cauchy's integral theorem)

如果 $f(z) = u(x,y) + iv(x,y)$ 於區域 R 之內部及邊界 C 上均為解析，則

$$\int_C f(z)dz = 0 \qquad (7.4\text{-}3)$$

其中邊界 C 為 x、y 平面上之一簡單封閉曲線。

證明：複數線積分為兩個實數線的積分形式

$$\int_C f(z)dz = \int_C (udx - vdy) + i\int_C (vdx + udy)$$

利用格林定理(Green's theorem)可以將上式改寫成

(1) 實部：$\displaystyle\int_C (udx - vdy) = \iint_R [-\frac{\partial v}{\partial x} - \frac{\partial u}{\partial y}]dxdy = -\iint_R [\frac{\partial v}{\partial x} + \frac{\partial u}{\partial y}]dxdy$

(2) 虛部：$\displaystyle\int_C (vdx + udy) = \iint_R [\frac{\partial u}{\partial x} - \frac{\partial v}{\partial y}]dxdy$

因為 $f(z)$ 於 R 之內部及邊界為解析，因此滿足科西-理曼方程式

$\dfrac{\partial u(x,y)}{\partial x} - \dfrac{\partial v(x,y)}{\partial y} = 0$ 及 $\dfrac{\partial v(x,y)}{\partial x} + \dfrac{\partial u(x,y)}{\partial y} = 0$，由以上推導可以得到

$$\int_C f(z)dz = \int_C (udx - vdy) + i\int_C (vdx + udy)$$
$$= -\iint_R [\frac{\partial v}{\partial x} + \frac{\partial u}{\partial y}]dxdy + i\iint_R [\frac{\partial u}{\partial x} - \frac{\partial v}{\partial y}]dxdy = 0$$

由此可以得到如果 $f(z)$ 於區域 R 之內部為解析，而 a 及 b 為 R 任意二點，則 $\int_a^b f(z)dz$ 之結果與積分路徑無關。

例 7.4-3

C 表示連接 $(1,1)$ 與 $(2,3)$，並且滿足 $y = x^3 - 3x^2 + 4x - 1$ 之曲線。
求 $\displaystyle\int_C (12z^2 - 4iz)dz$。

 解

因為 $f(z) = 12z^2 - 4iz$ 為解析，因此線積分與積分路徑無關

$$\int_{1+i}^{2+3i} (12z^2 - 4iz)dz = -156 + 38i$$

例 7.4-4

由下列圖中不同積分曲線中求 $\int_C zdz$ 之值

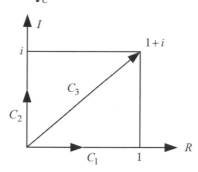

解

(1) C_1 : $\int_{C_1} zdz = \int_0^1 zdz = \int_0^1 xdx + \int_0^1 (1-iy)idy = \frac{1}{2} + i - \frac{1}{2} = i$。

(2) C_2 : $\int_{C_2} zdz = \int_0^{1+i} zdz = \int_0^1 (iy)idy + \int_0^1 (x+i)dx = i$。

(3) C_3 : $z = re^{i\pi/4}$ $dz = e^{i\pi/4}dr \Rightarrow zdz = re^{i\pi/2}dr = irdr$，$\int_{C_3} zdz = \int_0^{1+i} zdz = \int_0^{\sqrt{2}} irdr = i$。

比較(1)、(2)及(3)，積分值均相等，因為 $f(z) = z$ 在複數平面中為解析，因此線積分與積分路徑無關。

3. 科西積分公式(Cauchys integral formula)

如果 $f(z)$ 於區域 R 之內部及簡單封閉曲線 C 上均為解析函數，並且 z_0 為區域內任一點，則

$$\int_C \frac{f(z)}{z-z_0}dz = 2\pi i \times f(z_0) \tag{7.4-4}$$

其中 z_0 稱之為奇異點(singular point)，亦即 $\frac{f(z)}{z-z_0}$ 於 C 內除了 $z = z_0$ 外均為解析。

證明：如圖 7.4-1 所示。

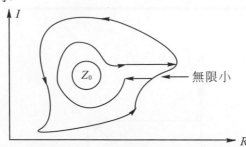

△圖 7.4-1　科西積分公式的圖形

因為 $\dfrac{f(z)}{z-z_0}$ 於 C 內除 $z=z_0$ 外均為解析，因此選取積分路徑

$c \to a \to b \to c_0 \to b \to a \to c$，此積分路徑仍為一簡單封閉曲線，並且不包含極點

z_0，因此由科西積分定理可以得到

$\displaystyle \int_C \frac{f(z)}{z-z_0}dz + \int_a^b \frac{f(z)}{z-z_0}dz + \int_{C_0} \frac{f(z)}{z-z_0}dz + \int_b^a \frac{f(z)}{z-z_0}dz = 0$，其中

$\displaystyle \int_a^b \frac{f(z)}{z-z_0}dz + \int_b^a \frac{f(z)}{z-z_0}dz = 0$，

因此得到 $\displaystyle \int_C \frac{f(z)}{z-z_0}dz = -\int_{C_0} \frac{f(z)}{z-z_0}dz$，負號表示在 C 曲線之線積分方向與 C_0 曲線積

分方向相反。

如果 C 與 C_0 曲線積分方向相同時，則會變成 $\displaystyle \int_C \frac{f(z)}{z-z_0}dz = \int_{C_0} \frac{f(z)}{z-z_0}dz$。

而 $\displaystyle \int_{C_0} \frac{f(z)}{z-z_0}dz = \int_{C_0} \frac{f(z)+f(z_0)-f(z_0)}{z-z_0}dz = \int_{C_0} \frac{f(z_0)}{z-z_0}dz + \int_{C_0} \frac{f(z)-f(z_0)}{z-z_0}dz$，因為積分

路徑為 C_0，因此令 $z-z_0 = \varepsilon e^{i\theta} \Rightarrow dz-dz_0 = i\varepsilon e^{i\theta}d\theta \Rightarrow dz = i\varepsilon e^{i\theta}d\theta$，代入

$\displaystyle \int_{C_0} \frac{f(z_0)}{z-z_0}dz = f(z_0)\int_{C_0} \frac{dz}{z-z_0} = f(z_0)\int_0^{2\pi} \frac{i\varepsilon e^{i\theta}}{\varepsilon e^{i\theta}}d\theta = f(z_0)\times 2\pi i$，因為

$\displaystyle \left| \int_{C_0} \frac{f(z)-f(z_0)}{z-z_0}dz \right| \le \left| \int_{C_0} \frac{\varepsilon dz}{z-z_0} \right| \le \varepsilon \left| \int_{C_0} \frac{dz}{z-z_0} \right| = \varepsilon \cdot |2\pi i|$，其中 ε 為任意小之正數，因此

$\displaystyle \int_{C_0} \frac{f(z)-f(z_0)}{z-z_0}dz = 0$，最後得到 $\displaystyle \int_C \frac{f(z)}{z-z_0}dz = f(z_0)\times 2\pi i$，得證。

經由以上的討論，可以得到以下的結論

(1) 科西積分公式與定理比較，兩者的 $f(z)$ 均是定義於 R 區域中的解析函數，但是兩者的積分路徑中，一是不包含奇異點，一是有包含奇異點。

(2) 使用科西積分公式，首先要確立奇異點的存在，以及確定數值的大小。

(3) 如果奇異點的次冪(Order)為兩次以上時，科西積分公式修正為

$$\int_C \frac{f(z)}{(z-z_0)^k} dz = \frac{2\pi i}{(k-1)!} \times f^{k-1}(z_0) \text{，其中} \frac{f^{k-1}(z_0)}{(k-1)!} \text{ 稱為留數(residues)。}$$

(4) 如果奇異點有兩個以上時，則可以利用部份分式及科西積分配合求解，或者使用留數定理(residues theorem)求解。

(5) 由公式的證明過程中，可以得知如果 $f(z)$ 是區域 R 內的解析函數，則 $\int_C \frac{f(z)}{z-z_0} dz$ 之積分路徑 C 可為區域 R 內的任意簡單封閉曲線。

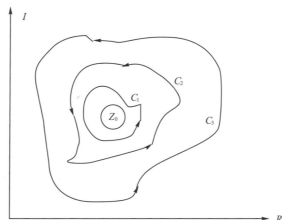

▲圖 7.4-2　任意簡單封閉曲線的圖形

例 7.4-5

求 $\int_C \frac{z}{z-1} dz$，積分路徑 $C : |z-1| = 1$。

由積分路徑可以得知 $z = 1$ 為奇異點，所以利用科西積分公式，$f(z) = z$，$z_0 = 1$。

$$\int_C \frac{z}{z-1} dz = 2\pi i \times f(z_0) = 2\pi i$$

例 7.4-6

求 $\int_C \dfrac{e^z}{(z-i)^2}dz$，積分路徑 $C:|z-i|=1$。

由積分路徑可以得知 $z=i$ 為奇異點，並且階數為 2，所以利用科西積分公式

$$\int_C \frac{e^z}{(z-i)^2}dz = \frac{2\pi i}{(2-1)!}\cdot \frac{d}{dz}e^z\bigg|_{z=i} = 2\pi i e^i$$

例 7.4-7

求 $\int_C \dfrac{\sin \pi z^2 + \cos \pi z^2}{(z-1)(z-2)}dz$，積分路徑 $C:|z|=3$。

利用部份分式法得到 $\dfrac{1}{(z-1)(z-2)} = \dfrac{1}{z-2} - \dfrac{1}{z-1}$，所以

$$\int_C \frac{\sin \pi z^2 + \cos \pi z^2}{(z-1)(z-2)}dz = \int_C \frac{\sin \pi z^2 + \cos \pi z^2}{(z-2)}dz - \int_C \frac{\sin \pi z^2 + \cos \pi z^2}{(z-1)}dz \ ,$$

由科西積分公式得到

$$\int_C \frac{\sin \pi z^2 + \cos \pi z^2}{(z-2)}dz = 2\pi i[\sin \pi \cdot 2^2 + \cos \pi \cdot 2^2] = 2\pi i$$

$$\int_C \frac{\sin \pi z^2 + \cos \pi z^2}{(z-1)}dz = 2\pi i[\sin \pi \cdot 1^2 + \cos \pi \cdot 1^2] = -2\pi i$$

因此 $\int_C \dfrac{\sin \pi z^2 + \cos \pi z^2}{(z-1)(z-2)}dz = 2\pi i - (-2\pi i) = 4\pi i$

習題 7-4

1. 計算 $\int_C f(z)dz$，已知 $f(z) = z$，積分曲線及方向如下列各圖示：

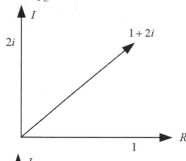

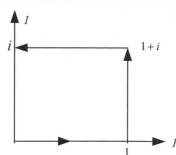

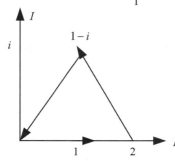

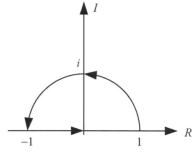

解 (1) $\int_C z\,dz \Rightarrow \dfrac{-3}{2} + 2i$　(2) $\int_C z\,dz \Rightarrow -\dfrac{1}{2}$　(3) $\int_C z\,dz \Rightarrow 0$　(4) $\int_C z\,dz \Rightarrow 0$

2. 已知 $f(z) = z^3$，積分曲線 C 為 $|z-1| = 2$，求 $\int_C f(z)dz$。

解 無極點存在，所以 $\int_C f(z)dz = 0$。

3. 積分曲線 C 如圖，試判別下列何者積分為 0。

(1) $\int_C z^2\,dz$　(2) $\int_C \dfrac{1}{z(z-1)}\,dz$　(3) $\int_C \dfrac{e^z}{(z+2i)(z-2i)}\,dz$

(4) $\int_C \dfrac{1}{z^2+4}\,dz$　(5) $\int_C \dfrac{z+i}{(z-2i)(z+5)}\,dz$

解 (1)0　(2)不為 0　(3)0　(4)0　(5)0

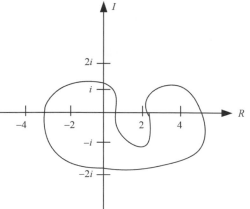

4. 積分曲線如圖，求

(1) $\int_{C_1} \frac{1}{z} dz$　　　(2) $\int_{C_2} \frac{1}{z} dz$

(3) $\int_{C_3} \frac{1}{z} dz$　　　(4) $\int_{C_4} \frac{1}{z} dz$

 (1) $\frac{\pi}{2}$　(2) $\frac{-\pi i}{2}$　(3) $\frac{-\pi i}{2}$　(4) $\frac{-3\pi i}{2}$

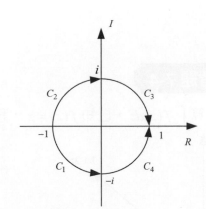

5. 積分曲線如圖，求

(1) $\int_C \frac{1}{z} dz$　(2) $\int_C \frac{1}{z^2+1} dz$　(3) $\int_C \frac{1}{z^2-1} dz$

 (1) $2\pi i$　(2) 0　(3) 0

6. 計算下列積分

(1) $\int_C \frac{1}{z(z^2+4)} dz$; $C : |z|=1$

(2) $\int_C \frac{1}{z^2+1} dz$; $C : |z|=\frac{1}{2}$, $C : |z|=1$ 。

(3) $\int_C \frac{1}{z-2i} dz$; $C : (i) |z|=\frac{1}{2}$

(4) $\int_C \frac{1}{z^3+27} dz$; $C : |z|=3$ 。

 (1) $\frac{\pi i}{2}$　(2) 0 , 0　(3) 0　(4) $\frac{2\pi i}{9}$ 。

7. 求 $\int_C (z^3-1) dz$，積分曲線為

(1) $|z+1|=1$　(2) $|z-1|=1$　(3) $|z+i|=1$　(4) $|z-i|=1$

解 (1) 0　(2) 0　(3) 0　(4) 0

8. 積分曲線 $C : |z|=1$

$$\int_C \frac{\cos z + e^z + \sin z}{z} dz , \int_C \frac{1}{2z+3i} dz$$

解 $4\pi i$, 0

9. $\int_C \frac{6}{z^2(z+2)} dz$; $|z-1|=2$, $\int_C \frac{1}{z^2+2z+1} dz$; $|z-1|=4$

解 $-3\pi i$, 0

7.5 複數級數

1. 泰勒級數(Taylor series)

假設 $f(z)$ 於一簡單封閉曲線 C 所圍繞的區域為解析，a 為 C 內一點，則 $f(z)$ 於 $z = a$ 之泰勒級數為

$$f(z) = f(a) + f'(a)(z-a) + \frac{f''(a)}{2!}(z-a)^2 + \cdots + \frac{f^n(a)}{n!}(z-a)^n \quad (7.5\text{-}1)$$

而 R 代表展開中心與距 a 最近之奇異點的距離，則(7.5-1)式於 $|z-a| < R$ 時為收斂，於 $|z-a| > R$ 時為發散，於 $|z-a| = R$ 時可能收斂也可能發散。

以下為常見函數的泰勒級數

$(1) \dfrac{1}{1-z} = \displaystyle\sum_{n=0}^{\infty} z^n = 1 + z + z^2 + z^3 + \cdots$

$(2) e^z = \displaystyle\sum_{n=0}^{\infty} \frac{z^n}{n!} = 1 + z + \frac{z^2}{2!} + \frac{z^3}{3!} + \cdots$

$(3) e^{iz} = 1 + iz - \dfrac{z^2}{2!} - i\dfrac{z^3}{3!} + \dfrac{z^4}{4!} + \cdots$

$(4) \sin z = z - \dfrac{z^3}{3!} + \dfrac{z^5}{5!} - \cdots + (-1)^{n-1} \dfrac{z^{2n-1}}{(2n-1)!} + \cdots$

$(5) \cos z = 1 - \dfrac{z^2}{2!} + \dfrac{z^4}{4!} - \cdots + (-1)^{n-1} \dfrac{z^{2n-2}}{(2n-2)!} + \cdots$

$(6) \ln(1+z) = z - \dfrac{z^2}{2} + \dfrac{z^3}{3} - \cdots + (-1)^{n-1} \dfrac{z^n}{n} + \cdots$

例 7.5-1

將 $f(z) = \ln(1+z)$ 於 $z = 0$ 展開為泰勒級數,並求收斂半徑。

解

$f(z) = \ln(1+z)$, $f(0) = 0$ 。 $f'(z) = (1+z)^{-1}$, $f'(0) = 1$ 。 $f''(z) = -(1+z)^{-2}$, $f''(0) = -1$ 。

$f^{(n+1)}(z) = (-1)^n n!(1+z)^{-(n+1)}$, $f^{(n+1)}(0) = (-1)^n n!$ 。所以 $f(z)$ 在 $z = 0$ 之泰勒級數為

$f(z) = \ln(1+z) = z - \dfrac{z^2}{2} + \dfrac{z^3}{3} - \dfrac{z^4}{4!} + \cdots$ 。當 $(1+z) < 0$ 時, $\ln(1+z)$ 不存在,因此收斂

半徑為 $\delta = 1$

例 7.5-2

$f(z) = \dfrac{1}{z(z-2)}$,求 $f(z)$ 於 (1) $z_0 = 1$ (2) $z_0 = 3$ 的泰勒級數及收斂半徑。

解

(1) $z_0 = 1$,由 $f(z)$ 的分母得知為 $z = 0$ 及 $z = 2$ 奇異點,中心點為 $z_0 = 1$ 。因此選取的收斂半徑為 $|z-1| < 1$,亦即收斂半徑 $\delta < 1$,滿足泰勒級數存在的條件。

此時 $\Delta z_0 = z - z_0 = z - 1$,所以 $f(z)$ 必須改成 $(z-1)$ 的形式,利用部分分式法可以得到 $f(z) = \dfrac{1}{z(z-2)} = \dfrac{A}{z} + \dfrac{B}{z-2}$,所以 $A = \dfrac{1}{z-2}\Big|_{z=0} = -\dfrac{1}{2}$, $B = \dfrac{1}{z}\Big|_{z-2=0} = \dfrac{1}{2}$ 。因此

$f(z) = -\dfrac{1}{2}\dfrac{1}{z} + \dfrac{1}{2}\dfrac{1}{z-2} = -\dfrac{1}{2}\left[\dfrac{1}{1-[-(z-1)]}\right] - \dfrac{1}{2}\left[\dfrac{1}{1-(z-1)}\right]$,又因為 $|z-1| < 1$,所

以 $f(z) = -\dfrac{1}{2}[1-(z-1)+(z-1)^2+\cdots] - \dfrac{1}{2}[1+(z-1)+(z-1)^2+\cdots]$

(2) $z_0 = 3$，因爲 $z_0 = 3$，要使積分路徑不包含奇異點，必須收斂半徑爲 $\delta < 1$，亦即 $|z-3| < 1$，將 $f(z)$ 化成 $(z-3)$ 的形式

$$f(z) = -\frac{1}{2}\frac{1}{z} + \frac{1}{2}\frac{1}{z-2} = -\frac{1}{2}\left[\frac{1}{3-[-(z-3)]}\right] + \frac{1}{2}\left[\frac{1}{1+(z-3)}\right]，化簡得到$$

$$f(z) = -\frac{1}{6}[1 - \frac{(z-3)}{3} + \frac{(z-3)^2}{3} + \cdots] + \frac{1}{2}[1 - (z-3) + (z-3)^2 + \cdots]。$$

2. 勞倫級數(Laurent series)

C_1 及 C_2 分別代表以 a 爲中心，半徑爲 R_1 及 R_2 之同心圓，如果 $f(z)$ 於 C_1 及 C_2 所包圍成的圓環區域內及 C_1 及 C_2 內爲解析，並且 z 爲環內一點，則

$$f(z) = a_0 + a_1(z-a) + a_2(z-a)^2 + \cdots + \frac{a_{-1}}{z-a} + \frac{a_{-2}}{(z-a)^2} + \cdots = \sum_{n=-\infty}^{\infty} a_n(z-a)^n \quad (7.5\text{-}2)$$

$R_2 < |z-a| < R_1$

此時稱 $f(z)$ 爲於 $R_2 < |z-a| < R_1$ 之勞倫級數，而

$$a_n = \frac{1}{2\pi i}\int_{C_1}\frac{f(z)}{(z-a)^{n+1}}dz \qquad n = ...,-2,-1,0,1,2..... \qquad (7.5\text{-}3)$$

例 7.5-3

$f(z) = \dfrac{1}{z^2(z-1)}$，求 (1) $z = 0$，(2) $z = 1$ 處的勞倫級數展開式及收斂半徑。

(1) $z = 0$，要使積分路徑 C 只包含 $z = 0$ 而不包含 $z = 1$，所以收斂半徑必須小於 1，亦即 $|z| < 1$，因此

$$f(z) = -\frac{1}{z^2}\frac{1}{1-z} = -\frac{1}{z^2}(1 + z + z^2 + z^3 + \cdots) = -\frac{1}{z^2} - \frac{1}{z} - 1 - z - z^2\cdots。$$

(2) $z = 1$，如同上式的作法，收斂半徑必須小於 1，亦即 $|z| < 1$，則

$$f(z) = \frac{1}{z^2}\frac{1}{z-1} = \frac{1}{z^2}\left(\frac{1}{z}\cdot\frac{1}{1-\dfrac{1}{z}}\right) = \frac{1}{z^3} + \frac{1}{z^4} + \frac{1}{z^5} + \cdots$$

3. 孤立奇點

 (1) 孤立奇點：如果 $f(z)$ 於 z_0 之鄰域內，除了 z_0 本身外均為解析，則稱 z_0 為 $f(z)$ 之孤立奇點。

 (2) 如果 z_0 為 $f(z)$ 之任一孤立奇點，則恆可找到一個正數 ρ，使得 $f(z)$ 於 $0 < |z - z_0| < \rho$ 為解析，因此 $f(z)$ 於 $0 < |z - z_0| < \rho$ 可以展開成勞倫級數

$$f(z) = \sum_{n=-\infty}^{\infty} a_n (z - z_0)^n, \quad 0 < |z - z_0| < \rho$$

 其中負次冪部份 $\dfrac{a_{-1}}{z - z_0} + \dfrac{a_{-2}}{(z - z_0)^2} + \cdots$ 稱為主要部份(principal part)，而 $z - z_0$ 的非負次冪部份 $a_0 + a_1(z - z_0) + a_2(z - z_0)^2 + \dots$ 則稱為解析部份(analytic part)。此時如果

 (a)無主要部份，則稱 z_0 為可棄奇點(removable singularity)

 (b)主要部份為有限項，亦即

$$f(z) = \frac{a_{-N}}{(z - z_0)^N} + \cdots + \frac{a_{-1}}{z - z_0} + a_0 + a_1(z - z_0) + \cdots \qquad 0 < |z - z_0| < \rho$$

 則稱 z_0 為極點(pole)，其中 N 稱為極點的階數

 (c)主要部份為無窮多項，則稱 z_0 為本性奇點(essential singularity)

例 7.5-4

判別 $f(z) = \dfrac{1}{z^2(z-1)}$ 於(1) $z = 0$ 及(2) $z = 1$ 的極點及階數。

 解

(1) $z = 0$：由前面之例題得知勞倫級數展開式為

 $f(z) = -\dfrac{1}{z^2} \dfrac{1}{1-z} = -\dfrac{1}{z^2}(1 + z + z^2 + z^3 + \cdots) = -\dfrac{1}{z^2} - \dfrac{1}{z} - 1 - z - z^2 \cdots$。其中的負冪次項為有限(僅為兩項)，所以極點為 $z = 0$，階數為 2。

(2) 於 $z = 1$ 之勞倫級數展開式為

 $f(z) = \dfrac{1}{1-z} - 2 + 3(z-1) - (1 + \dfrac{3!}{2!}(z-1)^2 \cdots$，而的負冪次項為有限(僅為一項)，且最高冪次為一，所以極點為 $z = 1$，階數為 1。

例 7.5-5

將下列各函數於所示奇點之鄰域展開成勞倫級數，並且將該奇異點分類

(a) $\dfrac{z-\sin z}{z^3}$; $z=0$ (b) $\dfrac{e^{2z}}{(z-1)^3}$; $z=1$ (c) $\dfrac{z}{1-e^z}$; $z=0$ (d) $(z-3)\sin\dfrac{1}{z+2}$; $z=-2$

(e) $\dfrac{1-\cosh z}{z^3}$; $z=0$

解

(a) $\dfrac{z-\sin z}{z^3}=\dfrac{1}{z^3}\left[z-(z-\dfrac{z^3}{3!}+\dfrac{z^5}{5!}-+\cdots)\right]=\dfrac{1}{z^3}\left[\dfrac{z^3}{3!}-\dfrac{z^5}{5!}+\cdots\right)=\left[\dfrac{1}{3!}-\dfrac{z^2}{5!}+\cdots\right)$ ，

$0<|z|<\infty$ ，$z=0$ 為可棄奇點。

(b) $t=z-1, z=t+1$ ，$\dfrac{e^{2z}}{(z-1)^3}=\dfrac{e^2}{t^3}e^{2t}=\dfrac{e^2}{t^3}\left[1+\dfrac{2t}{1!}+\dfrac{4t^2}{2!}+\cdots\right]=\dfrac{e^2}{(z-1)^3}+\dfrac{2e^2}{1!(z-1)^2}+\cdots$ ，

$z=1$ 為三階極點。

(c) $\dfrac{z}{1-e^z}=\dfrac{z}{1-\left[1+\dfrac{z}{1!}+\dfrac{z^2}{2!}+\cdots\right]}=-1+\dfrac{z}{2}-\dfrac{z^2}{3}+\cdots$; $0<|z|<2\pi$ ，$z=0$ ，為可棄奇點。

(d) $(z-3)\sin\dfrac{1}{z+2}=(t-5)\sin\dfrac{1}{t}$ ，$t=z+2\Rightarrow z=t-2$ ，

$(z-3)\sin\dfrac{1}{z+2}=(t-5)\sin\dfrac{1}{t}=(t-5)\left[\dfrac{1}{t}-\dfrac{1}{3!t^3}+\dfrac{1}{5!t^5}-+\cdots\right]=1-\dfrac{5}{z+2}-\dfrac{1}{6(z+2)^2}+\cdots$ ，

$0<|z+2|<\infty$ ，$z=-2$ ，本性奇點。

(e) $\dfrac{1-\cosh z}{z^3}=\dfrac{1}{z^3}\left[1-(1+\dfrac{z^2}{2!}+\dfrac{z^4}{4!}+\cdots)\right]=-\dfrac{1}{2z}-\dfrac{z}{24}-\cdots$ $0<[z]<\infty$ ，$z=0$ ，為單

極點。

習題 7-5

1. 試說明泰勒級數及勞倫級數的使用限制

解 泰勒級數之展開點為可解析點。勞倫級數之展開點為不可解析點。

2. 求下列各題之泰勒級數展開式

(1) $f(z) = \dfrac{z-4}{z(z-1)} ; z = 2$

解 $2[1 - \dfrac{(z-2)}{2} + (\dfrac{z-2}{2})^2 - (\dfrac{z-2}{2})^3 + \cdots] - 3[1 + (z-2) + (z-2)^2 + (z-2)^2 + \cdots]$

(2) $f(z) = \dfrac{z-5}{z(z-3)} ; z = 1$

解 $\dfrac{1}{3}[11\dfrac{(z-1)}{2} + (\dfrac{z-1}{2})^2 + (\dfrac{z-1}{2})^3 + \cdots] + \dfrac{5}{3}[1 - (z-1) + (z-1)^2 - (z-1)^2 + \cdots]$

(3) $f(z) = \dfrac{e^z}{z-4} ; z = 1$

解 $\dfrac{-e^z}{3} - \dfrac{e^z(z-1)}{9} - \dfrac{e^z(z-1)^2}{27} - \dfrac{e^z(z-1)^3}{81} - \cdots$

(4) $f(z) = \cos z + \sin z ; z = 0$

解 $1 + \dfrac{z}{1} + \dfrac{z^2}{2!} + \dfrac{z^3}{3!} + \dfrac{z^4}{4!} + \cdots$

(5) $f(z) = 1 + 2z + 3z^2 + 4z^3 ; z = 2$

解 均為可解析，原式即為展開式。

(6) $f(z) = \cos z^2 ; z = 0$

解 $1 - \dfrac{z^4}{2} + \dfrac{z^8}{24} - \dfrac{z^{12}}{720} + \cdots$

(7) $f(z) = e^{z^2} ; z = 0$

解 $1 + z^2 + \dfrac{z^4}{2} + \dfrac{z^6}{6} + \cdots$

(8) $f(z) = e^{2z} ; z = i$

解 $e^{2i} + 2e^{2i}(z-i) + 2e^{2i}(z-i)^2 + \dfrac{4}{3}e^{2i}(z-i)^3 + \cdots$

(9) $f(z) = e^z \sin z$; $z = 0$

解 $(1 + \dfrac{z}{1} + \dfrac{z^2}{2!} + \dfrac{z^3}{3!} + \dfrac{z^4}{4!} + \cdots) \times (z - \dfrac{z^3}{3!} + \dfrac{z^5}{5!} - \dfrac{z^7}{7!} + \cdots)$

3. 求下列各題之勞倫級數展開式及最大收斂半徑

(1) $f(z) = \dfrac{1}{1 - z^2}$; $z = 1$

解 $\dfrac{-1}{2(z-1)} + \dfrac{1}{4} - \dfrac{z-1}{8} + \dfrac{(z-1)^2}{8} + \cdots$

(2) $f(z) = \dfrac{z-4}{z(z-1)}$; $z = 0$

解 $\dfrac{-(z+4)}{z} - (z+4) - z(z+4) - z^2(z+4) + \cdots$

(3) $f(z) = \ln(1+z)$; $z = -1$

解 $z - \dfrac{z^2}{2} + \dfrac{z^3}{3} + \dfrac{z^4}{4} + \cdots$

(4) $f(z) = \dfrac{\cos z + \sin z}{z^2}$; $z = 0$

解 $\dfrac{1}{z^2} + \dfrac{1}{z} + \dfrac{1}{2} + \dfrac{z}{6} + \dfrac{z^2}{24} + \cdots$

7.6 留數積分

1. 留數(Residue)

如果 $z=a$ 為 $f(z)$ 之一孤立奇點，可將 $f(z)$ 於 $z=a$ 之鄰域展開成勞倫級數

$$f(z)=a_0+a_1(z-a)+a_2(z-a)^2+\cdots+\frac{a_{-1}}{z-a}+\frac{a_{-2}}{(z-a)^2}+\cdots=\sum_{n=-\infty}^{\infty}a_n(z-a)^n \quad (7.6\text{-}1)$$

其中：$0<|z-a|<\rho$ ， $a_n=\dfrac{1}{2\pi i}\displaystyle\int_{C_1}\dfrac{f(z)}{(z-a)^{n+1}}dz$ $n=...,-2,-1,0,1,2.....$ 。

取 $n=-1$ ，可以得到 a_{-1} 為勞倫級數中 $(z-a)^{-1}$ 的係數，稱為留數(residue)，以 $\mathrm{Res}[f(z),a]$ 或者 $\mathrm{Res}(a)$ 表示。如果若 $z=a$ 為 $f(z)$ 之 N 階極點，則 $f(z)$ 於 $z=a$ 鄰域展開成勞倫級數為 $f(z)=\dfrac{a_{-N}}{(z-a)^N}+\cdots+\dfrac{a_{-1}}{z-a}+a_0+a_1(z-a)+\cdots$ ，兩邊同時乘以 $(z-a)^N$ ，可以得到

$$(z-a)^N f(z)=a_{-N}+\cdots+a_{-1}(z-a)^{N-1}+a_0(z-a)^N+\cdots \quad (7.6\text{-}2)$$

微分 $(N-1)$ 次後，得到

$$\frac{d^{N-1}}{dz^{N-1}}[(z-a)^N f(z)]=(N-1)!\,a_{-1}+N!\,a_0(z-a)+\cdots \quad (7.6\text{-}3)$$

令 $z\to a$ ，則原式等於

$$\lim_{z\to a}\frac{d^{N-1}}{dz^{N-1}}[(z-a)^N f(z)]=(N-1)!\,a_{-1} \quad (7.6\text{-}4)$$

因此可以得出留數的計算公式為

$$\mathrm{Res}[f(z),a]=a_{-1}=\frac{1}{(N-1)!}\lim_{z\to a}\frac{d^{N-1}}{dz^{N-1}}[(z-a)^N f(z)] \quad (7.6\text{-}5)$$

在 $N=1$ 時

$$\mathrm{Res}[f(z),a]=\lim_{z\to a}(z-a)f(z) \quad (7.6\text{-}6)$$

例 7.6-1

$f(z) = \dfrac{z}{(z-2)(z-5)}$ ，求極點處之留數值。

解

$z = 2$ 及 $z = 5$ 為單極點，因此

$\text{Res}(2) = \lim\limits_{z \to 2}(z-2)f(z) = -\dfrac{2}{3}$ ， $\text{Res}(5) = \lim\limits_{z \to 5}(z-5)f(z) = \dfrac{5}{3}$ 。

例 7.6-2

求下列各個函數於極點處之留數值

(a) $f(z) = \dfrac{z^2 - 2z}{(z+1)^2(z^2+4)}$ (b) $f(z) = \dfrac{1}{z(z^2+1)}$ (c) $f(z) = \dfrac{2e^z}{(z+1)^4}$

解

(a) $z = -1$ 為二階極點， $z = \pm 2i$ 為單極點，因此

$\text{Res}(-1) = \lim\limits_{z \to -1}\dfrac{1}{1!}\dfrac{d}{dz}[(z+1)^2 f(z)] = -\dfrac{14}{25}$ 。

$\text{Res}(2i) = \lim\limits_{z \to 2i}(z-2i)f(z) = \dfrac{-4-4i}{(2i+1)^2 4i} = \dfrac{7+i}{25}$ 。

$\text{Res}(-2i) = \lim\limits_{z \to -2i}(z+2i)f(z) = \dfrac{-4+4i}{(-2i+1)^2(-4i)} = \dfrac{7-i}{25}$ 。

(b) $z = 0$ 、 $z = \pm i$ 均為單極點，因此

$\text{Res}(0) = \lim\limits_{z \to 0}z\dfrac{1}{z(z^2+1)} = 1$ 。 $\text{Res}(i) = \lim\limits_{z \to i}(z-i)\dfrac{1}{z(z^2+1)} = -\dfrac{1}{2}$ 。

$\text{Res}(-i) = \lim\limits_{z \to -i}(z+i)\dfrac{1}{z(z^2+1)} = \dfrac{1}{2}$ 。

(c) $z = -1$ ，階數為四，因此 $\text{Res}(-1) = \lim\limits_{z \to -1}\dfrac{1}{3!}\dfrac{d^3}{dz^3}[(z+1)^4 f(z)] = \dfrac{1}{3}e^{-1}$ 。

2. 留數定理

$f(z)$ 於簡單封閉曲線 C 內具有兩個以上孤立奇點 $z_1, z_2, ..., z_N$，則

$$\int_C f(z)dz = \sum_{n=1}^{N} \text{Res}[f(z), z_n] \tag{7.6-7}$$

例 7.6-3

求 $\int_C \dfrac{2z}{(z-2i)^2} dz$，積分曲線如圖所示。

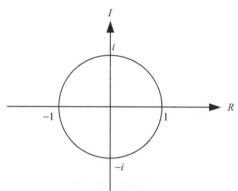

$z = 2i$ 為二階極點，因此 $\text{Res}(2i) = \lim\limits_{z \to 2i} \dfrac{d}{dz}[(z-2i)^2 f(z)] = 2$，由留數定理可以得知

$\int_C \dfrac{2z}{(z-2i)^2} dz = 2\pi i \times 2 = 4\pi i$。

例 7.6-4

求 $\dfrac{1}{2\pi i}\displaystyle\int_C \dfrac{e^{zt}}{z^2(z^2+2z+2)}dz$ ，$C:|z|=3$

解

$z=0$ 爲二階極點，$z=-1\pm i$ 爲單極點，均位於 C 內，因此

$\text{Res}(0)=\lim\limits_{z\to 0}\dfrac{1}{1!}\dfrac{d}{dz}[z^2 f(z)]=\dfrac{t-1}{2}$ ，$\text{Res}(-1+\mathrm{i})=\lim\limits_{z\to -1+i}(z+1-i)f(z)=\dfrac{e^{(-1+i)t}}{4}$ ，

$\text{Res}(-1-\mathrm{i})=\lim\limits_{z\to -1-i}(z+1+i)f(z)=\dfrac{e^{(-1-i)t}}{4}$ ，由留數定理得到

$\displaystyle\int_C \dfrac{e^{zt}}{z^2(z^2+2z+2)}=2\pi i\times(\dfrac{t-1}{2}+\dfrac{e^{(-1-i)t}}{4}+\dfrac{e^{(-1-i)t}}{4})=2\pi i\times(\dfrac{t-1}{2}+\dfrac{1}{2}e^{-t}\cos t)$ ，所以

$\dfrac{1}{2\pi i}\displaystyle\int_C \dfrac{e^{zt}}{z^2(z^2+2z+2)}dz=\dfrac{t-1}{2}+\dfrac{1}{2}e^{-t}\cos t$ 。

例 7.6-5

求 $\displaystyle\int_C \dfrac{e^z}{z^2(z-1)}dz$ ，$C:|z|=1$ 。

解

$z=0$ 爲二階極點，$z=1$ 爲單極點，均位於積分曲線內，因此

$\text{Res}(0)=\lim\limits_{z\to 0}\dfrac{1}{1!}\dfrac{d}{dz}[z^2 f(z)]=0$ ，$\text{Res}(1)=\lim\limits_{z\to 1}[(z-1)f(z)]=e$

由留數定理得到 $\displaystyle\int_C \dfrac{e^z}{z^2(z-1)}dz=2\pi i\times(0+e)=2\pi i e$ 。

習題 7-6

1. 求下列各題之留數

(1) $\dfrac{1}{z\sin z}$ (2) $\dfrac{1}{z\cos z}$ (3) $\dfrac{z}{e^{2z}-1} \Rightarrow 0$ (4) $\csc z + \sec z$ (5) $\dfrac{z}{z^4-1}$

(6) $\dfrac{\sin z}{ze^z}$ (7) $\dfrac{1}{\sin^3 z}$ (8) $\dfrac{1}{\sin 3z}$ (9) $\dfrac{1}{(z+i)^3(z-i)^3}$ (10) $\dfrac{1}{e^{2z}(z+1)}$

解 (1) $\dfrac{1}{n\pi}$ (2) $1+\dfrac{1}{(2n-1)\pi}$ (3) 0 (4) 沒有留數 (5) 0

(6) 0 (7) 0 (8) 1 (9) 0 (10) e^2

2. 根據 z 的範圍求下列各題的留數

(1) $\dfrac{1}{z^4-1},|z|=1$ (2) $\dfrac{1}{(z+1)(z-2)^2(z+3)},1<|z|<4$

(3) $\dfrac{e^z}{3z-i},|z|<1$ (4) $\dfrac{1}{1-e^z},|z|<2$

解 (1) $\dfrac{-i}{4}$ (2) $z=2\ \dfrac{-8}{225}$ $z=-3\ \dfrac{1}{50}$ (3) $\cos\dfrac{1}{3}+i\sin\dfrac{1}{3}$ (4) 1

3. 計算 $\oint_C \dfrac{e^z}{(z+1)(z-2)}dz$，當

(1) $|z|<1$ (2) $1<|z|<2$ (3) $|z|>2$

解 (1) $\dfrac{-1}{3e}$ (2)均爲可解析，所以爲 0。 (3)均爲可解析，所以爲 0。

4. 計算 $\oint_C \dfrac{1}{(z-\pi)(z-1)(z+i)^2}dz$，當

(1) $|z|>1$ (2) $0.1<|z-3|<2$

解 (1) $\dfrac{2\pi i}{\pi^3+\pi^2-\pi+1}$ (2) $\dfrac{2\pi i}{(\pi^3-\pi^2-\pi+1)(2\pi^2-2\pi)}$

附錄

偏微分方程的簡介

　　如果一個微分方程中出現的未知函數只含一個變數，稱為常微分方程，簡稱為微分方程。如果一個微分方程中未知函數和幾個變數有關，而且方程中也出現未知函數對應幾個變數的導數，那麼這種微分方程就稱為偏微分方程(Partial differential equation: PDE)，目前在工程上常見的線性二階 PDE 有以下幾種。

1. 一維波動方程式：$\dfrac{\partial^2 F(x,t)}{\partial t^2} = k^2 \dfrac{\partial^2 F(x,t)}{\partial x^2}$

2. 二維波動方程式：$\dfrac{\partial^2 F(x,y,t)}{\partial t^2} = k^2 (\dfrac{\partial^2 F(x,y,t)}{\partial x^2} + \dfrac{\partial^2 F(x,y,t)}{\partial y^2})$

3. 一維熱傳導方程式：$\dfrac{\partial F(x,t)}{\partial t} = k^2 \dfrac{\partial^2 F(x,t)}{\partial x^2}$

4. 二維熱傳導方程式：$\dfrac{\partial F(x,y,t)}{\partial t} = k^2 (\dfrac{\partial^2 F(x,y,t)}{\partial x^2} + \dfrac{\partial^2 F(x,y,t)}{\partial y^2})$

5. 二維拉普拉斯(Laplace)方程式：$\dfrac{\partial^2 F(x,y)}{\partial x^2} + \dfrac{\partial^2 F(x,y)}{\partial y^2} = 0$

6. 二維泊松(Poisson)方程式：$\dfrac{\partial^2 F(x,y)}{\partial x^2} + \dfrac{\partial^2 F(x,y)}{\partial y^2} = f(x,y)$

7. 三維拉普拉斯(Laplace)方程式：
$$\dfrac{\partial^2 F(x,y,z)}{\partial x^2} + \dfrac{\partial^2 F(x,y,z)}{\partial y^2} + \dfrac{\partial^2 F(x,y,z)}{\partial z^2} = 0$$

其中 k 為參數，t 為時間，而 x、y 及 z 為直角座標之分量。除了二維泊松方程式為非齊次偏微方程式，其餘皆為齊次偏微分方程式。而根據數學理論，求解偏微方程的方法有以下四種方式。

1. 分離變數法(separation of variable)
2. 變數轉換法(variable transformation)
3. 拉普拉斯法(Laplace method)
4. 傅利葉級數法(Fourier series)

本書僅對分離變數法做一說明，其他的方法請參閱相關的書籍。

分離變數法

分離變數法是目前求解偏微分方程時最常用的方法，基本概念是將一個偏微分方程式，轉化為兩個或多個常微分方程以求解。在一般的求解邊界值問題時，更是廣泛地被使用。根據問題所呈現的不同維數的問題，可以將討論的範圍，分成一維(one-dimensional)，二維(two-dimensional)的及三維(three-dimensional)問題。首先根據定義，以直角座標系統為例，三維偏微分方程的表示為

$$\frac{\partial^2 F(x,y,z)}{\partial x^2}+\frac{\partial^2 F(x,y,z)}{\partial y^2}+\frac{\partial^2 F(x,y,z)}{\partial z^2}=0 \tag{1}$$

1. 一維方程

此時 $F(x,y,z)=F(x)$，亦即 F 與座標變量 y 和 z 均無關，因此可以得到一維方程為

$$\frac{d^2 F(x)}{dx^2}=0 \tag{2}$$

將上式積分兩次後，得到通解(general solution)為

$$F(x)=Ax+B \tag{3}$$

方程式(3)式中之 A 與 B，均為待定之常數；而用來解此兩常數的條件，就是所謂的邊界條件 (boundary condition: B.C.)，如果 $F(x,y,z)=F(y)$ 或者 $F(x,y,z)=F(z)$，也有類似結果。

2. 二維方程

此時如果 F 與兩個變數(例如 x 與 y)有關，則顯然可以得到二維拉氏方程為

$$\frac{\partial^2 F(x,y)}{\partial x^2}+\frac{\partial^2 F(x,y)}{\partial y^2}=0 \tag{4}$$

根據分離變數法的法則，使用假設法將 $F(x,y)$ 中的兩變數 x 與 y 分離，於是可以假設

$$F(x,y)=X(x)Y(y)\equiv XY \tag{5}$$

換言之，將一個同時含兩變數的函數 $F(x,y)$，寫成兩個各自只含有一變數的函數 $X(x)$ 與 $Y(y)$ 之乘積。將(5)式代入(4)式之中，然後兩邊同時除以 XY，並且移項，即可以得到

$$\frac{1}{X}\frac{d^2 X}{dx^2}=-\frac{1}{Y}\frac{d^2 Y}{dy^2} \tag{6}$$

從(6)式中可以得知，左邊純粹為 x 的函數，而右邊則純粹為 y 的函數，因此 $F(x,y)$ 中的兩個變數 x 與 y 就這樣被分離開來了。由於(8)式的兩邊各自為獨立變數(x 與 y 的函數)，所以等號要成立的話，只有在彼此均等於某一常數的情形下才有可能，因此假設此一常數為 k^2 (平方的目的是為了計算方便)，亦即

$$\frac{1}{X}\frac{d^2 X}{dx^2}=-\frac{1}{Y}\frac{d^2 Y}{dy^2}=k^2 \tag{7}$$

則我們馬上可以得到以下的聯立方程組

$$\frac{d^2 X}{dx^2}-k^2 X=0,\ \frac{d^2 Y}{dy^2}+k^2 Y=0 \tag{8}$$

解出上述兩式的通解，分別為：

$$X(x) = A_1 e^{kx} + A_2 e^{-kx}, \quad Y(y) = B_1 \cos(ky) + B_2 \sin(ky) \tag{9}$$

因此

$$F(x, y) = X(x)Y(y) = (A_1 e^{kx} + A_2 e^{-kx})(B_1 \cos(ky) + B_2 \sin(ky)) \tag{10}$$

在(10)式中，所有的待定常數 A_1、A_2、B_1、B_2 與 k 等，均可以由邊界條件加以決定。

例 1

如圖一，兩塊無限大的平行導體板，相距為 d，若下板之電位為零，而上板之電位為 V_0，試求兩板間之電位 V 與電場 $\vec{E}$ 的分佈。

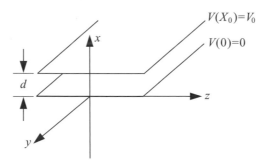

△圖一　兩塊無限大的平行導體板間之電位與電場分佈

因為兩板之間無電荷存在，並且電位 V 僅僅只與變數 x 有關而已，因此方程式的通解為 $V(x)=Ax+B$。式中有兩個未知數 A 與 B，而題目中也給了兩個邊界條件，$V(0)=0=0+B$，所以 $B=0$ 及 $V(x_0)=V_0=Ax_0$。

由於 $A = \dfrac{V_0}{x_0}$，將上述的 A 與 B 值代入 $V(x)$ 之中，得到兩板間的電位分佈為

$V(x) = \dfrac{V_0}{x_0} x$。兩板間之電場，利用 $\vec{E} = -\nabla V = \dfrac{-\partial V(x)}{\partial x}(\vec{a}_x) = \dfrac{-V_0}{x_0}(\vec{a}_x)$，顯然為一均

勻電場，負號表示電場方向向下，而大小為一定值。

例 2

解 $\dfrac{\partial^2 F(x,y)}{\partial x^2} = 4\dfrac{\partial F}{\partial y}$

假設 $F(x,y) = X(x)Y(y) \equiv XY$，代入原方程式後，同時除以 $4XY$ 並且移項，可以

得到 $\dfrac{1}{4X}\dfrac{d^2X}{dx^2} = \dfrac{1}{Y}\dfrac{dY}{dy}$， 上式左邊與變數 y 無關，右邊與變數 x 亦無關，並且兩

邊相等，因此可推論出上式兩邊應與 x 及 y 均無關，而應該是等於一常數。一般

取此一常數為 k^2 或者 $-k^2$，稱之為分離常數(Separation Constant，為一實數)，

可以分成三種情況討論。

1. 當 $k^2 > 0$ 時，方程式變成 $\dfrac{1}{4X}\dfrac{d^2X}{dx^2} = \dfrac{1}{Y}\dfrac{dY}{dy} = k^2$，得出一組常微分方程式 ：

$$\begin{cases} \dfrac{d^2X}{dx^2} - 4k^2X = 0 \\ \dfrac{dY}{dy} - k^2Y = 0 \end{cases}。$$

解答為 $\begin{cases} X = C_1 e^{2kx} + C_2 e^{-2kx} \\ \quad Y = C_3 e^{k^2 x} \end{cases}$，

所以 $F(x,y) = (C_1 e^{2kx} + C_2 e^{-2kx})(C_3 e^{k^2 x})$

2. 當 $k^2 < 0$ 時，方程式解答為 $\begin{cases} X = C_4 \cos(2kx) + C_5 \sin(2kx) \\ \quad Y = C_6 e^{k^2 x} \end{cases}$，

所以 $F(x,y) = (C_4 \cos(2kx) + C_5 \sin(2kx))(C_6 e^{k^2 x})$

3. 當 $k^2 = 0$ 時，得出一組常微分方程式為 $\begin{cases} \dfrac{d^2X}{dx^2} = 0 \\ \dfrac{dY}{dy} = 0 \end{cases}$，解出 $\begin{cases} X = C_7 x + C_8 \\ \quad Y = C_9 \end{cases}$。所以

$F(x,y) = (C_7 x + C_8)(C_9) = Ax + B$。

例 3

如圖二，有兩塊相互平行的無限大半平面導體板，其電位均為零，二者相距為 π。在 xy 平面上，介於 $y>0$ 與 $y<\pi$ 之間，有一塊電位保持為定值 V_0 的無限條板。注意此長條板在 $y=0$ 與 $y=\pi$ 處是與另兩導板相互絕緣。請利用分離變數法，求此三板所圍區域中的電位分佈函數 $V(x,y,z)$。

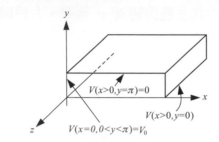

△圖二　三板所圍區域中的電位分佈函數

根據圖的情形，可以知得電位分佈與 z 無關，亦即 $V(x,y,z)=V(x,y)$。

再由題意寫出相關的邊界條件為：$V(x,0)=0$，$V(x,\pi)=0$ 及 $V(0,y)=V_0$。並經由分離變數法的公式中，得到通解為

$V(x,y)=X(x)Y(y)=(A_1e^{kx}+A_2e^{-kx})[B_1\cos(ky)+B_2\sin(ky)]$

雖然上面有五個待定常數(k、A_1、A_2、B_1 與 B_2)，而邊界條件只有三個，但是考慮到當 $x\to\infty$ 時，$V(x,y)$ 必須為有限值，可以得知 A_1 必須為零，可以被改寫為：

$V(x,y)=e^{-ky}[C_1\cos(ky)+C_2\sin(ky)]$

其中 $A_2B_1=C_1$，$A_2B_2=C_2$。再代入各個邊界條件：$0=V(x,0)\Rightarrow C_1=0$，利用 $C_1=0$ 可以得到

$0=V(x,\pi)=C_2e^{kx}\sin(k\pi)\Rightarrow k=n$(整數)

綜合上述結果，解答可以寫成：$V(x,y)=C_ne^{nx}\sin(ny)$，其中 n 為整數。

其中 C_2 改寫成 C_n，表示此一常數與整數 n 有關。

利用最後一個邊界條件，並且根據傅立葉分析(Fourier analysis)求待定常數 C_n。將 $V(x,y)$ 做傅立葉級數(Fourier series)展開，利用 $V(0,y)$，得到：

$$V(0,y) = \sum_{n=1}^{\infty} V_n(0,y) = \sum_{n=1}^{\infty} C_n \sin(ny) = V_0 \text{。利用半幅展開(half expansion)的公式，可}$$

以求得

$$C_n = \frac{2}{\pi} \int_0^{\pi} V_0 \sin(ny) dy = \begin{cases} \dfrac{4V_0}{n\pi} & (n = 奇數) \\ \\ 0 & (n = 奇數) \end{cases} \text{，因此所得之方程式爲}$$

$$V(x,y) = \sum_{n=1}^{\infty} V_n(x,y) = \sum_{n=1}^{\infty} C_n e^{-nx} \sin(ny) = \frac{4V_0}{\pi} \sum_{n=1,3,5,\cdots}^{\infty} e^{-nx} \frac{\sin(ny)}{n}$$

國家圖書館出版品預行編目資料

工程數學 / 張簡士琨等編著. -- 二版. -- 新
北市：全華圖書, 2020.04
面 ； 公分
ISBN 978-986-503-374-3 (平裝)
1. 工程數學
440.11   109004218

工程數學(第二版)

作者 / 張簡士琨、蔡春益、蔡有龍、溫坤禮

發行人 / 陳本源

執行編輯 / 鄭祐珊

封面設計 / 戴巧耘

出版者 / 全華圖書股份有限公司

郵政帳號 / 0100836-1 號

印刷者 / 宏懋打字印刷股份有限公司

圖書編號 / 0632101

二版一刷 / 2020 年 05 月

定價 / 新台幣 425 元

ISBN / 978-986-503-374-3

全華圖書 / www.chwa.com.tw

全華網路書店 Open Tech / www.opentech.com.tw

若您對書籍內容、排版印刷有任何問題，歡迎來信指導 book@chwa.com.tw

臺北總公司(北區營業處)
地址：23671 新北市土城區忠義路 21 號
電話：(02) 2262-5666
傳真：(02) 6637-3695、6637-3696

中區營業處
地址：40256 臺中市南區樹義一巷 26 號
電話：(04) 2261-8485
傳真：(04) 3600-9806

南區營業處
地址：80769 高雄市三民區應安街 12 號
電話：(07) 381-1377
傳真：(07) 862-5562

歡迎加入 全華會員

● **會員獨享**

會員購書折扣‧紅利積點‧生日禮金‧不定期優惠活動…等。

● **如何加入會員**

填妥讀者回函卡直接傳真 (02) 2262-0900 或寄回，將由專人協助登入會員資料，待收到 E-MAIL 通知後即可成為會員。

如何購買 全華書籍

1. 網路購書

全華網路書店「http://www.opentech.com.tw」，加入會員購書更便利，並享有紅利積點回饋等各式優惠。

2. 全華門市、全省書局

歡迎至全華門市（新北市土城區忠義路 21 號）或全省各大書局、連鎖書店選購。

3. 來電訂購

(1) 訂購專線：(02) 2262-5666 轉 321-324
(2) 傳真專線：(02) 6637-3696
(3) 郵局劃撥（帳號：0100836-1　戶名：全華圖書股份有限公司）

※ 購書未滿一千元者，酌收運費 70 元。

OpenTech. 全華網路書店 com.tw

全華網路書店 www.opentech.com.tw
E-mail: service@chwa.com.tw

※ 本會員制如有變更則以最新修訂制度為準，造成不便請見諒。
